Materiallehre
für die Textilindustrie

Rohstoffe, Herstellung und Untersuchung der Gespinste

Zum Gebrauch an Textilfachschulen (Web- und Wirkschulen)

von

Joseph Spennrath

Mit 133 Abbildungen im Text

Vierte, verbesserte Auflage

von

Dr. Eugen Ristenpart
Professor an der Gewerbeakademie und Färbereischule zu Chemnitz

M·KRAYN BERLIN·W
1928

Großdruckerei Paul Dünnhaupt, Köthen i. Anh.

Vorwort zur vierten Auflage.

Die vorliegende vierte Auflage ist den Fortschritten der Textiltechnik entsprechend bedeutend erweitert und vertieft worden.

Ganz neu sind die Abschnitte Papiergarn und Kunstseiden.

Die Eigenschaften der Gespinstfasern sind nach dem neuesten Stand der Forschung eingehend besprochen.

Die wirtschaftliche Bedeutung ist berücksichtigt worden.

Der ganze Inhalt ist sinngemäß eingeteilt, so wie er im Unterricht vorgetragen wird.

Chemnitz, Ostern 1928.

E. Ristenpart.

Inhaltsverzeichnis.

Verzeichnis der Abkürzungen.

Abb.	Abbildung
° Bé	Grad Baumé
° C.	Grad Celsius
Chem. Ztg. Uebers.	Chemiker-Zeitung Uebersicht
D. R. P.	Deutsches Reichspatent
Els. T.	Elsässisches Textilblatt
Faserstoffe	Deutsche Faserstoffe und Spinnpflanzen
g	Gramm
I. G.	Interessengemeinschaft der deutschen Farbstoffabriken
Kunstst.	Kunststoffe
L. Färb. Ztg.	Lehnes Färberzeitung
L. M. f. T.	Leipziger Monatsschrift für Textilindustrie
μ	$^1/_{1000}$ mg
mg	Milligramm
Spec. Gew.	Specifisches Gewicht
T.	Melliands Textilberichte
Textilchem. u. Kol.	Der Textilchemiker und Kolorist (Beilage der deutschen Färberzeitung)
Z. f. angew. Ch.	Zeitschrift für angewandte Chemie
Z. f. ges. Textilind.	Zeitschrift für die gesamte Textilindustrie

Unter Gespinstfasern versteht man Gebilde, die spinnbar sind.

Spinnen nennt man die Herstellung eines Fadens durch Umeinanderdrehen einzelner Fasern. Die Fasern müssen daher im wesentlichen 3 Eigenschaften haben:

1. eine gestreckte, mehr oder weniger zylindrische Form,
2. Biegsamkeit und
3. Zugfestigkeit.

Diese 3 Anforderungen werden von einer ziemlich großen Anzahl natürlicher und künstlicher Fasern mehr oder weniger erfüllt. Im großen verwendet werden aber nur diejenigen, die am brauchbarsten und billigsten sind.

Nach den Herkunftsarten kann man die Gespinstfasern in 4 große Gruppen einteilen. Das Pflanzenreich liefert uns die wichtigste Gespinstfaser: die Baumwolle, außerdem Flachs, Hanf, Jute, Ramie u. a., das Tierreich die Wolle und Seide, das Mineralreich den ziemlich belanglosen Asbest, die künstliche Erzeugung die Kunstseiden.

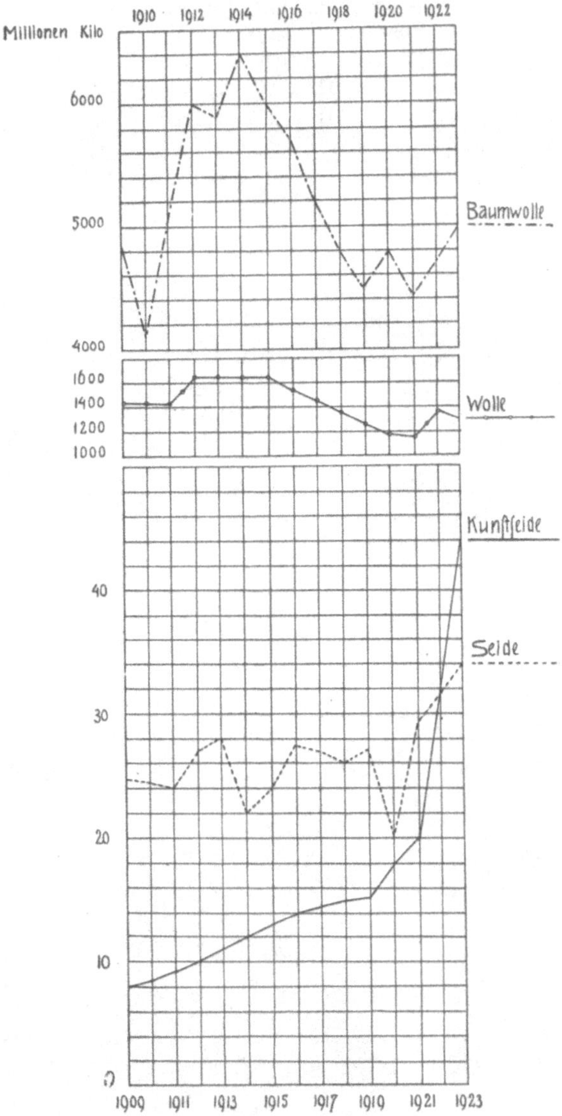

Abb. 1. Welterzeugung an Gespinstfasern.

S. Diagramm der Welterzeugung an einzelnen Gespinstfasern Abb. 1.

Juni/Juli 1926 kostete 1 kg

Rohbaumwolle	Mk.	1.75
Baumwollgarn	„	3.—
Wolle Kammzug durchschnittlich . . .	„	6.60
Rohseide	„	65.—
Viskose I. Sorte 150 den.	„	9.50
„ II. „ „ „	„	8.70
„ III. „ „ „	„	8.—

A. Die Pflanzenfasern.

Die pflanzlichen Gespinstfasern haben 3 gemeinsame Merkmale:

1. den Bau der Zelle, der ihnen als früherer Bestandteil der Pflanze eigentümlich war
2. den chemischen Grundstoff Cellulose und
3. die leichte, fast geruchlose Verbrennbarkeit unter Zurücklassung von ganz wenig weißer Asche.

In botanischer Beziehung unterscheidet man 4 Gruppen:

a. Die Samenhaare: Baumwolle, Kapok u. a.,

b. Die Bastfasern: Flachs, Hanf, Jute, Ramie,

c. Die Blattfasern: die tropischen Hanfarten,

d. Die Fruchtfasern: Kokos.

Die erste Gruppe wird von der Natur in nahezu gebrauchsfertigem Zustande geboten; die übrigen dagegen bedürfen erst einer ziemlich umständlichen, teils mechanischen, teils chemischen Zubereitung. Hieraus erklärt sich die Überlegenheit der Baumwolle über alle anderen pflanzlichen Gespinstfasern.

a) Die Samenhaare.

Die Samenhaare bekleiden gewisse Samen und dienen ihrer rascheren und weiteren Verbreitung durch den Wind (Abb. 2). Sie bestehen aus einer einzigen langgestreckten Epidermiszelle. Ein Ende ist kegelförmig zugespitzt, das andere ist an dem Samen festgewachsen und muß beim Entsamen („Egrenieren") losgerissen werden.

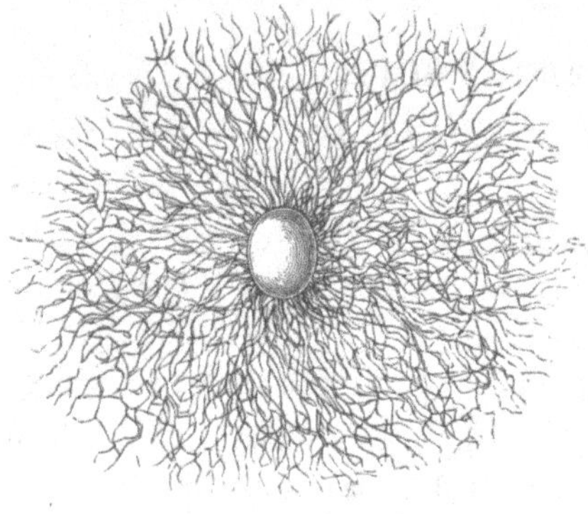

Abb. 2. Baumwollsamen.

I. Baumwolle.

Die Baumwolle ist leicht verspinnbar infolge der Feinheit und Weichheit ihrer Faser; die zum Faden zusammengedrehten Fasern haften infolge ihrer eigentümlichen korkzieherartigen Windungen und ihrer wenn auch nur schwachen Kräuselung fest aneinander.

1. Die Baumwollpflanze.

Die Baumwollpflanze (Abb. 3) gehört zur Gattung Gossypium der Familie der Malvengewächse. Sie gedeiht bis zu 40° nördlicher und südlicher Breite. Sie unterliegt sehr dem Einfluß von Klima und Boden; danach kommt die Pflanze als 70 cm hohes Kraut, als 2 m hoher Strauch und als 6 m hoher Baum vor.

In der walnußgroßen Frucht, einer 3—5fächerigen Kapsel, liegen 3—8 Samenkörner von den Haaren umgeben.

Baumwollarten: Es gibt eine große Anzahl von Baumwollsorten. Über ihre Unterscheidung gibt das mit vorzüglichen Mikrophotographien ausgestattete Büchlein von R. Haller: Mikroskopische Diagnostik der Baumwollarten **1919**, Wittenberg, A. Ziemsen Verlag, Auskunft. S. a. Fikent-

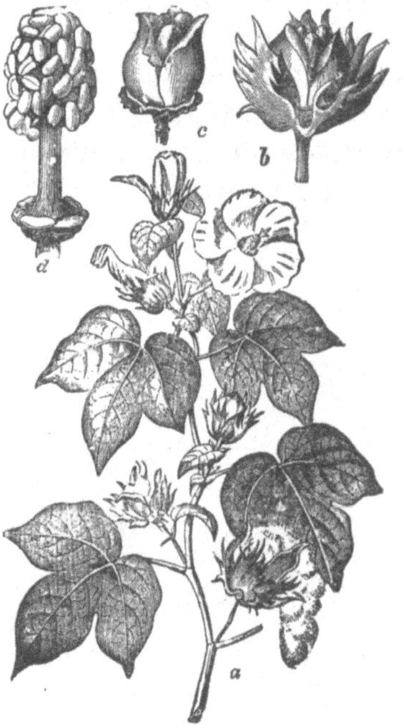

Abb. 3. Baumwollpflanze.
a) Zweig. b) Aufgesprungene Kapsel mit Kelch. c) Kapsel ohne Kelch. d) Staubgefäße.

scher, Die technologischen Unterschiede der Rohbaumwollen T. **1927**, 521. Die 4 wichtigsten sind die folgenden:

1. die baumartige Gossypium arboreum, 6 m hoch. Die Blüte ist rot, zuweilen gelblich. Die Samenwolle ist gelblich. Die Heimat ist Ostindien und China; die Pflanze wird auch in Ägypten, Italien und Spanien angebaut.

2. die strauchartige Gossypium barbadense, 2—3½ m hoch. Die Blüte ist gelb mit roten Punkten. Die Samenwolle ist weiß, weich, lang und stark. Bei der ägyptischen Art (Mako, nach Mako Bey, dem Hauptförderer des ägyptischen Baumwollanbaus, benannt) ist die Farbe gelblich. Die Heimat ist Nordamerika und Westindien, besonders die dem Küstengebiet von Georgia und Südkarolina vorgelagerten Inseln (Barbados); von dort stammt die schönste Baumwollsorte, die Sea Island.

3. die struppige Gossypium hirsutum, 2 m hoch. Die in den Blattwinkeln einzeln stehende Blüte ist weiß. Die Heimat ist Louisiana und Texas in den Vereinigten Staaten. Von dort stammt die Hauptmenge der amerikanischen Baumwolle.

4. die krautartige Gossypium herbaceum, 1—2 m hoch. Die Blüte ist gelb, mit roten Punkten am Grunde. Die Samenwolle ist meist gelblich und kurz (13—23 mm). Die Heimat ist Ostindien und Kleinasien.

Die in Peru und Brasilien heimische Gossypium Peruvianum kommt der Barbadense ziemlich nahe.

Unter „überreifer" Baumwolle versteht man solche, die nach der Reife noch längere Zeit in der Kapsel geblieben ist und durch Einwirkung von Licht und Luft gelitten hat.

Schädlicher noch sind unreife Fasern, deren Bildung auf der Samenhaut zu spät begonnen hat, oder deren Kapseln unreif gepflückt wurden. Die meisten unreifen Fasern bleiben beim Entkernen auf dem Samen haften; diejenigen aber, die unter die gewöhnliche Baumwolle geraten, bezeichnet man als „tote" Baumwolle. Sie ist nicht so fest und läßt sich schlecht oder gar nicht anfärben.

2. Die Entsamung.

Die Entsamung, Entkernung, Egrenierung bezweckt die Entfernung der 70% des Gewichtes ausmachenden Samenkerne. Die Erfindung der Egreniermaschine (cotton gin) durch Eli Whitney 1776 hat erst den Anbau der Baumwolle in den Vereinigten Staaten lohnend gemacht und dadurch den größten Umschwung in der Textilindustrie der ganzen Welt herbeigeführt.

Die Plattenmaschine (Macarthy gin) (Abb. 4) hat eine belederte Walze b mit 150 Umdrehungen in der Minute und wird daher auch „Walzenmaschine“, roller gin genannt. An die Walze legt sich ein verstellbares Messer m_1 an. In der Ebene dieses Messers schwingt ein ihm gegenüberstehendes Messer m_2 700—1000 Mal in der Minute an der Walze vorbei. Eine Stoßvorrichtung a schiebt die Baumwolle zwischen beide Messer; die Haare werden von der rauhen Oberfläche der Walze erfaßt, mitgerissen und von der Walze abgenommen; die Samenkörner bleiben an der Kante des feststehenden Messers hängen und werden von dem schwingenden Messer m_2 abgerissen.

Der Samen wird auf Sägemaschinen von dem noch anhaftenden Flaum (linters) befreit und liefert durch Pressung und Extraktion

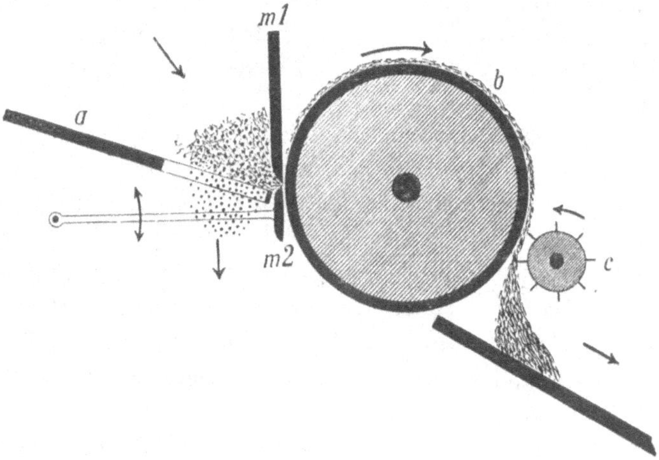

Abb. 4. Egreniermaschine.

das Baumwollsamen- oder Cottonöl. Dieses wird zur Herstellung von Seifen und als Speiseöl verwandt. Der Rückstand dient als Viehfutter oder als Dünger.

Die Baumwolle selbst wird stark gepreßt, in viereckige Ballen von 22 Kubikfuß und von 500 Pfund Gewicht (engl.) verpackt, in Jutesackleinwand eingehüllt und mit eisernen Reifen bezogen.

3. Wirtschaftliches.

Die Welterzeugung an Baumwolle beträgt rund 4 Milliarden Kilogramm. Davon entfallen $\frac{2}{3}$ auf die Vereinigten Staaten, $^1/_7$ auf Ostindien, $^1/_{13}$ auf Ägypten und der Rest auf Rußland, China, Brasilien, Mexiko, Peru, Türkei und Persien.

Deutschland erzeugte 1913 in Deutschostafrika 6 und in Togo 1 Million kg. Dem stand gegenüber eine Einfuhr von 477 920 900 kg.

4. Physikalisches Verhalten.

Die physikalischen Eigenschaften der Baumwolle, wie Farbe, Stapel, Feinheit, sind maßgebend für die Bewertung („arbitration“).

Die Farbe ist gewöhnlich weiß, die ägyptische „Mako“ ist gelblich, die ostindische Baumwolle bräunlich.

Die gelbe Färbung der wertvollen Mako läßt sich auf gewöhnlicher weißer Baumwolle mehr oder weniger echt nachahmen (Makoimitation)

1. Durch Färben mit substantiven oder Schwefel-farbstoffen oder mit Eisensalzen, leicht nachweisbar (Els. T. **1912**, Nr. 12).

2. Durch Dämpfen, nach A. Herzog (Kunstst. **1913**, 181) mikroskopisch nachweisbar; nur bei echter Mako lassen sich die gefärbten Eiweißteilchen des Faserinnern sichtbar machen durch Einbetten in eine Mischung aus gleichen Volumina starker Kalilauge und starken Ammoniaks (Molischs Flüssigkeit). Das Dämpfen geschieht bei 1—1½ Atm. 1—10 Minuten lang. Die Baumwolle befindet sich in der Form von Kopsen; diese müssen aber vor dem Dämpfen entlüftet werden (L. M. f. T. **1914**, 25).

3. Durch Verspinnen gelblicher angeschmutzter (stained) Baumwollen; mikroskopisch leicht nachweisbar.

Die Bezeichnung „Mako“ ist nur zulässig, wenn ein Garn oder Gewebe tatsächlich aus Makobaumwolle hergestellt ist. Andernfalls muß „makofarbig“ gesagt werden (T. **1927**, 227).

Der Stapel, d. h. die Länge des einzelnen Haares schwankt von 15—50 mm. Unter 25 mm spricht man von kurzem, über 25 mm von langem Stapel. Je langstapeliger die Baumwolle, um so feiner läßt sie sich ausspinnen, um so glatter wird der Faden, weil um so weniger Faserenden herausstehen. Aus diesem Grund zieht man die langstapelige Baumwolle beim Mercerisieren vor.

Die Reißbelastung eines Haares beträgt 4—8,9 g; die Reißlänge, d. h. die Länge der unter der Belastung ihres eigenen Gewichtes reißenden Faser etwa 25 km.

Die Bruchdehnung ist 6—7%, d. h. die Faser längt sich vor dem Zerreißen um 6—7%.

Das spezifische Gewicht beträgt 1,5. Reine Baumwolle muß also in Wasser untersinken. Wenn sie dies nicht tut, so enthält sie noch fettige Verunreinigungen, die die Luftbläschen zwischen den einzelnen Fasern nicht entweichen lassen, sie ist nicht netzbar.

Über Verfahren zur Bestimmung der Netzbarkeit von Baumwolle s. Krais, L. M. f. Textilind. **1926**, 237; Ristenpart und Petzold, Z. f. d. gesamte Textilind. **1926**, 176 und **1927**, 333, und Ruperti, T. **1926**, 936.

Nach Ristenpart steht die Zeit vom Eintauchen eines mit einer Klemmbacke beschwerten Fadens bis zum Aufstoßen des oberen Endes

des umgesunkenen Fadens auf den Boden des Glasgefäßes im umgekehrten Verhältnis zur Netzbarkeit.

Ölige Verunreinigungen sind auch der Grund, warum Baumwolle sich manchmal auf dem Schiff, aber auch auf dem Fabriklager selbst entzündet. Das fein verteilte Öl oxydiert sich, die entwickelte Wärme kann nicht entweichen, sie steigert sich schließlich bis zur Entzündung der Baumwolle.

Die Feinheit wird durch den Durchmesser des Haares ausgedrückt. (Abb. 5 und 6.)

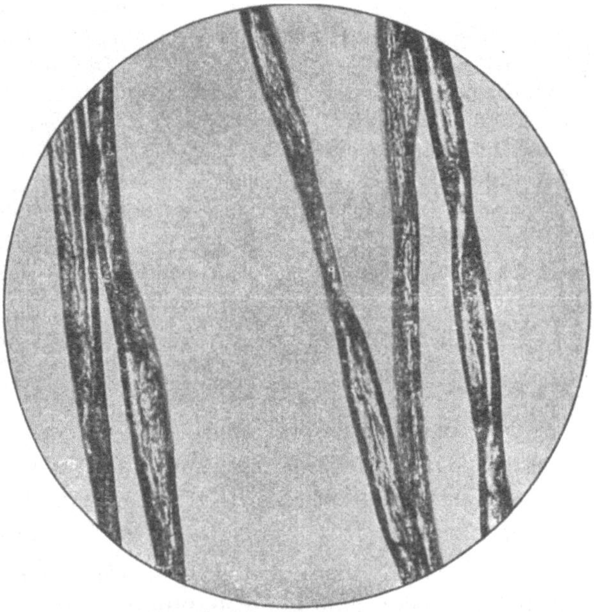

Abb. 5. Nordamerikanische Baumwolle. (300fach vergrößert.)

Da das Haar ein Band darstellt, so hat es eine breite Seite, 42—82 μ — 1 $\mu = {}^{1}/_{1000}$ mm — und eine schmale Seite, 12—42 μ breit. Zum Vergleich sei erwähnt, daß der Schußfaden der Hausspinne ¼, der Kettfaden ½ μ dick ist.

Unter dem Mikroskop zeigt sich schon bei 100facher Vergrößerung das für die gesunde, ausgereifte Faser charakteristische korkzieherartig gewundene Band. Dieses Band — am deutlichsten bei herbaceum zu sehen — ist so entstanden zu denken, daß der flüssige Zellinhalt, der die Faser erfüllte, solange sie noch auf dem Samen festgewachsen saß, eingetrocknet und das frühere Röhrchen nunmehr zu dem Band zusammengeschrumpft ist. (Tote Baumwolle ist mikroskopisch leicht am Fehlen der Windungen zu erkennen.) Bei 300facher Vergrößerung sieht man das „L u m e n“, den inneren Hohlraum, der früher mit dem Saft erfüllt war. Auch kennzeichnet sich dann die äußere Zellwand, die

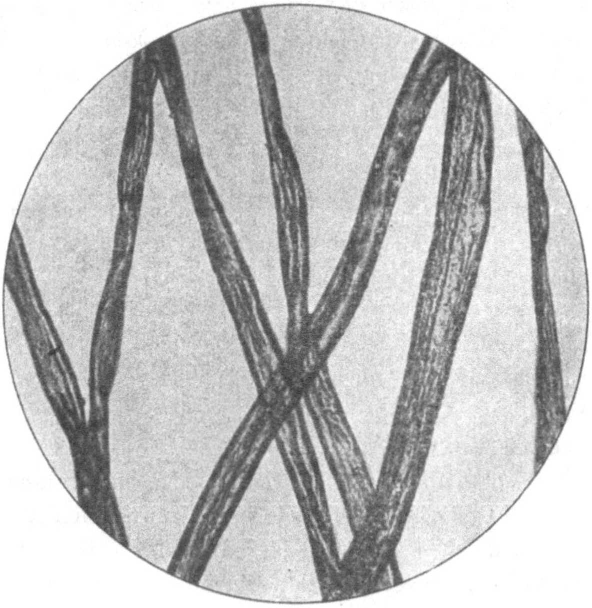

Abb. 6. Ostindische Baumwolle. (300fach vergrößert.)

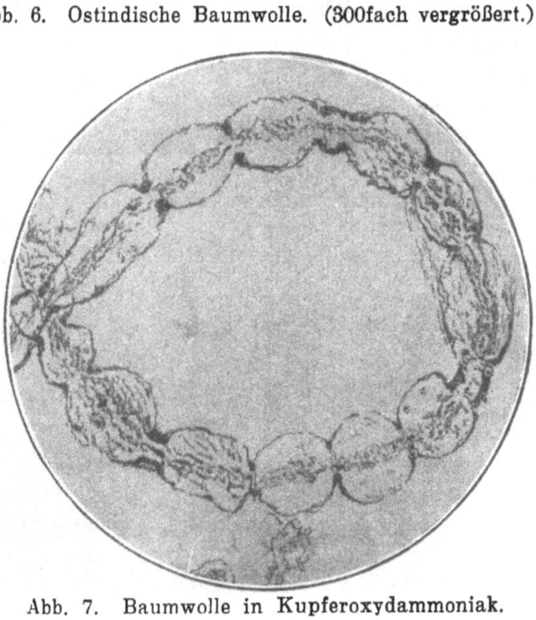

Abb. 7. Baumwolle in Kupferoxydammoniak.

„C u t i c u l a“, durch Körnchen und Strichelungen, die die Faser bedecken. Sowohl die Cuticula, wie die innere, das Lumen umschließende

Zellwand treten scharf hervor beim Behandeln der Faser mit Kupferoxydammoniak (Abb. 7). Beide bestehen im Gegensatz zur eigentlichen Faser nicht aus Cellulose und lösen sich nicht. Die Cuticula schnürt daher die vor der Lösung zunächst aufquellende Faser ein, so daß Bäuche mit verengernden Ringen in gewissen Abständen entstehen. Die innere Schicht dagegen schwimmt als gerollter Schlauch in der Celluloselösung umher.

5. Chemisches Verhalten.

Das chemische Verhalten der Baumwolle ist bedingt durch den Gehalt an Cellulose. Rohbaumwolle besteht aus

91% Cellulose,
7% Wasser,
0,5% Wachs und Fett,
0,5% Protoplasmareste (stickstoffhaltig),
0,12% Asche,
0,75% Kutikularsubstanz (Cutocellulose).

Wie alle Gespinnstfasern, so vermag auch die Baumwolle große Mengen Feuchtigkeit — bis zu 20% — aufzunehmen, ohne sich deshalb naß anzufühlen. Gewöhnlich enthält sie 5—7%. (S. a. S. 184.)

Von den in so geringer Menge vorkommenden Begleitstoffen spielt das Wachs und Fett dadurch eine Rolle, daß die Baumwolle sich auf Grund dieses Gehaltes nur in geheizten Räumen verspinnen läßt. (S. a. F. Hönig, Text.-Forschung, Dresden **1918** und E. Knecht, Chem. Ztg., Übers. **1920**, 84.)

Die stickstoffhaltigen Protoplasmakörper sind deshalb von besonderer Wichtigkeit, weil sie die Baumwolle bräunen.

Die Cellulose.

Verhalten gegenüber Hitze.

Reine Cellulose verträgt Temperaturen bis zu 150°. Bei höherer Temperatur tritt Vergilbung, Bräunung und schließlich Verkohlung ein. Die letzten Spuren Wasser verliert die Cellulose erst bei 125°. Kurze Einwirkung dieser Temperatur ist unschädlich, längere dagegen nicht; bei monatelanger Einwirkung tritt Verkohlung ein. Bereits längere Zeit bei 100° getrocknete Baumwolle hat an Quellungsvermögen und demzufolge an Anfärbbarkeit eingebüßt.

Verhalten gegen Licht.

Trockener Cellulose vermögen Licht und Luft wenig anzuhaben (Sommer, Z. f. ges. Textilind. **1927**, 465). Feuchte Cellulose wird dagegen zu Oxycellulose oxydiert. Eisensalze beschleunigen die Oxydation katalytisch.

Ultraveile Strahlen zersetzen die Cellulose unter Bildung reduzierender Substanzen.

Verhalten gegenüber Bakterien.

Feuchte Cellulose wird durch Bakterien zu Hydrocellulose und Cellobiose und schließlich zu Wasserstoff, Methan und Kohlendioxyd vergoren.

Verhalten gegen Wasser.

Wasser bewirkt bei gewöhnlicher Temperatur bloß Quellung (S. 10). Kochendes Wasser macht die Faser etwas formbar, allerdings lange nicht so stark wie Wolle; auch wird die Anfärbbarkeit etwas gesteigert.

Wasserdampf wirkt noch stärker wie kochendes Wasser. Längeres Dämpfen schwächt die Faser, jedenfalls unter Bildung von Oxycellulose, da die gleichzeitige Gegenwart von Luft kaum ganz auszuschließen ist.

Verhalten gegenüber Alkalien.

Verdünnte Alkalien verändern die Cellulose weder in der Kälte, noch in der Wärme (bei Luftabschluß). Beim Kochen wird das Pflanzenwachs entfernt, so daß dieser Vorgang ein wesentlicher Bestandteil des Bleichens ist. Über 135° wird Cellulose beträchtlich gelöst; am gefährlichsten ist eine 4%ige Lauge. Wird bei Luftzutritt gekocht, so bildet sich Oxycellulose.

Starke Alkalien, z. B. Natronlauge von über 15° Bé bringen die Faser zur Quellung unter Bildung von Natroncellulose $(C_6H_{10}O_5)_2NaOH$; über 40° Bé entsteht $(C_6H_{10}O_5)_2 \cdot 2\,NaOH$.

Der elastisch gewordene Schlauch zieht sich zusammen (Abb. 8). Wird er daran verhindert, indem er an den beiden Enden festgehalten

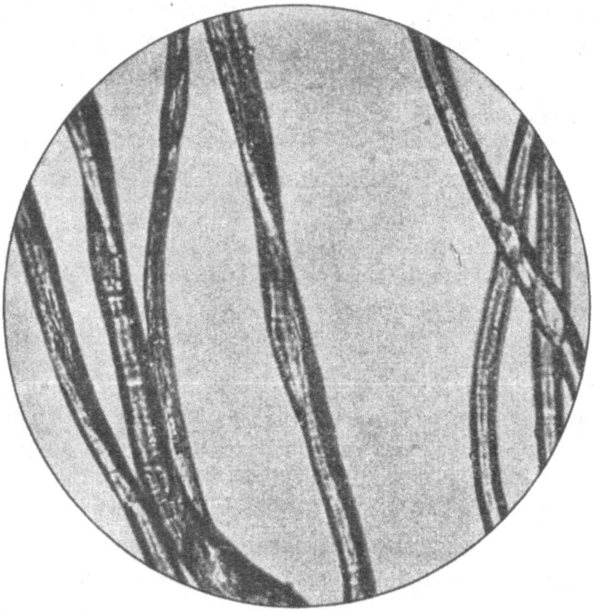

Abb. 8. Baumwolle mit starker Natronlauge getränkt. (300fach vergrößert.)

wird, so erhält er einen oberflächlichen Glanz, der auch erhalten bleibt, nachdem die Lauge ausgewaschen ist (Abb. 9).

Verhalten gegen Säuren.

Mineralsäuren wirken grundsätzlich anders auf Cellulose ein als die flüchtigen organischen Säuren.

Mineralsäuren werden aus wässriger Lösung in geringen Mengen adsorbiert und lassen sich nur schwer wieder auswaschen. Sie hydrolysieren die Cellulose in zunehmendem Maße mit zunehmender Konzentration. Es entsteht Hydrocellulose von geringer Festigkeit. Starke Säuren bewirken neben der Hydrolyse Quellung.

So erhält man vegetabilisches Pergament, wenn man ungeleimtes Papier durch 78%ige Schwefelsäure zieht und sofort wäscht.

Noch höher konzentrierte Schwefelsäure bildet Ester (Cellulosesulfat).

Ganz starke Schwefelsäure löst Cellulose unter Abbau zu Glukose.

Quellung von Baumwolle mittels Salpetersäure heißt auch „Philanieren". Die Baumwolle wird mit 65% iger Salpetersäure behandelt; sie schrumpft, kräuselt sich, rauht sich auf, wird wollähnlicher, fester und farbstoffverwandter.

Noch konzentriertere Salpetersäure (nach C. Häussermann, Z. angew. Ch. **1910**, 1161 > 78%) oder noch besser sogenannte Nitriersäure, das Gemisch von Salpetersäure mit Schwefelsäure, bilden stabile Ester,

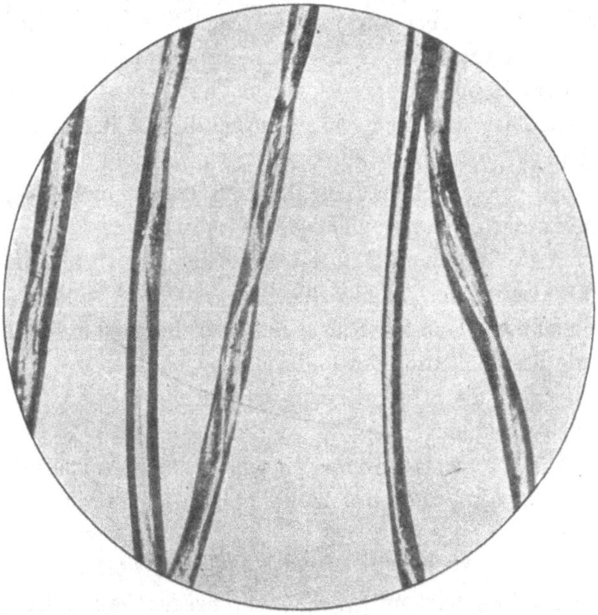

Abb. 9. Baumwolle, mercerisiert, gestreckt.
(300fach vergrößert.)

Cellulosenitrate, fälschlich „Nitrocellulose" genannt. Diese zerknallen durch Schlag, angezündet verpuffen sie blitzartig. Man nennt sie daher auch Schießbaumwolle oder „Pyroxylin".

Bei schwächerer Einwirkung erhält man die sogenannte Kollodiumwolle.

Kollodiumwolle löst sich in einem Gemisch von Alkohol und Äther auf, Schießbaumwolle nur in Aceton oder Essigester. Beim Verdunsten der Kollodiumlösung bleibt Cellulosenitrat als durchsichtiges Häutchen zurück. Davon macht man Anwendung in der Photographie zur Herstellung der Trockenplatten, ferner in der Heilkunde zum luftdichten Abschluß von Wunden und schließlich in der Appretur zur Befestigung der äußerlichen Gestaltung eines Gewebes, die sich sonst durch mechanische Einflüsse verschieben könnte.

Gibt man dem aus dem Kollodium durch Verdunsten der Lösungsmittel sich ausscheidenden Cellulosenitrat die Gestalt eines Fadens, indem man die Lösung aus einer feinen Spinndüse austreten läßt, so erhält man die als „Nitratseide“ bekannte Kunstseide, die zuerst von dem Grafen Chardonnet im Jahre 1884 im großen hergestellt wurde.

65—71% Cellulosenitrat, mit 23—33% Kampfer und 1,2—3,5% Farbstoff gemischt, ergeben das formbare Celluloid zur Nachahmung von Horn, Elfenbein u. dgl. Der Kampfer wird entweder geschmolzen oder in Alkohol gelöst (12%ig) angewandt. Nachdem in ein Gefäß von gewünschter Form gepreßt wurde, wird mit Dampf auf 130° erhitzt.

Leinen- oder Baumwoll-Gewebe sowie Papier, oberflächlich mit Celluloid überzogen, kalandert und gepreßt ergeben das Kunstleder oder Pegamoid.

Neuerdings verwendet man zu gleichem Zweck auch die Lösung von Cellulose in Kupferoxydammoniak oder Viskoselösung.

Kochende (60%ige) Salpetersäure erzeugt Oxycellulose (s. u.), schließlich Oxalsäure und Kohlensäure.

Auch gasförmige Mineralsäuren hydrolysieren die Cellulose. Darauf beruht die Karbonisation der halbwollenen Lumpen mit Salzsäure.

Schwächer wie die Mineralsäuren wirken die nicht flüchtigen organischen Säuren.

Flüchtige organische Säuren, also Ameisen- und Essigsäure, sind ganz harmlos, selbst in hoher Konzentration.

Verhalten gegen Salze.

Saure Salze wirken wie Säuren; desgleichen Salze, die in der Hitze ihre Säure abgeben, z. B. Aluminiumchlorid und Magnesiumchlorid (aber auch Magnesiumsulfat).

Die Salze werden aus ihren Lösungen von Cellulose mehr oder weniger adsorbiert.

Einige hochkonzentrierte Salzlösungen lassen die Cellulose ähnlich quellen wie unter der Einwirkung konzentrierter Alkalien und Säuren. So z. B. Kaliumjodid, Kaliumquecksilberjodid und Kaliumrhodanid.

Zinkchlorid vermag in der Wärme sogar zu lösen, worauf die Erzeugung von Vulkanfiber beruht.

Verhalten gegen Reduktions- und Oxydationsmittel.

Reduktionsmittel sind gänzlich wirkungslos.

Oxydationsmittel erzeugen Oxycellulosen; weiterhin Oxalsäure und schließlich Kohlensäure.

6. Baumwollspinnerei.

In den Spinnereien wird die Baumwolle weiter gereinigt und zu Garn verarbeitet. Aus dem Garn werden Gewebe oder Gewirke bereitet.

Die Arbeit des Ausziehens, Ordnens und Nebeneinanderlegens der vom Rocken genommenen Fasern besorgt die *Hand* in zwar langsamer, aber leicht ausführbarer Weise. Bei der Spinn*maschine* sind die einzelnen Arbeitsvorgänge schwieriger und umständlicher. Wir haben folgende Vorarbeiten zu unterscheiden:

I. Die Reinigung und Lockerung der Baumwolle.

Die Baumwolle aus 15—20 Ballen wird in einem durch hölzerne Wände gebildeten *Misch*fache von etwa 5 m Breite und Länge über einem Lattenrost ausgebreitet und in wagrechten Lagen bis zur Höhe von etwa 2 m übereinander geschichtet. Aus diesem Mischfache wird sie in senkrechten Schichten entnommen; so wird ein guter Durchschnitt erzielt.

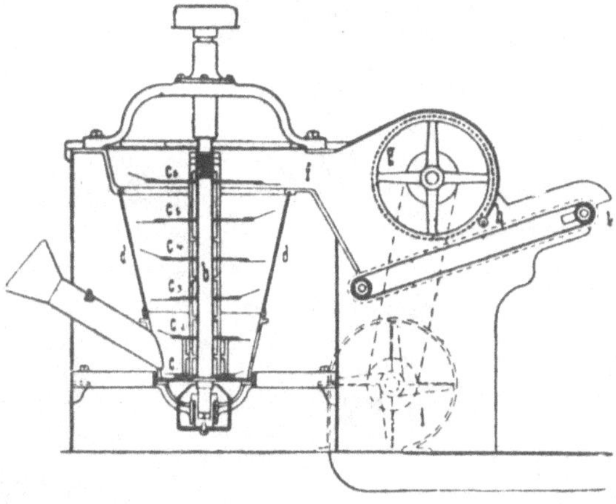

Abb. 10. Öffner.

Das Gemisch von dichten, wirren Fasern wird auf dem *Öffner* (Abb. 10) gelockert und gereinigt. Die durch den Trichter a eingebrachte Baumwolle steigt unter dem Einflusse eines durch einen Ventilator i erzeugten Luftstromes empor und wird dabei durch die eisernen Schlagscheiben und Schlagnasen C_1—C_6 eines senkrecht gelagerten, sich rasch drehenden Zylinders b bearbeitet. Durch die Löcher des Mantels d werden die spezifisch schweren Unreinlichkeiten (Steine, Samenkerne) geschleudert. Der leichtere Staub (Schalen, Laub, Sand, Erde) sowie die ganz kurzen Fasern werden durch den Luftstrom in das Innere der Siebtrommel g und von da in den seitlichen Staubkanal abgesaugt, in welchem sich der Ventilator befindet. Die Baumwolle selber folgt dem Luftstrom in den oberen Teil f des Öffners, von da auf ein sich langsam fortbewegendes Lattentuch h, über welchem sich die sich drehende Siebtrommel befindet. Die noch zu dichte Baumwolle dagegen fällt immer wieder in den tieferen Teil des Öffners, bis eine genügende Lockerung erreicht ist. Das endlose Lattentuch befördert schließlich die gereinigte Baumwolle heraus, unter Umständen in einen zweiten Öffner.

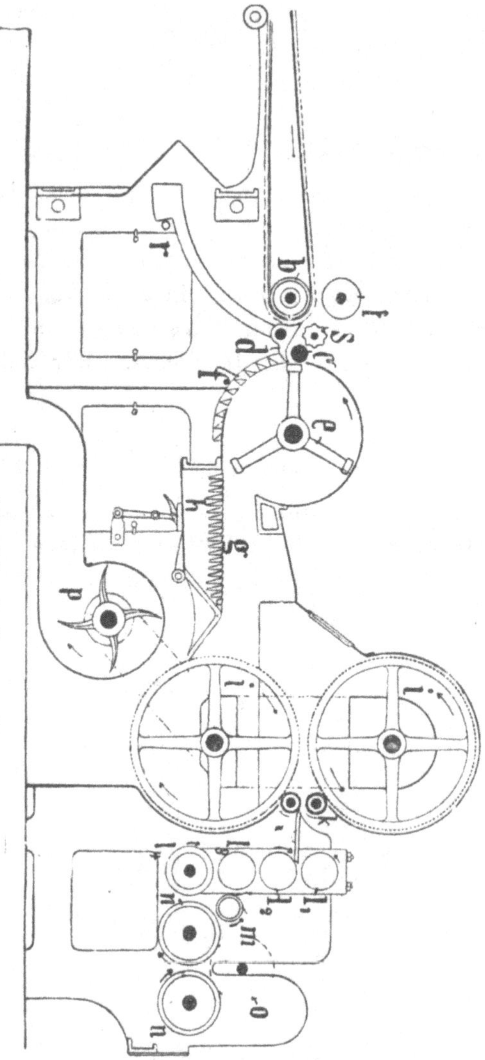

Abb. 11. Schlagmaschine.

Von hier wird sie nun durch einen automatischen Speiseapparat der Schlagmaschine (Batteur) zugeführt.

Von dem Speiseapparat gelangt die Baumwolle über ein endloses Lattentuch in den Speiseregler der Schlagmaschine (Abb. 11). Dieser regelt durch die Speisewalze s, Druckregler c und Mulde d die Baumwollzufuhr in der Weise, daß durch Übertragung auf einen Konustrieb eine dickere Faserschicht die Geschwindigkeit der Transportwalzen b c verlangsamt, eine dünnere Schicht sie beschleunigt. So wird die Baumwolle ganz gleichmäßig dem schnell umlaufenden, haspelartigen Schläger (Batteur) e zugeführt. Die infolge der weiteren Lockerung abgesonderten Unreinigkeiten fallen durch die unter dem

Schläger befindlichen Roste f und g. Die Baumwolle selber wird durch einen starken Luftstrom mittels des Ventilators p zwischen zwei Siebtrommel i i geführt, die sich langsam drehen und in ihr Inneres den Staub und die kurzen Fäserchen aufnehmen und in den Staubkanal ableiten.

Die Siebtrommeln geben die gereinigte Baumwolle an geriffelte Zug- und Druckwalzen k und l_1—l_4 ab, die sie den Wickelwalzen m, n, o zuführen. Die Lager der glatten Wickelwalze o sind stark belastet, so daß sich die einzelnen Lagen des Wattentuches fest aufeinander wickeln. Die Wickelwalzen n n sind geriffelt.

Je 3—4 von der ersten Schlagmaschine kommende Wickel werden einer zweiten Schlagmaschine vorgelegt und gehen gemeinsam hindurch. Dies dient neben einer weiteren Lockerung und Reinigung der entsprechenden Durchmischung der Baumwollflocken der verschiedenen Wickel.

Gleichmäßigkeit ist eine Hauptbedingung für den richtigen Verlauf des Spinnens. Das Gewicht der erhaltenen Wickel ist deshalb von vornherein genau festgelegt. Ein Wattentuch von unrichtiger Stärke in den Lagen der Faserschicht gäbe auch Vorgespinste und Garne von unrichtiger Stärke. Beträgt z. B. das Normalgewicht eines Wickels laut Spinnplan 36 Pfd., so trifft man unter den zur Verfügung stehenden Wickeln, etwa 35½, 35¾, 36, 36¼, 36½, die Auswahl so, daß die vier gemeinsam auf die zweite Schlagmaschine kommenden Wickel zusammen möglichst $36 \times 4 = 144$ Pfd. wiegen. Weicht aber ein Wickel von der zweiten Schlagmaschine um mehr als 1% vom Normalgewicht ab, so muß er zum Eingang der Maschine zurückgegeben werden.

II. Das Nebeneinanderlegen der Fasern auf der Krempel.

Die **Krempel** oder **Karde** (Abb. 12) besteht aus einer wagrecht gelagerten Trommel e, dem Tambour, dessen Oberfläche mit Kratzenband überzogen ist; d. h. in einer Kautschukunterlage sind elastische Stahldrahthäkchen eingebettet, deren Spitzen meist gehärtet sind. Dachförmig über dem Tambour bewegt sich eine endlose Deckelkette parallel, aber in entgegengesetztem Sinne zur Trommelperipherie. Ihre einzelnen Deckel f sind ebenfalls mit Kratzenband überzogen, doch stehen die Häkchen entgegengesetzt zu denen des Tambours.

Der Krempel wird ein Wickel vorgelegt. Er ruht im Gestell a auf der Walze b. Die Baumwolle gelangt über die Muldeneinführung c an die Walze d mit Sägezahnbelag und von da an den rasch umlaufenden Tambour e mit 170—180 Umdrehungen in der Minute. Häufen sich an einer Stelle des Tambours Fasern an, so werden sie von der sich langsam entgegengesetzt bewegenden Deckelkette aufgenommen und später an solche Stellen wieder abgegeben, an denen sich wenige Fasern befinden. Außerdem nehmen die Deckel die gegen sie geschleuderten Unreinigkeiten und kurzen Fasern auf und geben sie an eine Ausputzvorrichtung ab, wenn sie bei der fortschreitenden Bewegung der Kette auf die dem Tambour abgewendete Seite gelangen. Die Ausputzvorrichtung besteht aus dem

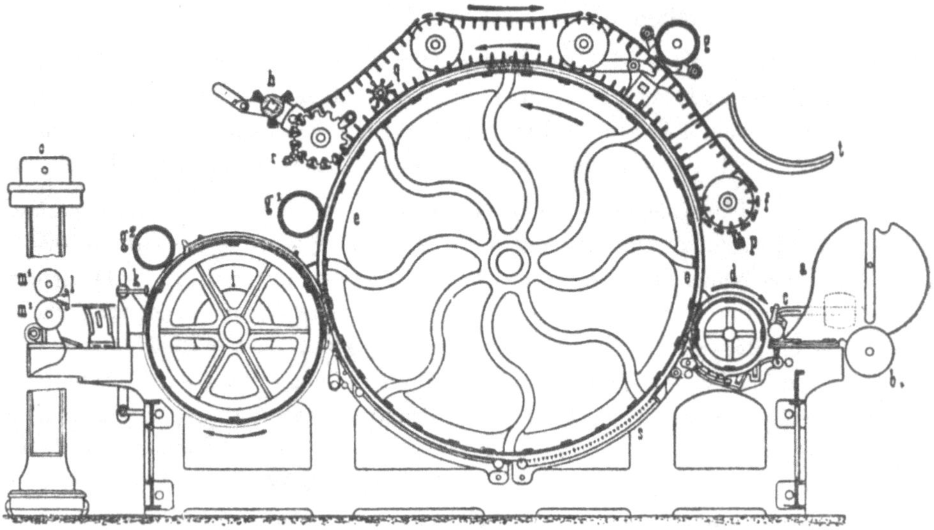

Abb. 12. Baumwollkrempel.

schwingenden Kamm r, den Bürstwalzen h und q und der feststehenden Bürste p.

Die Haupttrommel gibt die gereinigte Faser an eine kleinere Kratzentrommel, die Abnehmerwalze i, ab, von welcher sie wieder mit Hilfe des kammartigen Hackers k als lockeres Vließ abgekämmt wird.

Dieses Vließ wird durch Trichter l und Walzenpaar m_1 m_2 zu einem Bande zusammengefaßt und in einem Drehtopf c untergebracht. In dem Maße, wie sich der Drehtopf füllt, wird der durch eine Spiralfeder hochgehaltene Blindboden heruntergedrückt.

Die Schleifwalzen g, g_1 und g_2 zum Schleifen der Kratzen von Deckel, Tam'our und Kammwalze werden eingesetzt, wenn die Krempel außer Betrieb ist.

III. Das Parallellegen der Fasern auf der Strecke.

Die Strecke besteht gewöhnlich aus drei Köpfen, von denen jeder wieder mehrere Ablieferungen umfaßt. Jede Ablieferung (Abb. 13) besteht gewöhnlich aus vier Walzenpaaren, die aus einer unteren geriffelten und einer oberen belederten glatten Stahlwalze d_1-d_4 bestehen. Die Lagerzapfen der oberen Walzen sind mittels der Sättel g und der Gewichte g_1 belastet. Mittels der Vorrichtung z werden die Gewichte beim Stillstehen der Maschine gehoben.

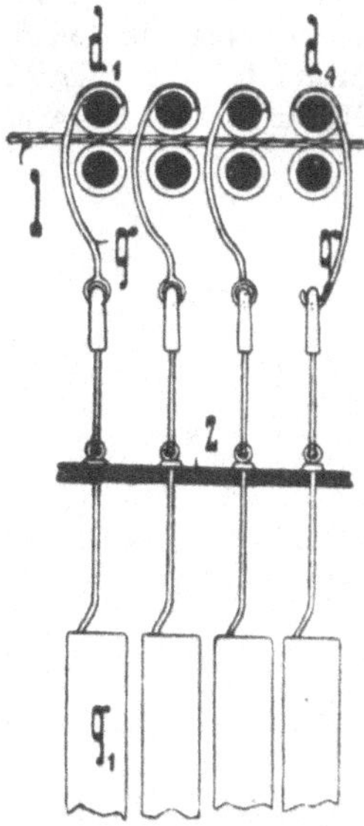

Abb. 13. Strecke.

Über jeder Ablieferung befindet sich ein mit Filztuch gefütterter eiserner Deckel mit Putztuch zum Putzen der Oberwalzen.

Die unteren Walzen werden durch Zahnräder angetrieben. Die Geschwindigkeit der Walzen steigert sich, je weiter das Baumwollband l vorrückt. Dadurch gleiten die zuerst erfaßten Fasern an den noch nicht erfaßten vorbei und werden parallel gerichtet. Durch diese Geschwindigkeitssteigerung erhält das Band eine Verdünnung, einen „Verzug". Beträgt der Verzug z. B. $\frac{1}{6}$, so werden in die Ablieferung der Strecke 6 Bänder eingeführt, „dupliert".

Die Entfernung der einzelnen Walzenpaare ist verstellbar; sie muß etwas größer sein als der Stapel.

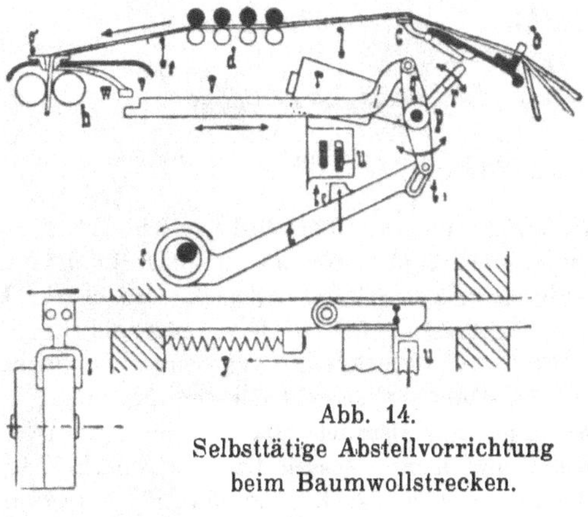

Abb. 14.
Selbsttätige Abstellvorrichtung
beim Baumwollstrecken.

Wenn eins der eingeführten Bänder abreißt oder sich um einen Streckenzylinder wickelt, muß die Maschine von selbst stillstehen. In Abb. 14 ist eine selbsttätige Wächter- und Abstellvorrichtung angedeutet.

Die verschiedenen Bänder gehen durch die Führungen bei b in die Maschine, gelangen zu den Streckwalzenpaaren d und von diesen zu dem Trichter g und den Führungswalzen h. l bezeichnet ein Band vor dem Eintritt in das Streckwerk, l_1 das Band nach dem Austritt aus ihm. Jedes Band läuft bei c über den muldenförmig gestalteten Kopf eines Hebels und drückt dieses Ende des Hebels nieder. Der andere Hebelarm von c ist etwas schwerer, wird somit heruntergehen, sobald das Band reißt, das c niederhält. An dem Exzenter s ist nun der Arm t befestigt, der am anderen Ende in den Schlitz t_1 ausläuft. In diesem Schlitz ist der eine Arm des Hebels q mit einem Stift geführt. Auf der Achse p

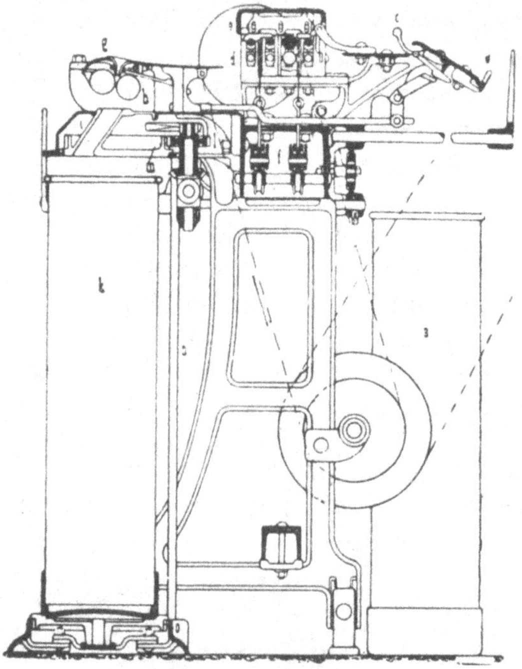

Abb. 15. Streckmaschine für Baumwolle.

des Hebels q ist gleichzeitig der Winkelhebel r befestigt. Das Gewicht auf dem linken Hebelarm r dreht q stets so, daß der Stift in dem unteren Arm von q ständig am oberen Ende des Schlitzes t_1 liegt. Am oberen Ende von q ist der wagrechte Arm v angebracht. Infolge der Umdrehung des Exzenters s machen q, r und v die durch die Pfeilrichtung angedeuteten Schwingungen. Reißt nun ein Band vor den Streckwerken, so geht der von ihm niedergehaltene Hebelkopf c hoch, der andere Hebelarm also tief. Dadurch stößt dieser an den rechten Arm des Winkelhebels r und hemmt dessen Bewegung nach links. Der Arm t geht jetzt, da q feststeht, vermöge der Kulissenführung t_1 aufwärts und drückt mit dem Ansatz t_2 gegen das Stück u. Dieses hebt die Sperrklinke x aus und die Feder y zieht alsdann die Stange mit der Riemengabel z nach links. Dadurch wird der Treibriemen von der festen auf die lose Riemenscheibe gebracht und die Maschine steht still. Bricht das Band hinter den Streckwerken, so fällt der

Arm w nieder und stößt gegen die Stange v. Dadurch wird ebenfalls der Hebel q festgehalten und in derselben Art wie vorhin die Maschine zum Stillstand gebracht.

Abb. 15 zeigt die ganze Streckmaschine. Das erzeugte Band wird in eine drehende Kanne geleitet und in ihr spiralförmig gelagert. Man wendet mindestens zwei, häufig aber auch vier Streckmaschinen hintereinander an. Die letzte Strecke bringt die Bänder nicht mehr in Drehtöpfe, sondern wickelt sie auf große Spulen.

IV. Die Verfeinerung des entstandenen Bandes: Das Vorspinnen.

Das Vorspinnen geschieht auf der Grob-, Mittel- und Fein spindelbank (Abb. 16). Das Faserbündel läuft von den Spulen a über die Zuführungswalzen D und das Streckwerk c, d, e in die Aufwickelvorrichtung.

Diese Aufwickelvorrichtung besteht:

1. aus den Spindeln g mit Flügeln f zur Führung und Aufwickelung des Fadens,
2. aus den Spindelbüchsen h, die die zur Aufnahme des Vorgarns dienenden Holz- oder Papierspulen tragen und mit ihnen durch am Fuße angebrachte Mitnehmer verbunden sind.

Das auf der Strecke verfeinerte Garn wird durch den einen hohlen Arm des Spindelflügels f hindurch auf die Spule geleitet und auf dieser aufgewickelt. Der Flügel wird durch Zahnradantrieb k mit gleichbleibender Geschwindigkeit angetrieben. Unabhängig davon wird

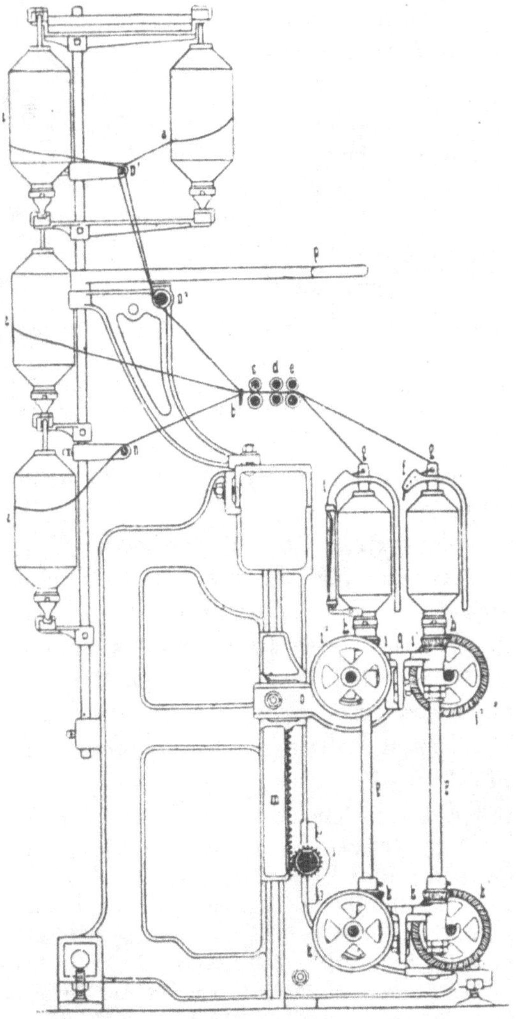

Abb. 16. Spindelbank (Flyer).

die Büchse mit der Spule durch ein anderes Zahnrad i vermittels Differentialgetriebe so beeinflußt, daß die Anfangsgeschwindigkeit am größten ist und die Spule mit wachsendem Umfange langsamer läuft. Die relative Geschwindigkeit der Spule ist gewöhnlich etwas größer als die der Spindel. Diese Voreilung ermöglicht eine straffe Aufwickelung des Vorgarnes. Die absolute Geschwindigkeit beträgt bei der Grobbank 10 bis 12, bei der Mittelbank 12—15, bei der Feinbank 16—20 Drehungen in der Sekunde.

Die Spulenbank oder der Wagen q wird mittels Zahnstange senkrecht so auf- und niederbewegt, daß die Windungen des Vorgarnes sich nebeneinander legen und im übrigen „K ö t z e r f o r m", d. h. ein Zylinder mit konisch zulaufenden Enden entsteht. Bei Scheibenspulen (mit

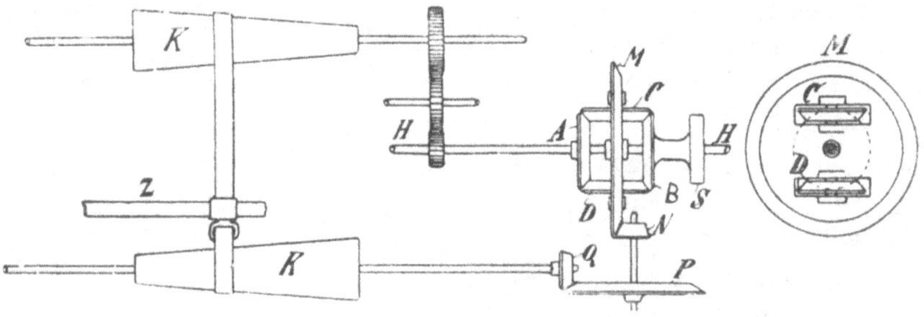

Abb. 17. Differentialgetriebe.

Scheiben an beiden Seiten) kann die Aufwickelung durchgehends zylindrisch sein.

Die geringe Drehung infolge des Umlaufes der Spindel soll dem fadenartigen Körper nur so viel Halt geben, daß er die durch das Aufwickeln bedingte Spannung aushalten kann; sie ist eine „falsche", d. h. sie wird beim Gang des Spinngutes durch die nächste Vorspinnmaschine wieder beseitigt. Reißt das Garn auf der Strecke, so kommt der betreffende Streckenknopf von selbst zum Stillstand; dagegen haben die Spindelbänke meist keine solche Vorrichtung; hier muß der Arbeiter aufpassen. In diesem Falle werden die beiden Vorgarnenden durch l e i c h t e Drehung zwischen s a u b e r e n Daumen und Zeigefinger verbunden.

Das Differentialgetriebe ist in Abb. 17 besonders dargestellt. Die beiden Konus K K sind durch einen Treibriemen verbunden. Der obere Konus gibt, der untere erhält Antrieb. Es ist klar, daß, wenn der Treibriemen nach rechts geschoben wird, der untere Konus langsamer laufen muß, da in diesem Falle die Antriebsscheibe ihren Durchmesser verkleinert, die getriebene Scheibe aber den ihrigen vergrößert. Nach jedem Hub der Spulenbank, also nach Vollendung einer jeden Garnlage auf der Spule, wird durch ein in die Zahnstange Z eingreifendes Zahnrad die Stange Z um einen Zahn nach rechts geschoben. Es ist nun festzustellen, welche Wirkung dies auf die Bewegung der Spulen hat. Es werde das System der voraneilenden Spindel vorausgesetzt. Sämtliche Spulen erhalten ihren Antrieb von dem Zahnrad S. Es ist also zu untersuchen, wie die Vorrichtung auf die Umdrehungsgeschwindigkeit von S wirkt, wenn der Treibriemen der Konus K K verschoben wird. Das Rad S sitzt lose auf der Achse H H, ist aber mit dem Rade B fest verbunden. Letzteres steht in Zahneingriff mit den Rädern C und D und diese greifen wieder in das Rad A ein. A hat dieselbe Zähnezahl wie B. Es ist also klar, daß B durch Vermittlung der Räder C und D dieselbe Anzahl Umdrehungen, aber in entgegengesetzter Richtung, machen muß, wie A. Dann ist ferner das Rad M, das Differentialrad, vorhanden. Es sitzt lose auf der Achse H H und trägt in seiner Ebene die Achsen der Räder C und D, so daß die Ebenen der Räder C und D senkrecht zu der Radebene von M stehen. (Vgl. die Sonderzeichnung des Differentialrades Abb. 17 rechts.) C und D sitzen lose auf ihren Achsen. Man denke sich nun das Rad A stillstehend und M sich drehend. Bei der Drehung von M müssen alsdann die Räder C und D infolge ihres Eingriffes in A sich drehen, und zwar werden sie bei einer vollen Drehung von M auch eine volle Umdrehung machen. Diese Bewegung von C und D überträgt sich auf B. Demnach wird B ebensoviele Umdrehungen machen wie M, und zwar in gleicher Richtung wie M. Allein die Drehung von M gibt dem Rade B noch einen weiteren Antrieb. Man denke sich, um dies einzusehen, A weg und die Räder C und D auf ihren Achsen festgekeilt. Sie werden alsdann bei der Umdrehung von M das Rad B einfach mitnehmen. Auch hierbei wird also B ebensoviele Umdrehungen wie M und zwar in derselben Richtung wie dieses machen. Daraus ergibt sich, daß, wenn M in der Zeiteinheit n Umdrehungen macht, das Rad B und somit auch S 2n Umdrehungen machen muß. Die Gesamtbewegung von B und S ergibt sich also wie folgt: Macht das vom oberen Konus K getriebene Rad A in der Zeiteinheit m Drehungen, so macht B auch m Drehungen, aber in entgegengesetzter Richtung. Macht das von dem unteren Konus K getriebene Differentialrad M n Umdrehungen in derselben Zeiteinheit, so macht B 2n Ddrehungen. Die beiden Antriebe erfolgen gleichzeitig, die wirkliche Drehungszahl also ergibt sich, wenn wir die beiden Zahlen voneinander abziehen. Die Zahl ist also:

$$v = m - 2n.$$

Der Wert von v wird um so größer, je kleiner der Subtrahend 2n dieser Differenz ist, also je langsamer das Differentialrad M läuft. Demnach bewirkt ein Verschieben des Riemens der beiden Konus K K nach rechts um einen Zahn der Zahnstange Z eine bestimmte Vergrößerung der Umdrehungszahl v des Rades B und S und damit eine Vergrößerung der Umdrehungszahl sämtlicher Spulen.

Bei der Einrichtung mit voraneilender Spule muß, wie bemerkt, die Spule in dem Maße langsamer laufen, wie sie voller wird. Man läßt jetzt das Differentialrad M entgegengesetzt wie vorhin laufen, so daß die durch die Umdrehung desselben bewirkten Drehungen von B in derselben Richtung wie die durch die Drehung von A bewirkten erfolgen. Die beiden Drehungszahlen addieren sich folglich, und die wirkliche Drehungszahl von B und S ist jetzt:

$$v = m + 2n.$$

Die Zahl v wird jetzt in dem Maße k l e i n e r, wie der Summand 2n, also die Drehungszahl des Differentialrades, abnimmt.

Mit jeder neuen Garnlage auf der Spule muß, wie bereits bemerkt, die Hubhöhe der Spulenbank abnehmen; es muß ferner aber das Heben und Senken der

Spulenbank langsamer erfolgen. Da nämlich die Streckzylinder c d e in der Zeiteinheit stets dieselbe Garnmenge abliefern, die Spule stets also diese Menge in der Zeiteinheit aufwickeln muß, da ferner bei jeder folgenden Garnlage auf der Spule zu einer Windung eine größere Fadenlänge erforderlich ist, so folgt, daß jede Windung um so mehr Zeit erfordert, wie die Spule dicker wird. Die Spulenbank muß sich also langsamer bewegen. Die Regelung der Bewegung der Spulenbank

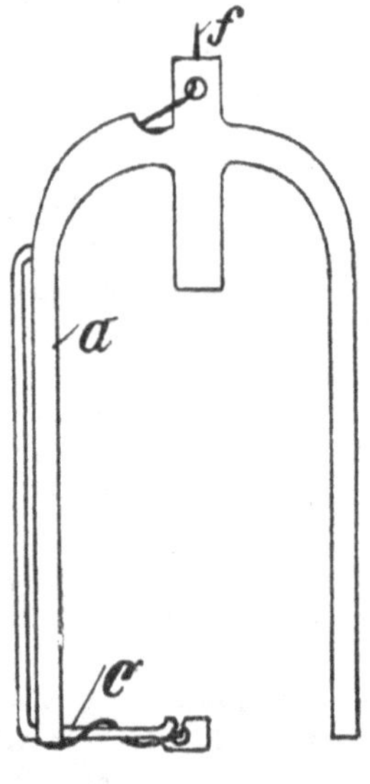

Abb. 18.
Flügel der Flügelspinnmaschine.

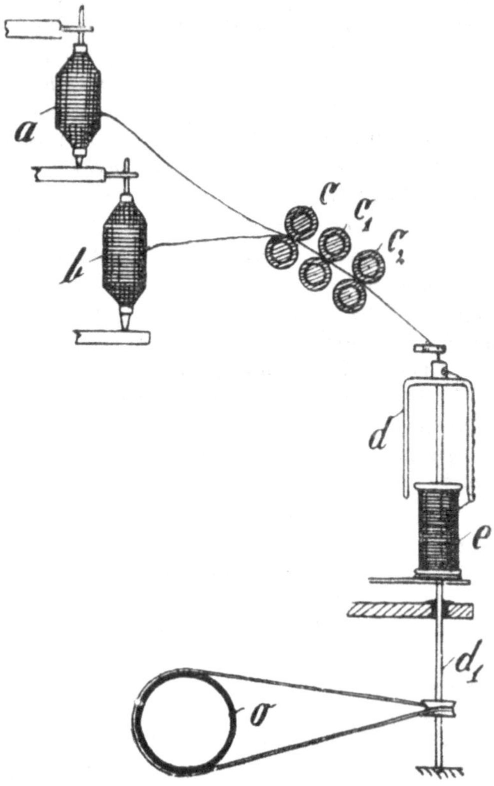

Abb. 19.
Mechanismus der Flügelspinnmaschine.

in bezug auf Hubhöhe und Hubgeschwindigkeit wird in ähnlicher Weise wie vorhin, durch das Differentialgetriebe bewirkt. Der Grobflyer verarbeitet die Faserbündel, wie sie von der Streckmaschine kommen. Bei ihm sind also nicht Spulen aufgestellt, sondern er entnimmt den Rohstoff aus den beschriebenen Drehtöpfen.

In Abb. 18 ist noch der Flügel dargestellt, wie er bei den Vor- und Feinspinnmaschinen der Baumwoll-, Flachs-, Jute- usw. Spinnerei Anwendung findet. Der Faden f kommt von den Streck- oder Lieferungszylindern, geht durch die Öffnung in dem Spindelkopf, tritt seitwärts heraus, geht durch den Arm a des Flügels und gelangt um den Finger c zu der Spule. Die Umdrehung der Spindel und des Flügelarmes a muß also den Faden f drehen.

V. Das Feinspinnen.

Man benutzt in der Baumwollspinnerei als Feinspinnmaschinen die Flügelspinnmaschine, die Ringspinnmaschine und die Mulemaschine oder den Selfaktor.

α. Die Flügelspinnmaschine.

Die Flügelspinnmaschine ist in Abb. 19 schematisch dargestellt. Von den mit Vorgarn gefüllten Spulen a und b laufen Fäden zu den Streckzylindern C—C_2, werden dort nochmals ausgezogen und doubliert. Der neue Faden geht zu einer vorhin (in Abb. 18) dargestellten Flügelspindel d, erhält die erforderliche Drehung und wird auf die Spule e gewickelt. Der gedrehte Faden hat Kraft genug, um die lose auf der Spindel sitzende und auf einer Unterlage aufruhende Spindel mit herumzureißen. In dem Maße, wie die Zylinder C—C_2 Garn liefern, läßt der Zug zwischen Spindelflügel und Spule nach; letztere bleibt zurück und das Garn wird auf sie gewickelt. Das bei der Vorspinnmaschine erforderliche Differentialgetriebe fällt also weg. Selbstredend muß, um die Spulen in ihrer ganzen Länge füllen zu können, die Spulenbank auf und nieder gehen. Das Herumreißen der Spule durch den vom Flügel kommenden Faden erfordert eine verhältnismäßig bedeutende Kraft. Man kann deshalb auf der Flügelspinnmaschine keine feinen und keine lose gedrehten, also weichen Garne spinnen. In beiden Fällen würde der Faden die erforderliche Spannung nicht aushalten.

β. Die Ringspinnmaschine (Abb. 20).

In der Mitte befinden sich die Aufsteckrahmen für die mit Vorgarn gefüllten Spulen, an den beiden Längsseiten 200—250 Spindeln, die in mit Öl gefüllten Lagerkörpern laufen. An ihrem Fuße befinden sich Schnurwirtel p, über welche endlose Schnüre gehen. Diese werden von Trommeln angetrieben

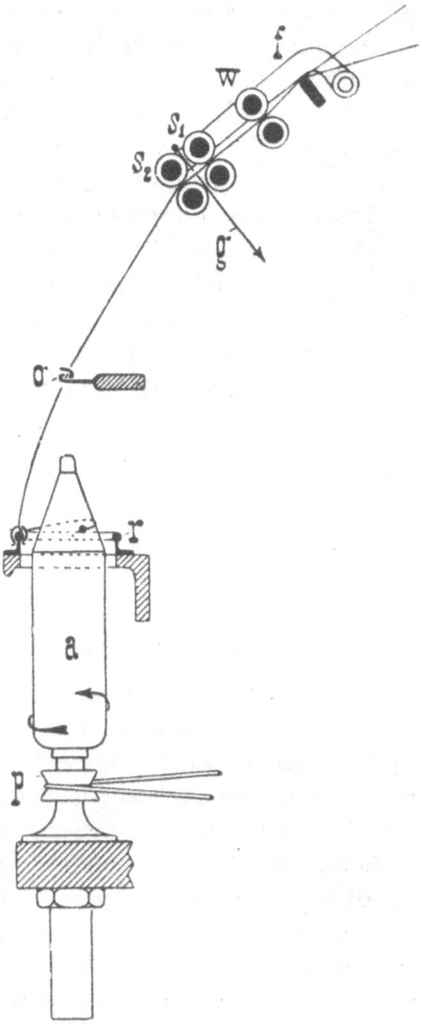

Abb. 20. Ringspinnmaschine.

und erteilen den Spulen eine Geschwindigkeit von 140—160 Drehungen in der Sekunde. Das Vorgarn f läuft vom Aufsteckrahmen durch die Führungswalzen w und das Streckwerk s_1, s_2, erhält hier den Verzug bis zur gewünschten Feinheit und wird durch Drahtschleifen (Sauschwänzchen) O senkrecht auf die „Rabbethspulen" a geführt, die auf die Spindeln fest aufgesteckt sind.

Die Führung und Aufwickelung des durch die Drehung der Spindel entstehenden Fadens vermittelt ein leichtes metallenes Öhr, der „Läufer", der in geringem Abstande von der Spule auf einem keilförmigen Ringe r geführt wird, in dessen Mittelpunkt die Spule steht. Der Läufer entspricht also den Flügeln der Spindelbank, er ist aber so viel leichter, daß er durch den sich aufwickelnden Faden nachgeschleppt werden kann ohne selbständigen Antrieb. Die Ringbank entspricht der Spindelbank und bewegt sich wie diese auf und nieder.

An die Zylinder der letzten Streckwerkreihe werden Plüschwalzen fest angedrückt und erhalten durch diese eine drehende Bewegung. Reißt der Faden während des Betriebes, so wickelt er sich um diese Plüschwalzen, die leicht herausgenommen und gereinigt werden können.

S p i n n p l a n eines Garns Nr. 20:

nach der	Nr.	Duplierung	Verzug	Drehung auf 10 cm
Krempel	0,13		111 fach	
Strecke	0,13	6fach	6 „	
Grobflyer	0,64	1 „	5 „	2,8
Mittelflyer	1,54	2 „	4,8 „	4,8
Feinflyer	3,65	2 „	4,7 „	7,6
Ringspinnmaschine Kettgarn	20	1 „	5,5 „	76
Ringspinnmaschine Schußgarn	20	1 „	5,5 „	68

Die Stärke der D r e h u n g — durch den Drahtzähler gemessen — wird geregelt durch die Geschwindigkeit, mit der das Streckwerk das Vorgarn f den mit gleichbleibender Geschwindigkeit umlaufenden Spindeln zuführt. Je langsamer das Garn zugeführt wird, um so stärker die Drehung. Das Zahnrad, das zum Antrieb des Gesamtstreckwerkes eingesetzt wird, heißt darum auch „Drahtwechsel" oder „Zwirnrad".

Die Drehung muß um so stärker sein, je feiner die zu spinnende Nummer und je größer die späteren Ansprüche an Festigkeit und schließlich je kurzstapeliger die Baumwolle ist.

Bei rechts gedrehtem Garn drehen sich die Fasern, von oben gesehen, im Sinne des Uhrzeigers.

Bei mehrfachem Garn ermittelt man mit dem Drahtzähler zunächst den „Z w i r n", indem man ½ m Faden einspannt und das an einer drehbaren Achse befestigte Ende so oft in entgegengesetzter Richtung kurbelt, bis die Fäden parallel liegen. Die erhaltene Drehungszahl wird durch 5 dividiert (vgl. S. 186).

Darauf wird der „D r a l l“ der erhaltenen Einzelfäden ermittelt, indem je 10 cm eingespannt und einmal nach links, bei einer zweiten Probe nach rechts herum gekurbelt werden, bis der Faden bricht. Der Drall ist gleich der Hälfte des Unterschiedes der beiden Drehwerte und links oder rechts gerichtet, je nach dem, ob der kleinere Drehwert links oder rechts gerichtet war. (M a r s c h i k L. M. f. Textilind. **1910**, 332, Z. f. d. ges. Textilind. **1911**, 62.)

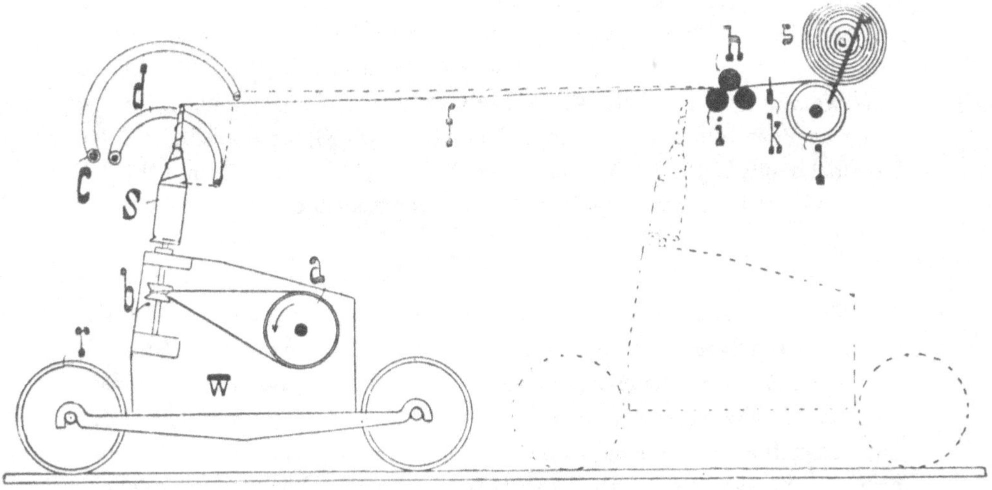

Abb. 21. Mulejennymaschine.

Die Drehung T läßt sich aus der englischen Nummer N und dem Drehungskoeffizienten α — für 1 Zoll = 2,54 cm und die englische Garnnummer 1 — nach der K ö c h l i n schen Formel $T = \alpha \sqrt{N}$ berechnen.

α ist nach J o h a n n s e n für

Kettgarne hart (Watertwist) Nr. 6—50	4
„ (Muletwist) alle Nummern	3,75
Schußgarne (Wefttwist) „ „	3,25
Garne für Strickerei und Zwirnerei	2,75
Strumpf- und Trikotgarne bis Nr. 100	2,5
Docht und weiche Abfallgarne	2

Für eine bestimmte Garnsorte verhalten sich also die Drehungen wie die Quadratwurzeln der Nummern.

Die Festigkeit eines Garnes nimmt nach E. Müller mit der Drehung bis zum kritischen Drehungsgrad zu — für Baumwollgarn $= 6 \sqrt{N}$.

Nach Chr. Marschik (L. M. f. Textilind. **1910**, 275) nimmt die Dehnbarkeit mit der Drehung ab; Elastizität und Gleichmäßigkeit wachsen.

γ. Die Mulejennymaschine (Abb. 21).

Diese arbeitet in zwei Phasen. 1. Der Faden wird während des Spinnens nicht auf die Spule s aufgewickelt, sondern von einem auslaufenden Wagen w fortgetragen. 2. Ist der Wagen am Ende seiner Bahn angelangt, so wird das Spinnen unterbrochen und der Faden von dem zurücklaufenden Wagen auf die Spule aufgewickelt. In der ersten Phase wird der von g über l sich abwickelnde, zwischen die Stifte k und die Lieferwalzen h, i geführte Vorgarn-Faden f vom Gegenwinder c hoch-, in der zweiten vom Winder d niedergehalten. Die Spule s erhält von der Trommel a mit Hilfe des Wirtels b 10 000 Umdrehungen. Dann wird der Wagen umgesteuert und das Spinnen setzt von neuem ein.

δ. Der Selfaktor (Abb. 22).

Während bei der Mulejenny alle Einzeleinrichtungen unabhängig voneinander arbeiten, stehen sie beim Selfaktor miteinander in Eingriff. Er enthält als feststehenden Teil den Mittelbock oder Headstock, in dem die Antriebsteile vereinigt sind. Die Spindeln sind, wie bei der Mulejennymaschine, auf einem Spindelwagen gelagert. Man pflegt zur bequemeren Übersicht die Arbeit der Maschine in vier Perioden einzuteilen.

1. Periode. Der Spindelwagen fährt aus. Das Seil d, das über Führungsrollen e und e_1 geleitet ist, zieht den Wagen nach außen. Das untere Seil l folgt der Wagenbewegung. Die Schnecke m ist ausgerückt. Die Lieferungswalzen b geben Vorgarn ab, bei Baumwolle und Kammgarn während der ganzen Wagenausfahrt, bei Streichgarn, wie vorhin bei der Mulejennymaschine erklärt, nur während eines Teiles. Der Antrieb zur Drehung der Spindeln erfolgt von der Trommel i aus durch das Seil g, welches über Führungsrollen h—h_4 geleitet ist.

2. Periode. Der Wagen ist im äußersten Punkte seiner Ausfahrt angelangt und steht still; sein Antrieb ist losgekuppelt. Der Faden erhält die Schlußdrehung, indem die Spindel f sich mit größerer Geschwindigkeit dreht.

3. Periode. Das Abschlagen, d. h. das Zurückwickeln der Fadenwindungen, die sich beim Drehen der Spindel um die Strecke zwischen Spulenende und Spindelspitze gelegt haben. Der Antrieb der Seilscheibe h wird eingeschaltet. Gleichzeitig dreht sich die Scheibe für die Kette x, die bei der Wagenausfahrt und während der Schlußdrehung nicht von der Trommel i beeinflußt werden konnte, durch Reibungskupplung getrieben, rückwärts. Dadurch wickelt sich die Kette x auf und senkt den Fadenführer des Winders j. Mit j ist der Hebel s verbunden. Er hebt sich und setzt sich mit seinem Ansatz auf die Rolle

des Hebels u. Ist diese Stellung erreicht, so läuft der Faden richtig auf die Spulenspitze auf. (Vgl. Sonderzeichnung „Abschlag".) Der Gegenwinder k, der durch Feder oder Gewicht belastet ist, hat sich gehoben und das abgewickelte Fadenstück straffgezogen.

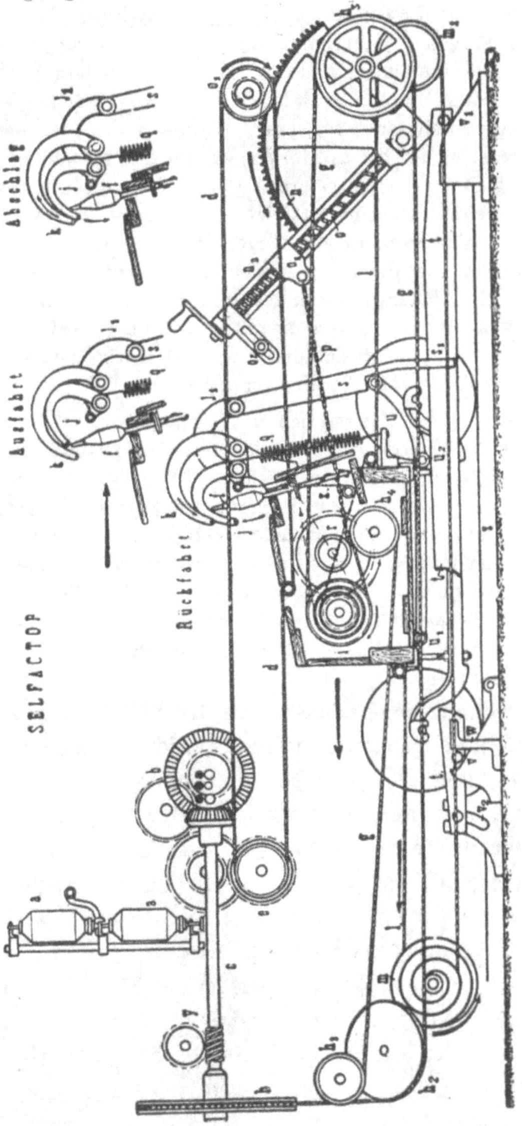

4. Periode. Diese ist in der Zeichnung Abb. 22 zugrunde gelegt. Die Schnecke m erhält Antrieb, das Seil l zieht infolgedessen den Wagen zunächst mit größerer, dann mit abnehmender Geschwindigkeit in die Anfangsstellung zurück. Der Antrieb des Seiles d ist losgekuppelt, das Seil folgt einfach der Bewegung des zurückgehenden Wagens. Das Aufwickeln des Fadens erfolgt

von dem Quadranten n aus. Der Quadrant wird bei der Wageneinfahrt durch das Zahnrad an e_1 etwas gedreht und zwar in der angegebenen Pfeilrichtung. Er trägt die auf der Scheibe r befestigte Kette p. Bei der Wagenausfahrt wickelte r durch Reibungsantrieb die Kette p auf seinem Umfange auf. Jetzt ist r mit der Achse fest verkuppelt, und da der Quadrant viel langsamer nach links geht, als der Wagen einfährt, muß sich die Kette p von r abwickeln. Dadurch drehen sich die Trommel i und weiterhin die Spindeln f. Der Winder h muß den Faden richtig führen, so daß er in wenigen Windungen nach unten und in vielen dicht aufeinander folgenden Windungen wieder nach oben geht. Dazu dient der Hebel u, der bei u_1 am Wagen drehbar ist und mit der Rolle u_2 auf der Schiene t gleitet. t ist so geformt, daß der Winder sich zunächst schnell senkt und dann langsam wieder emporsteigt. Kommt der Wagen in die Anfangsstellung zurück, so stößt der Ansatz s_1 des Hebels s gegen das Stelleisen w. Der Hebel s wird frei und die Feder q zieht ihn plötzlich wieder in die Höhe. Der Faden wickelt sich dadurch wieder bis zur Spindelspitze auf. Die Spindel f wird befähigt, diese Aufwickelung vorzunehmen, indem der Zapfen o_2 am Quadrant sich auf die Kette p senkt, sie etwas durchbiegt und straff anspannt. Die Spindel macht infolgedessen einige schnelle Umdrehungen.

In dem Maße, wie die Spulen sich mit Garn füllen, müssen sie bei einer Wageneinfahrt weniger Umdrehungen machen, um das gegebene Fadenstück aufzuwickeln, also sich auch langsamer drehen. Man verstellt deshalb den Befestigungspunkt o_1 der Kette p durch Drehung der Schnecke o entweder mittelst Handkurbel oder auch durch die Maschine selbst mit Hilfe konischer Räder. Bei Beginn der Spulenbewicklung steht o_1 unten nahe dem Drehpunkt von o und bei voller werdender Spule steigt o_1 langsam empor. Der Fadenführer muß bei voller werdender Spule immer höher steigen; deshalb wird die Führungsschiene t bei jedem Hub ein wenig nach links geschoben, dadurch steigt sie an den schrägen Unterlagsflächen v und v_1 nach oben.

Die Beanspruchung des Fadens durch den Selfaktor ist nicht so groß; es braucht kein Läufer nachgeschleppt zu werden; es genügt infolgedessen eine schwache Drehung, wie sie z. B. bei Schußfäden erwünscht ist. Aber der Selfaktor erfordert mehr Raum und Bedienung; das Anmachen der Fäden wird durch den ein- und auslaufenden Wagen erschwert.

Der Selfaktor wird in der „Z w e i z y l i n d e r s p i n n e r e i“ gebraucht. Er hat dann statt des Streckwerks nur e i n Zylinderpaar.

Kurzstapelige Baumwolle und Abfall wird (nur bis Nr. 8) gesponnen und kommt direkt von der Krempel auf einen Florteiler, der das Vlies so teilt, daß beim „Würgeln“ des abgeteilten Vliesstückes ein Vorgarn von der Stärke entsteht, wie es der Selfaktor braucht (Abb. 68 S. 111).

Die Zweizylinderspinnerei heißt auch S t r e i c h g a r n - oder B a r - c h e n t - S p i n n e r e i.

Der Spinnereiabfall beträgt bei guten Baumwollsorten 10—15%, bei geringen 25%. Wattefetzen können ohne weiteres zum Öffner zurückgegeben werden; dagegen wird der geringere Abfall in der Papierfabrikation oder als Füllmaterial für Polsterzwecke verwandt.

VI. Das Haspeln.

Das Haspeln bringt das Garn von den Kops in Strähnform. Die Holzleisten der Haspel können durch Verstellen der Arme verschiedene Entfernung von der Wellenmitte erhalten, wodurch der Umfang des Haspels bestimmt wird. Der Baumwollhaspel hat 1½ Yard Umfang. Der Faden läuft von den Spulen durch Porzellanringe, die auf einer hin und her gehenden Stange, dem Fadenführer, sitzen (Kreuzhaspel). Beim „Fitzhaspel“ wird das Garn in Fitzen abgebunden.

Abb. 23. Gebräuchlicher Weberknoten.

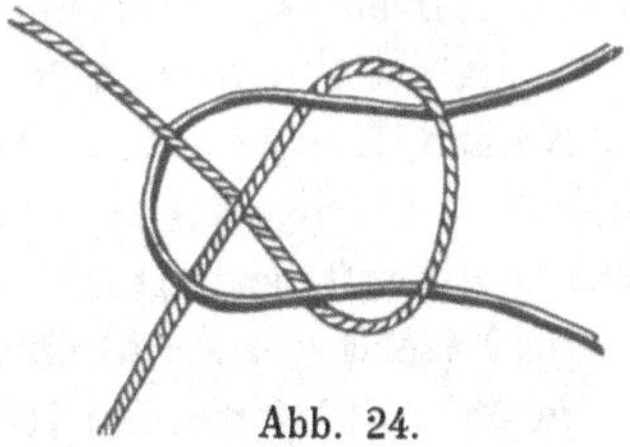

Abb. 24. Einfacher Weberknoten.

Abb. 25. Falsche Fadenverbindung.

Abb. 26. Katzenkopf.

Ein Baumwollsträhn hat 840 Yards oder 768 m. Die englische Garnnummer gibt an, wieviel Strähne auf ein englisches Pfund zu 453 g gehen.

Das stark gedrehte Kett- oder Water-Garn aus langfaseriger Baumwolle spinnt man gewöhnlich zu 4 bis 30, das schwächer gedrehte Schuß- oder Mulegarn aus kurzfaseriger Baumwolle zu Nr. 4—16.

Beim Knüpfen gerissener Kettfäden sollen nur feste, glatte Knoten verwendet werden, die leicht durch die Augen der Litzen und das Riet rutschen (Abb. 23 und 24). Abb. 25 zeigt eine falsche Fadenverbindung und Abb. 26 den sog. Katzenkopf, der in der Ware und im Faden stark auffällt.

II. Kapok (malayisch „Baum").

Der Kapokbaum gehört botanisch zur Familie der Bombaceen, die mit den Malven verwandt sind. Er wächst in Afrika, Ostindien und auf den Sundainseln und wird 10—20 m hoch (Z. ges. T. **1919**, 345). Unter dem Namen Kapok gehen aber auch die Akonfasern des Calotropisstrauches, die sog. Pflanzenseide. Sie stammen von den tropischen schlingpflanzenartigen Asklepiadeen.

Die Fasern werden ähnlich wie Baumwolle geerntet.

Im Jahre 1911 wurden 70 000 Ballen Kapok geerntet und in Deutschland 2600 Ballen versponnen.

Physikalisches Verhalten.

Das Haar ist 10—30 mm lang und 20—45 μ dick. Die Akonfasern sind 50 mm lang und 20—90 μ dick. Die Faser ist seidenweich und glänzend und hat keine schraubenförmigen Windungen. Sie hat in ihrem großen Lumen viel Luft und läßt sich daher nur schwer netzen.

Chemisches Verhalten. Die Faser ist teilweise verholzt (nur 64% Cellulose).

Verarbeitung.

Die erwähnten physikalischen Eigenschaften vereitelten alle Versuche, die Faser zu spinnen, bis es gelang, durch Behandlung mit Lösungsmitteln wie Alkohol, Äther, Aceton, Schwefelkohlenstoff, Benzol, Türkischrotöl (bei 60—100°), Glycerin oder mit Leimlösungen nach D. R. P. 230 142 (L. Färb.-Ztg. **1916**, 368) die Faser — zunächst mit Baumwolle zusammen und darauf auch allein zu Streichgarn — zu verspinnen. Offenbar wird durch die Behandlung mit den genannten Lösungsmitteln der Kapokfaser die Wachsschicht entzogen, die die Oberfläche glatt und gleitend macht.

Die Wachsschicht ist auch schuld daran, daß sich Kapok außerordentlich schwer mit Wasser netzt. Man füllt daher Rettungsgürtel und Schwimmwesten damit.

Aus Kapok gewebter Plüsch übertrifft an Glanz den Baumwoll- und Leinenplüsch.

Die Akonfasern dienen als Polsterungsstoff, aber auch zu künstlichen Blumen.

III. Einheimische Fasern als Baumwollersatz.

In Zeiten der Baumwollnot taucht die Frage nach Ersatzfasern auf. Es gibt keine Faser, die die Baumwolle ersetzen könnte, was Spinnbarkeit anbelangt. Wohl aber kann Watte und Polsterungsstoff ebensowohl aus anderen Samenhaaren gewonnen werden. Solche Ersatzfasern haben schon lange die Aufmerksamkeit von Wissenschaft und Technik auf sich gelenkt. In dem mikrophotographischen Atlas der technisch wichtigen Faserstoffe von A. Herzog, München 1908, sind sie zum großen Teil abgebildet.

a) Monokotyle:

Der Rohrkolben oder Kolbenschilf (Typha) trägt zwischen den Früchten viele lange Haare. Sie sind nur schwach verholzt, von geringem Querschnitt und lassen häufig warzige Vorsprünge der Zellwand unter dem Mikroskop erkennen. Diese Vorsprünge befähigen die Faser zur Verfilzung mit tierischen Haaren. Mit 2 Tl. Hasenhaaren ist die Faser seit dem 18. Jahrhundert zu Hüten verfilzt worden. Sie dient heute auch zum Stopfen von Kissen und zur Herstellung von Lazarettbinden. Vergl. S. 74.

Seegras (Zostera marina) und Posidonia oceanica dienen schon lange zum Einpacken von Glaswaren und zum Stopfen von Kissen und Matratzen. Vergl. S. 62.

Wollgras (Eriophorum latifolium) besteht aus 4 cm langen, vielzelligen Haaren von ähnlichem Verhalten wie Rohrkolbenwolle (S. 74).

b) Dikotyle:

Pappel (Populus) und Weide (Salix, hauptsächlich s. pentandra, die sog. Baumwollweide) haben einzellige, höchstens 3½ cm lange und 24 μ dicke Samenhaare. Unter dem Mikroskop zeigen sie an der Basis eine Verbreiterung und knieförmige Umbiegung. Vergl. S. 61.

Distel (Cirsium) und Löwenzahn (taraxum officinale).

---

b. Die Bastfasern.

Die Bastfasern liegen im Stengel der Pflanze zwischen Holz und Rinde.

α. Dikotyle.

I. Flachs.

1. Die Flachspflanze.

Die Stammpflanze heißt linum usitatissimum und gedeiht in der gemäßigten Zone. Wärmere Gegenden liefern viel Samen, aber schlechten Bast. Die Pflanze ist einjährig und wird bis zu 1 m hoch. Aus den himmelblauen Blüten entwickeln sich zur Reifezeit 5—10fächerige, erbsengroße, kugelige Samenkapseln mit den rotbraunen, glänzenden Leinsamen.

In Holland und Belgien übt man das „Ländern", d. h. man zwingt die junge Pflanze durch auf den Acker geschichtetes Reisig oder kreuzweise gespannte Schnüre hindurchzuwachsen. Der hoch aufschießende, unverästelte Stengel ergibt den wegen seiner langen und feinen Faser berühmten gestäbelten Flachs („lin ramé") (Abb. 27 und 28).

2. Gewinnung des Flachses.

Sobald die unteren Stengelblätter anfangen, gelb zu werden, zur Zeit der „Gelbreife", werden die Stengel mit der Wurzel ausgerauft. Die Samenkapseln dürfen dann erst gerade anfangen, von Grün in Braun überzugehen; dann sind die Fasern noch nicht verholzt. Um aber auch die Samen von zur Fasergewinnung bestimmten Pflanzen in möglichster Güte zu erhalten, läßt man die ausgerauften Stengel auf dem Felde zu Garben vereinigt nachreifen.

Die nun folgenden Gewinnungsarbeiten sollen die Faser von den Fremdstoffen befreien.

a) Das Riffeln oder Reffen. Die Stengel werden durch den eisernen Riffelkamm gezogen. Dabei werden Seitenzweige, Blätter und Samen abgerissen. Letztere werden zur Ölbereitung gesammelt und das zur Herstellung von Ölfarben und Firnissen unentbehrliche Leinöl daraus hergestellt. Das zurückbleibende „Flachsstroh" besteht nun aus Rinde, 20—27% Bast, Splint, Holzkern und Markröhre.

b) Das Rotten oder Rösten bezweckt die Zerstörung der in Holzbildung begriffenen Splintschicht, die den Bastschlauch mit dem Holzkern verbindet, durch Faulung.

Abb. 27.
Flachs zur Fasergewinnung.

Abb. 28.
Flachs zur Samengewinnung.

Das Faulen kann auf natürlichem oder künstlichem Wege eingeleitet werden.

Zu den natürlichen, im landwirtschaftlichen Betrieb durchgeführten Rotten gehören die Kaltwasser-, Tau- und die gemischte Rotte; zu den künstlichen oder Fabriksrotten die Warmwasser-, die Heißwasser- und die chemische Rotte.

Die natürlichen Rotten und die Warmwasserrotte beruhen auf einen Gärungsvorgang, der durch aus der Luft stammende oder mit altem Röstwasser zugesetzte Bakterien bewirkt wird.

Die Kaltwasserrotte geschieht von April bis Oktober in besonders ausgehobenen Lehmgruben oder in fließendem Wasser. In Belgien benutzt man das langsam fließende, weiche Wasser der Lys. 1200—1500 kg der durch Stroh zusammengehaltenen Bündel werden in einer Hürde senkrecht zusammengeschichtet und die gefüllte Hürde ins Wasser gestoßen. Durch Belasten mit Steinen begegnet man dem Auftrieb infolge der Fäulnisgase. Die Gärung ist zunächst sauer und stürmisch, dann alkalisch und ruhig. Nach 5—20 Tagen, je nach der Temperatur, werden die gelblich gewordenen Bündel aus der Hürde genommen und am Ufer niedergesetzt. Zur vollkommenen Trocknung werden die Puppen öfters gewendet und schließlich in mächtigen Schobern zusammengestellt, wo sie der weiteren Verarbeitung harren. Die Ausbeute an Röstflachs beträgt etwa 73 % des Flachsstrohs. Der russische Motschenetzflachs ist wassergeröstet.

Die Tauröste dauert länger, bis zu 8 Wochen. Die Stengel bleiben solange auf der Wiese ausgebreitet, bis sich der Bast willig vom Stengel

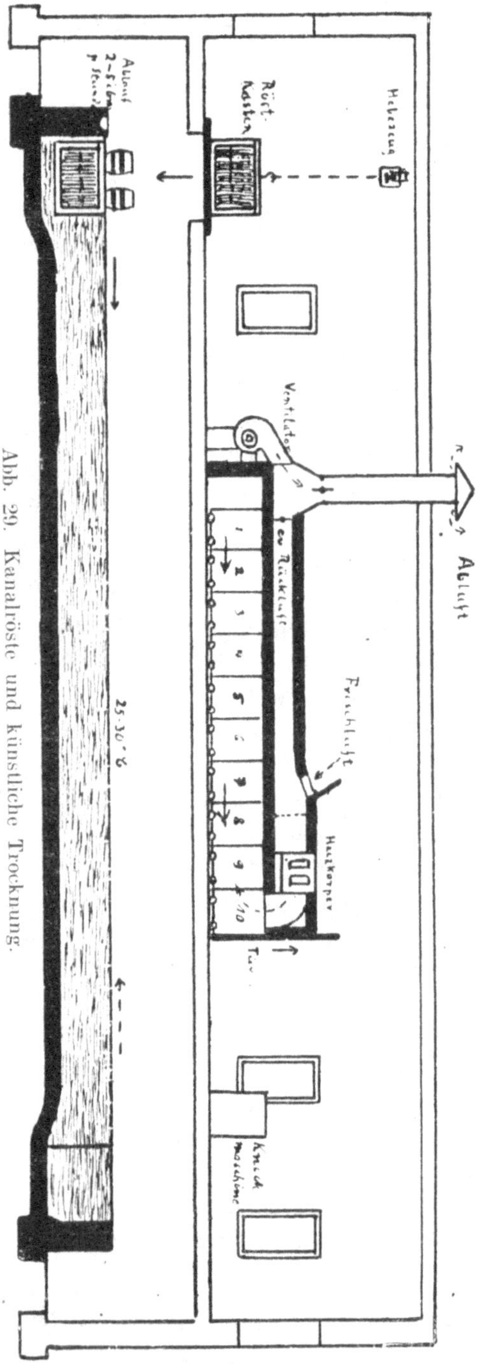

Abb. 29. Kanalröste und künstliche Trocknung.

löst. Das feuchte warme Klima Irlands eignet sich besonders für die Tauröste. Der russische Slanetzflachs ist auch taugeröstet.

Die gemischte Röste röstet zunächst im Wasser (sauer), dann auf der Wiese (alkalisch).

Unter den künstlichen Rotten ist die wichtigste die Warmwasserröste, auch Schenksche, amerikanische oder Schnellrotte genannt. Sie kürzt das Verfahren ab und beugt der Gefahr des Überröstens vor. Die Bündel werden senkrecht in Bottiche oder gemauerte Gruben gestellt und mittels Dampfschlangen dem Wasser die für die Bakterien günstigste Temperatur erteilt. (Leipz. M. f. Textilind. **1908**, 71). Die Röste ist in 2—3 Tagen beendigt. (F. Tobler, Über Dauer und Verkürzung der Flachsröste, T. **1923**, 489).

Seit einigen Jahren ist eine neue Warmwasserröste, die Kanalröste, eingeführt worden, bei der der Flachs nicht wie bei der Bassinröste in ruhendem, sondern in langsam fließendem Wasser geröstet wird. Mit ihr ist auch eine künstliche Trocknung verbunden. Röste und Trocknung sind in einem geschlossenen Raum untergebracht und gestatten, unabhängig vom Wetter, eine ununterbrochene Arbeit im Sommer und Winter. Abb. 30 zeigt eine solche Anlage. Im unteren Stockwerk befindet sich in der ganzen Ausdehnung der Röstkanal und im oberen in der Mitte der Trockenkanal. Die hölzernen Röstkästen werden links oben mit Strohflachs beschickt, darauf nach unten gesenkt und dort durch Tonnen, die mit Wasser gefüllt werden, so beschwert, daß sie im Röstwasser vollständig untertauchen. Sie wandern langsam nach rechts, während das warme Wasser ihnen entgegenströmt. Im Kanal ist nur ein Kasten gezeichnet, tatsächlich ist der Kanal beständig mit Kästen gefüllt. Wenn die Kästen am Ende des Kanals rechts angelangt sind, werden sie abwechselnd in je einem parallel zum Mittelkanal verlaufenden Seitenkanal verschoben und wandern in diesem von rechts nach links. Dort werden sie in das obere Stockwerk gehoben, nachdem die Beschwerungstonnen durch Umstürzen entleert und entfernt worden sind. Die Kanäle für den Rücklauf, die das Röstwasser von links nach rechts durchströmt, sind erforderlich, um die Länge des Gebäudes zu verringern und das Heben und Senken der Röstkästen an derselben Stelle zu ermöglichen.

Nachdem das Röstwasser aus den gehobenen Kästen genügend abgetropft ist, werden sie entleert, wobei der geröstete Flachs auf Holzlatten sorgfältig aus-

Abb. 30. Handbreche.

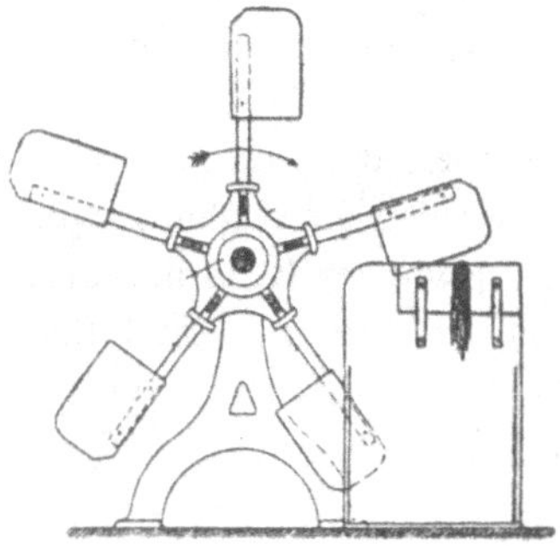

Abb. 31. Schwingmaschine.

gebreitet wird, die in Hordenwagen angeordnet sind. Die Wagen werden durch eine seitliche Tür am linken Ende des Trockenkanals eingeschoben, wandern langsam nach rechts, wobei warme Luft ihnen entgegenströmt, und werden durch eine Tür rechts hinausgezogen und entleert. Die leeren Wagen wandern parallel zum Trockenkanal auf Schienen nach links zurück, wo sie von neuem beschickt werden.

c) Das B r e c h e n bezweckt die Zertrümmerung des Holzkernes.

Die H a n d b r e c h e des Hausbetriebes (Abb. 30) läßt die zwei Holzmesser des Deckels zwischen die drei Messer der Lade fahren; dabei werden die quer gelegten Flachsristen geknickt.

Die B r e c h m a s c h i n e zieht die Risten durch Riffelwalzen mit zunehmender Riffelzahl. Die Ausbeute beträgt etwa 41 % des Flachsstrohs. Die beim Brechen abfallenden Holzteilchen heißen Schäbe oder „Annen“ und werden verfeuert.

d) Das S c h w i n g e n bewirkt weitere Absonderung der Schäbe, vorläufige Zerfaserung des Bastschlauches und Abscheidung der kurzen wirren Fasern. Diese, W e r g oder H e e d e genannt, werden in den Wergspinnereien zu gröberen, minderwertigen Garnen versponnen, die als „Tow" bezeichnet werden.

Im Hausbetrieb wird der „Schwingstock" verwandt, ein Ständer mit einem Schlitz. Der Arbeiter faßt die Riste mit der linken Hand, legt sie in den Schlitz und schlägt mit einem hölzernen Beil abwärts, die Riste streifend.

Im Großbetrieb wird dies durch die S c h w i n g m a s c h i n e (Abb. 31) nachgeahmt. 4—5 derartige Beile sitzen strahlenförmig auf einer Welle und werden durch deren Drehung an dem Schwingstock vorbeigeführt.

Die Ausbeute an Schwingflachs beträgt etwa 22%, die an Heede etwa 2% des Flachsstrohs.

e) Das H e c h e l n vollendet die durch das Schwingen eingeleitete Entfernung von Schäbe und Werg und die Zerspaltung des Bastschlauches.

Die H a n d h e c h e l ist ein mit Nadeln besetztes Brett; durch die Nadeln werden die Risten behutsam hindurchgezogen, indem der Arbeiter das eine Ende der Riste um die rechte Hand schlingt und das freiliegende Ende mit der linken Hand fächerförmig ausbreitet. Je nachdem vor-, mittel- oder ausgehechelt wird, stehen die Nadeln auf dem Brett weiter oder enger zusammen.

Die H e c h e l m a s c h i n e ahmt die vorstehende Arbeit nach (Abb. 32) nachgeahmt. 4 — 5 derartige Beile sitzen strahlenförmig auf einer Arbeiter in Klemmen a gespannt, die auf einer Gleitschiene von einer Seite der Maschine zur andern laufen. Die Gleitschiene bewegt sich vermöge der Vorrichtung q, g, d, d_1, e, c, b langsam auf und ab. Aber auch die Hechelkämme sind in Bewegung und werden durch zwei zu beiden Seiten der Riste in senkrechter Ebene verlaufende endlose Ketten an der Riste vorbeigeführt. Je weiter die Riste von einer Seite zur anderen vorschreitet, um so feiner sind die Hechelkämme. Am Ende fallen die Klemmen von selbst aus der Maschine heraus und werden von einer parallel geschalteten zweiten Hechelmaschine aufgenommen, die den Vorgang wiederholt. An deren Ausgang steht ein zweiter Arbeiter, der die spinnfertige Riste in Empfang nimmt.

Die Hechelmaschine liefert nach dreimaligem Hecheln etwa 9% Flachs vom Gewicht des Flachsstrohs. 3% Schäbe, die zwischen den Ketten heraus nach unten fällt und 11% Werg, der durch Bürsten m aus den Kämmen a herausgenommen und an Abnehmer D mit Kratzenbeschlägen weitergegeben wird. Hier wird er durch den Hacker O herausgehackt und fällt in die Kästen p.

Das Schwingen des Flachses kann dem Öffnen der Baumwolle, das Hecheln dem Krempeln verglichen werden.

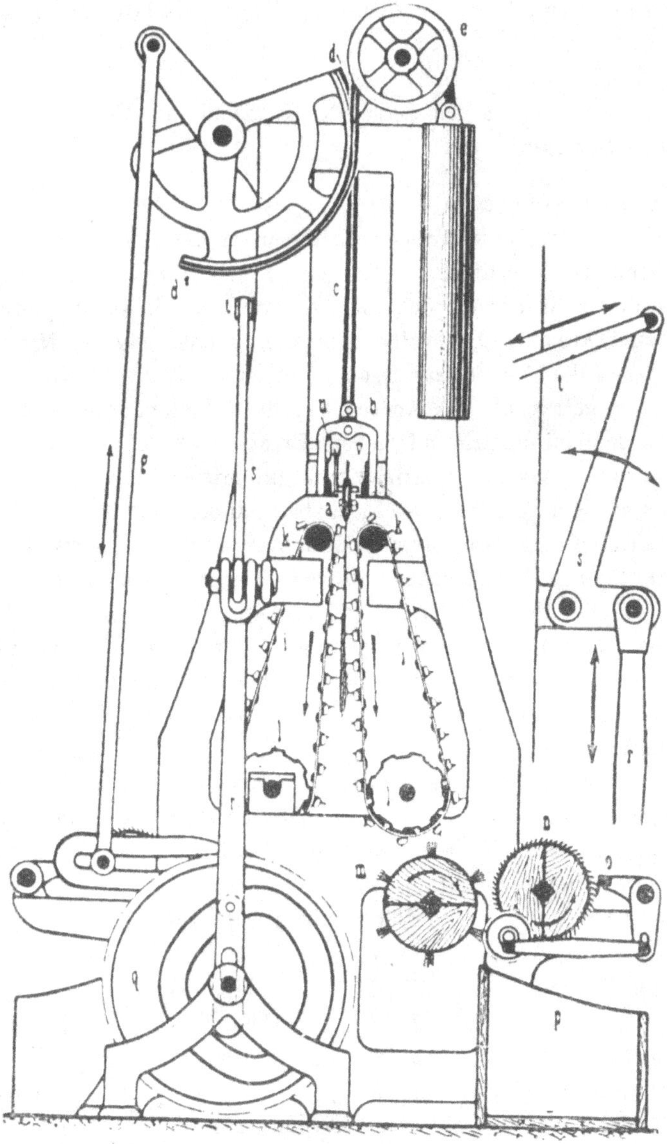

Abb. 32. Hechelmaschine.

f) Weitere Verfeinerungsarbeiten sind z. B.:

a) Das Ribben. Die Riste wird auf einem Lederpolster mit einem stumpfen Stahlmesser, dem „Ribbebock“, kräftig gestrichen. Dadurch wird sie glätter und geschmeidiger.

b) Das Risten. Man faßt die Riste an beiden Enden und zieht sie über eine metallene Kante.

c) Das Klopfen der Riste auf einer Holzplatte mit einem Holzschlägel.

d) Das Bürsten und

e) Das Kochen mit Soda oder Potasche zur Entfernung des verklebenden Pflanzenleimes.

3. Wirtschaftliches.

Flachs ist die wichtigste Bastfaser, zugleich die älteste von Menschen benutzte Gespinstfaser. Aus den Funden bei der Ausgrabung von Pfahlbauten geht hervor, daß ihre Verwendung bis in vorgeschichtliche Zeiten zurückreicht. Die Völker des Abendlandes wie des Morgenlandes haben neben der dem Tierreich entstammenden Wolle Flachs versponnen und Leinen getragen. Bis Anfang des 19. Jahrhunderts beherrschte die deutsche Leinenindustrie mit ihren Erzeugnissen den Weltmarkt. Sie ging zugrunde, als die amerikanische Baumwolle und mit ihr die Maschinenspinnerei aufkam. Der Flachsbau hat sich nur noch in der Gegend von Danzig, Königsberg, Memel, Hannover und Braunschweig gehalten. Die Hauptmenge des Flachses wird heute in Kurland, woher auch die anderen Länder ihren Flachssamen beziehen, Irland, Belgien und Holland angebaut. Es hat nicht an Versuchen gefehlt, die Flachskultur in Deutschland wieder zu heben; so unterhält Preußen eine ständige Abteilung für Flachskultur an der preußischen höheren Fachschule für Textilindustrie zu Sorau N.-L.

Der Flachshandel vollzieht sich für Rußland in Moskau, Archangel, Petersburg, Pskow, Riga und Dünaburg; für Irland in Belfast für Belgien in Gent; für Frankreich in Lille; für Österreich in Trautenau; für Schlesien in Landeshut.

Die Flachsfaserernte betrug 1912 für

Rußland	456 142 t	Übertrag:	566 706 t
Österreich-Ungarn	33 200 „	Finnland	1 000 „
Belgien	23 536 „	Serbien	721 „
Frankreich	20 899 „	Spanien	681 „
Großbritannien	13 164 „	Schweden	557 „
Niederlande	9 624 „	Bulgarien	321 „
Rumänien	4 061 „	Japan	14 097 „
Deutschland	3 580 „	Ägypten	3 295 „
Italien	2 500 „	Chile	57 „
Übertrag:	566 706 t	Zusammen:	587 435 t

Die Zahlen für Serbien und Bulgarien sind aus 1910/11.

Die in Deutschland bestellte Anbaufläche betrug in 100 ha (L. M. f. T. **1922**, 599):

1878	1883	1893	1900	1913	1916	1917	1918	1919	1920	1921
1340	1080	610	340	167	216	298	380	447	500	450

1 ha liefert 0,5—0,6 t Flachs.

Der deutsche Flachs deckt etwa $^1/_{10}$ des Bedarfs seiner Spinnereien.

4. Physikalisches Verhalten.

Die physikalischen Eigenschaften, wie Farbe, Glanz und Feinheit sind auch beim Flachs maßgebend für seine Bewertung.

Die bevorzugte Farbe ist hellblond, sie kann aber auch gelb, grün oder grau sein. In letzterem Falle ist gewöhnlich überrottet worden.

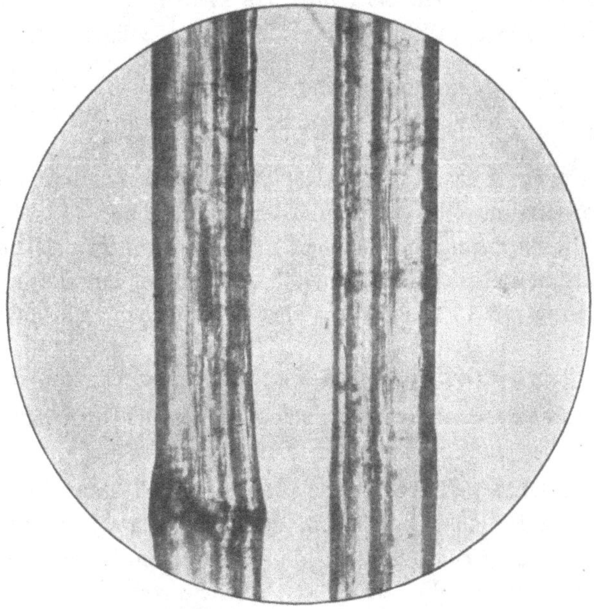

Abb. 33. Flachsfaser aus verklebten Elementarfasern zusammengesetzt. (300fach vergrößert.)

Die Länge der Flachsfaser beträgt im Mittel ½ m. Die Urzellen, die Faserelemente, sind 20—40 mm lang.

Die Dicke der Faser schwankt zwischen 16 und 230 μ. Die Dicke der Faserzelle beträgt 16—32 μ. Die Schwankungen rühren davon her, daß die Zelle an beiden Enden spindelförmig zugespitzt ist.

Der Glanz ist seidenartig. Matter Glanz ist ein Zeichen von Überrottung.

Die Reißfestigkeit der Einzelfaser ist 13,6—26 g, also größer als die der Baumwolle. (Verwendung zu Reichskassenscheinen.)

Flachs ist ein noch besserer Wärmeleiter wie Baumwolle. Deshalb fühlen sich leinene Gewebe kühl an.

Feuchtigkeit vermag der Flachs geradesoviel, nämlich 20%, aufzunehmen. Die „Reprise" (S. 98) beträgt 12%. Gewöhnlich enthält der Flachs aber auch nur 6—8% Feuchtigkeit.

Das spezifische Gewicht ist dasselbe wie bei Baumwolle, nämlich 1,5.

Unter dem Mikroskop zeigen sich als charakteristisches Bild für den Flachs glatte gradlinige Bänder, die bei stärkerer Vergrößerung in gewissen Abständen Querstreifen und Knicke aufweisen (Abb. 33). Bei ganz starker Vergrößerung sieht man auch den kleinen Hohlraum in der Mitte, das Lumen. Ein Querschnitt durch die Fasern zeigt deren scharfeckige Polygone.

5. Chemische Zusammensetzung.

In chemischer Beziehung ist die Faser keine so reine Cellulose mehr wie die Baumwolle. Sie enthält noch Holzstoff (Lignin) und gibt, wenn dieser durch das Bleichen nicht ganz entfernt ist, die für ihn charakteristischen Reaktionen, nämlich Gelbfärbung mit salzsaurem Anilin und Rotfärbung mit 10%iger alkoholischer Phloroglucinlösung und konz. Salzsäure.

Zur Unterscheidung von Baumwolle dient in erster Linie das Aussehen unter dem Mikroskop, weiter die Rißenden: Bei Flachs pinselförmig, bei Baumwolle unregelmäßig zerfasert.

Eine sehr einfache Probe wurde von einem Zollbeamten gefunden und von Sonntag in den Jahresber. d. Vereins f. angew. Botanik **1911**, 149 beschrieben. Sie beruht darauf, daß Faserbündel beim Naßmachen Drehungen vollführen, die sowohl nach Richtung wie nach Anzahl für die Pflanzenart eigentümlich sind. R. Schwede (T. Forschung **1921**, 165) nennt als Fasern mit Linksdrehung: Flachs, Nessel, Ramie und Kryptostegia, mit Rechtsdrehung: Jute, Manilahanf, Sisal, Typha, Ginster. Bei Hanf ist die Drehung unbestimmt.

6. Flachsspinnerei.

Die Flachsspinnerei zerfällt in die Langflachs-Spinnerei und die Flachswerg-Spinnerei.

A. In der Langflachsspinnerei unterscheidet man die Vorarbeiten, das Vorspinnen, das Feinspinnen und die Nacharbeiten.

1. Die Vorarbeiten bestehen in Anlegen und Duplieren.

Die Anlegemaschine (Abb. 34) soll ein Band paralleler Fasern bilden. Die von der Hechelmaschine gelieferten Bärte werden auf die Zuführvorrichtung a, gewöhnlich vier nebeneinander wandernde, end-

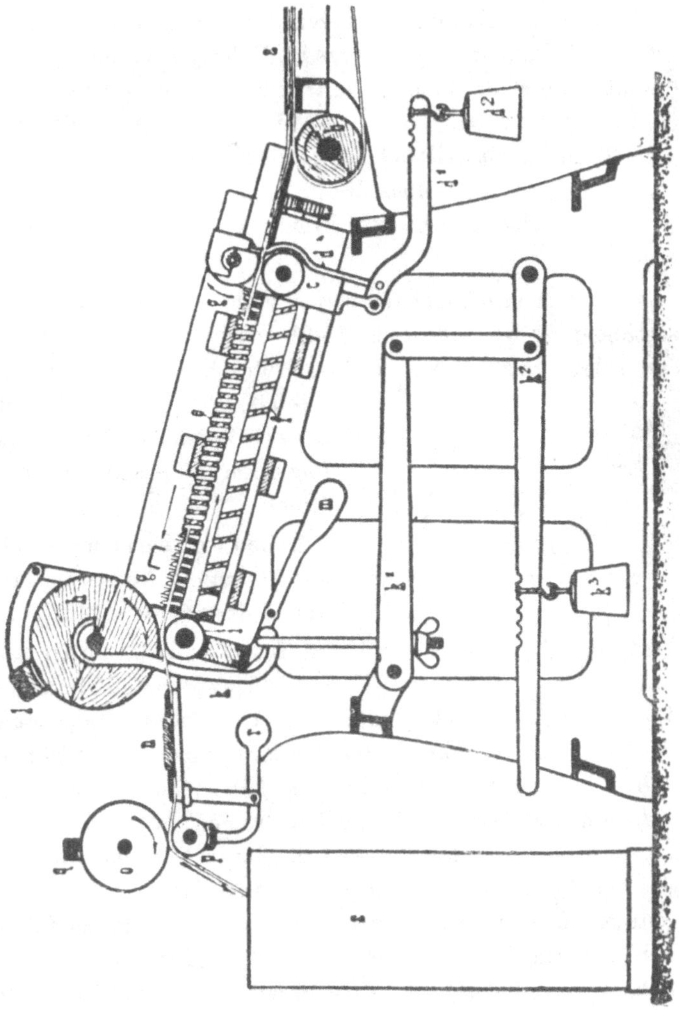

Abb. 34. Anlegemaschine.

lose Bänder, dachziegelartig aneinander gelegt. Sie werden in einem Trichter seitlich zusammengedrängt und von den Einzugswalzen c dem Hechelfelde zugeführt. Dieses besteht aus einer Reihe metallener Hechelstäbe (Gills) g, die oben auf der schmalen Seite mit Nadeln besetzt sind und durch zwei seitliche Schraubenspindeln e ansteigend in der Richtung der Faserbänder vorwärts geschoben werden; am Ende der Bahn bewegen sie sich abwärts aus dem Fasergut heraus und kehren unter der Bahn mit Hilfe der zweiten Schraubenführung f wieder an die Ausgangsstelle zurück. Beim Vorwärtsgang streichen die Nadeln in dem Fasergut entlang, dieses parallel legend und streckend. Die gestreckten Faserbänder werden von dem sich geschwinder drehenden Walzenpaar h i ergriffen und nach der Bandplatte n gezogen. Auf der Bandplatte werden die drei Bänder durch schräge Führungsschlitze zweimal im rechten Winkel abgelenkt und so mit dem vierten vereinigt (dupliert) (Abb. 35). Das verdichtende Abnehmer-Walzenpaar o p legt das duplierte Band in die Kanne s ab. Gewicht d_2 preßt mittels Hebel d_1, d die obere Einzugswalze, Gewicht k_3 mittels Hebel k_2, k_1, k die obere Streckwalze gegen die untere Walze. Die Bürsten l und q säubern die Walzen h und o von Fasern.

Die Streckmaschine dupliert die von der Anlege kommenden Faserbänder weiter, indem sie 2—12 vereinigt, und streckt sie. Sie ähnelt der Anlege, nur ist das Zuführtuch durch ein Walzeneinzugswerk ersetzt. Die Nadeln der Hechelfelder werden bei den aufeinander folgenden Strecken (Durchzügen) feiner.

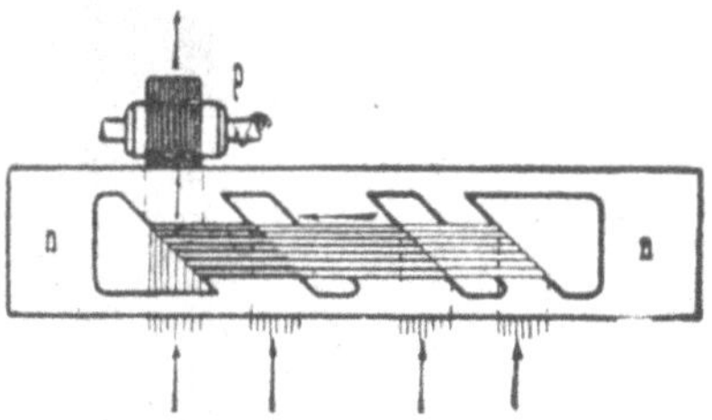

Abb. 35. Bandplatte.

2. Das Vorspinnen geschieht auf Flyern mit Nadelstabstreckwerk und Spindelvoreilung.

3. Das Feinspinnen geschieht auf Flügelspinnmaschinen mit Walzenstreckwerk entweder trocken oder naß. Im letzteren Falle laufen die Vorgarnfäden a b vor dem Eintritt ins Streckwerk d e mit Preßvorrichtung f, g, h durch 35° heißes Wasser c (Abb. 36). Dabei erweicht der die Elementarfasern verklebende Pflanzenleim so, daß diese im Streckwerk verzogen werden können. Der Faden läuft durch Führung f in das Auge des Flügels der Spindel k. Die vom Faden mitgerissene Spule wird durch eine Schnur mit Gewicht p gebremst. Die Spulenbank m bewegt sich an den Stelzen n durch die über o geführte Kette auf und nieder. q und r sind Schutzbretter. Beim Trocknen erhärtet der Leim wieder und verkittet die Elementarfasern in ihrer neuen Lage. Naßgespinst ist glatter als Trockengespinst und kann 1½ mal so fein gesponnen werden als Trockengespinst; dafür ist letzteres fester und elastischer.

4. Die Nacharbeiten bestehen im Haspeln und Zwirnen.

Der Haspelumfang beträgt 2½ yards = 2,286 m. 120 Fäden = 300 yards geben 1 Gebind; 10 Gebinde 1 Strähn.

Die Garnnummer ist die Anzahl Gebinde, die auf 1 Pfund engl. gehen. Infolgedessen ist die Leinennummer 28 gleich der Baumwollnummer 10. Trotzdem erscheint das Leinengarn feiner als ein Baumwoll-

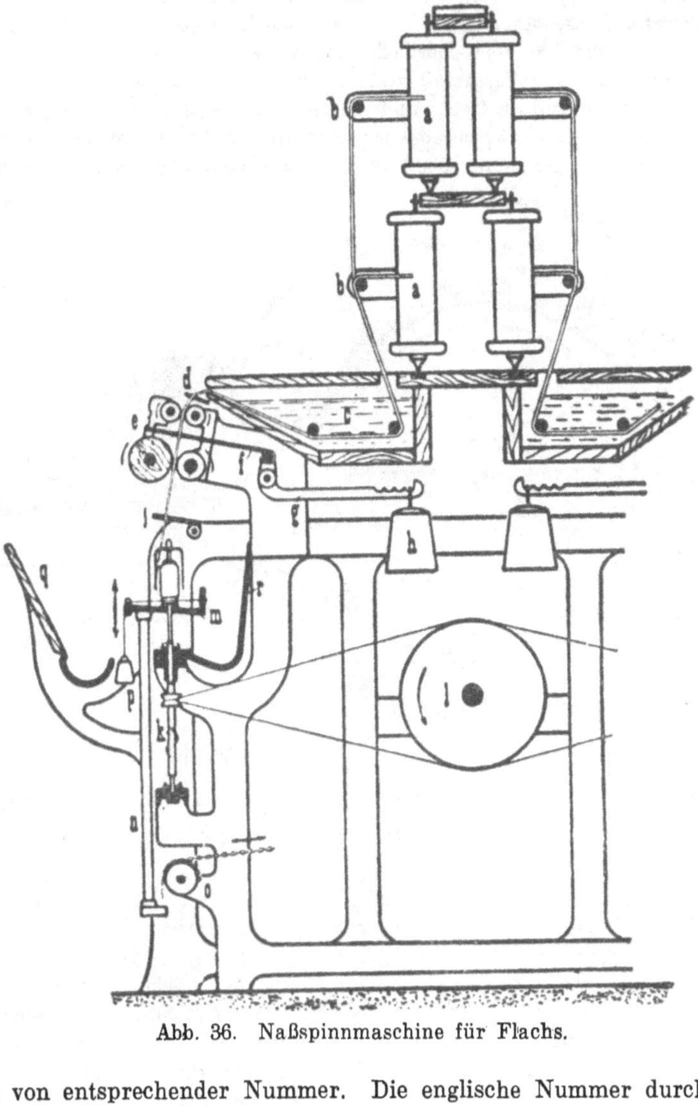

Abb. 36. Naßspinnmaschine für Flachs.

garn von entsprechender Nummer. Die englische Nummer durch 1,654 ergibt die metrische Nummer (Anzahl m auf 1 g).

B. Die Flachswergspinnerei verarbeitet das mit Staub und Schäbe durchsetzte Fasergewirr. Dieses muß daher, ehe es der Streckmaschine der Langflachsspinnerei übergeben werden kann, eine Vorbehandlung erfahren; Auflockern und Reinigen auf dem Wergwolf oder

der Wergschüttelmaschine (D. R. P. 211 295) und Krempeln auf einer Walzenkrempel.

Die Wergkrempel, Abb. 37, weicht von der Baumwollkrempel (Abb. 12) dadurch ab, daß sie dem zu verarbeitenden groben Faserstoff entsprechend einen viel gröberen Krtzenbeschlag hat. Die einzelnen Kratzenzähne bestehen aus Stahlstiften, die schräg zu der Oberfläche der Walzen stehen und nicht knieförmig umgebogen sind. Der Faserstoff wird auf dem endlosen Speisetisch b ausgebreitet, gelangt an die Einfuhrwalzen c und von diesen auf den Tambour e. Die Walze d soll die untere Einfuhrwalze von zurückgehaltenen Fasern reinigen und sie auf den Tambour bringen. Der Tambour e ist nun weiterhin von 6 Walzenpaaren s

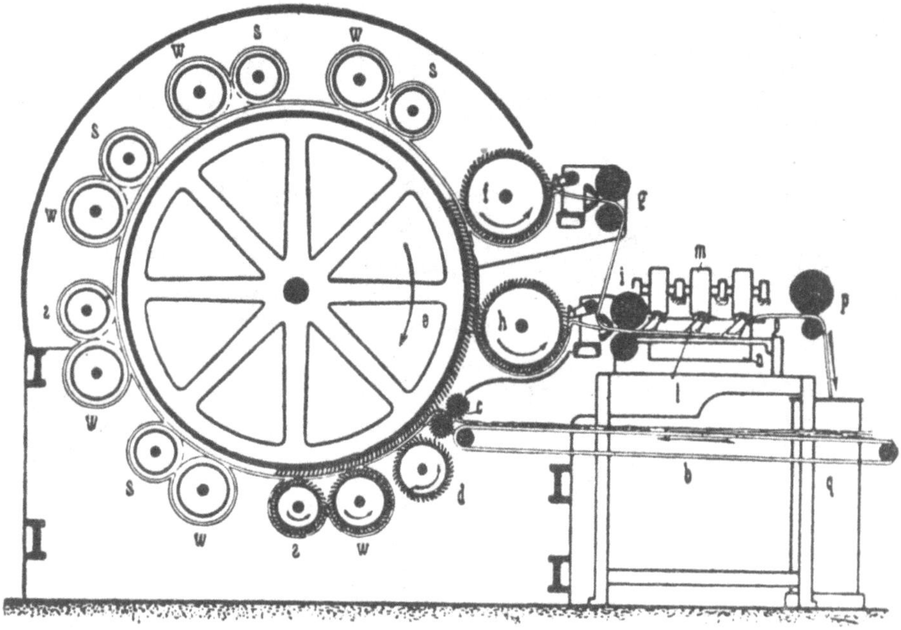

Abb. 37. Wergkrempel.

und w umgeben. Die auf ihm liegenden Fasern finden an den Walzen s, Arbeiter genannt, Widerstand und werden aufgelöst, gerade gerichtet und parallel gelegt. Die Walzen w heißen Wender und haben die Aufgabe, die Zähne der Arbeiter s von zurückgehaltenen Fasern zu reinigen und letztere wieder auf den Tambour zu bringen. Um die Verrichtungen der Walzen e, s und w zu verstehen, beachte man die Zahnstellung und die Bewegungsrichtung der einzelnen Walzen. Hinter dem letzten Arbeiter s sind nacheinander 2 Peigneure oder Abnehmer f und h angebracht. An sie gibt der Tambour den auf ihm liegenden Faserstoff ab und zwar an den oberen Abnehmer f die höher liegenden gröberen, an den unteren Abnehmer h die tiefer liegenden feineren Fasern. Von den Abnehmern kämmen in bekannter Weise Hacker den Rohstoff als Flor ab. Dieser wird in trichterförmigen Führungen zu Band verdichtet.

Der Speisetisch b der Krempel ist in drei gleiche Teile geteilt. Die Abteilungen sind durch Latten oder Bleche voneinander geschieden und werden gleichmäßig mit Werg beschickt. Dementsprechend sind auch je 3 Abnehmer f und h vorhanden. Ebenso ist auch der Kratzenbeschlag des Tambours nicht durchlaufend, sondern in 3 Abteilungen zerlegt, die durch Zwischenräume voneinander getrennt sind.

Das von einem oberen Abnehmer f abgekämmte und verdichtete Band wird mit dem des unmittelbar darunter liegenden Abnehmers h vereinigt. Die Maschine liefert somit insgesamt drei Bänder. Diese werden durch Stifte l geführt, durch Walzen m vorgezogen, in der Band- oder Doublierplatte o vereinigt und durch Walzen p in den drehbaren Topf q befördert.

Die Strecken für Werg haben gewöhnlich statt der Nadelstabstrecken sog. Igelstrecken: Zwischen zwei Streckwalzenpaaren befindet sich eine Nadelwalze zum Auskämmen und Verstrecken des Faserbandes.

Die englische Nummer für Werg- (Tow-) garn gibt die Anzahl Strähne zu 3000 yards auf 1 engl. Pfund an.

Die Kotonisierung des wertvollen Flachswergs, d. h. die Zerlegung in kurze baumwollähnliche Fasern, ist schon 1850 von Peter Claussen in dem E. P. 13 224 vorgeschlagen worden (W. Schewelin, Ch. Ztg. **1911**, 268), hat aber erst durch die Baumwollnot während des Krieges erhöhte Bedeutung erlangt.

Die Verbaumwollung der Flachsfaser ist ein chemisches Verfahren: Die Verwendung von Chlorgas lehnt sich an die Cellulosebestimmung nach Cross und Bevan in verholzter Faser an.

II. Hanf.

1. Die Hanfpflanze.

Die Stammpflanze heißt cannabis sativa (Abb. 38).

Sie verlangt etwas feuchteres und wärmeres Klima wie der Flachs. Die etwa 2 m hohe Pflanze ist zweigeschlechtlich, d. h. einzelne Stämme tragen nur traubenartige, männliche, andere nur kätzchenartige, weibliche Blüten. Die männlichen Pflanzen liefern den Sommerhanf, die weiblichen den Winter- oder Saathanf. Letzterer reift später mit Rücksicht auf die Samengewinnung; dafür liefert er eine minderwertige Faser. Aus dem Hanfsamen wird das gleichen Zwecken wie das Leinöl dienende Hanföl ausgepreßt. Außerdem verwendet man den Samen als Nahrungsmittel in Rußland unter dem Namen „Haschisch“ mit narkotischen Eigenschaften.

Abb. 38. Hanfpflanze.

2. Gewinnung des Hanfes.

Sobald die Spitzen der Stengel gelb werden — bei den männlichen im August, bei den weiblichen Ende September — werden die Pflanzen ausgerauft. Die männlichen werden sofort gerefft, gerade wie beim Flachs, die weiblichen werden zur Nachreife in Bündeln auf dem Felde ausgesetzt. Die weitere Gewinnung ist ganz ähnlich wie beim Flachs: dem Brechen der Flachsstengel entspricht hier das Knitschen, dem Klopfen das Boken oder Bocken. Letzteres macht die Faser geschmeidiger durch das Reiben unter zwei in einer Art Kollergang rollenden Reibbirnen. Der so gewonnene „Reinhanf“ wird in der Mitte durchgerissen, „gestoßen“; dann wird er oberflächlich geschwungen („Strähnhanf“) und gehechelt („Stein- oder Spinnhanf“). Da die Hanfpflanze bedeutend länger ist als der Flachs, so läßt sich auch ohne Röste der zusammenhängende Bast von der frischen Pflanze losschälen. Man erhält dann den geschätzten „Schleißhanf“, aus dem die Faser durch die gleiche mechanische Bearbeitung wie bei dem gerösteten Hanf gewonnen wird.

3. Wirtschaftliches.

Die wichtigsten Länder für den Hanfhandel sind ihrer Erzeugung entsprechend:

Rußland: 100 000 t, grob, aber fest; Italien (Bologna): 90 918 t, fein, weich und glänzend; Ungarn: 70 000—90 000 t; Holland: 88 591 t; Frankreich (Grenoble): 64 150 t, dem Bologneser nahestehend; Österreich: 20 630 t. In Deutschland wird Hanf im Elsaß und südlichen Baden angebaut. Algier liefert den 3 m langen „Riesenhanf" von Boufarik. Die

Abb. 39. Hanffaser. (300fach vergrößert.)

gesamte Welterzeugung dürfte sich auf 500 000 t, also nahezu ebensoviel wie Flachs belaufen.

In Deutschland wurden ha Anbaufläche bestellt (1 ha = 1—1,2 t Hanf)

1878	1883	1893	1900	1913	1914	1917
21 181	15 255	7931	3538	614	30	3000

4. Physikalisches Verhalten.

Die physikalischen Eigenschaften ähneln denen des Flachses.

Die Länge der Elementarfaser ist 5—55 mm, meist 25—30 mm.

Die Dicke ist 16—50 μ, meist 22 μ.

Die Reißfestigkeit ist etwas größer als die des Flachses.

Das mikroskopische Bild (Abb. 39) zeigt Querspalten und Verschiebungen wie beim Flachs, aber abgerundete, fingerförmige Zellenden; auch die polygonalen Querschnitte haben abgerundete Kanten; sie zeigen ein beträchtliches Lumen.

5. Chemische Zusammensetzung.

Chemisch besteht der Hanf aus weitgehend verholzter, mit „Bastose“ vermischter Cellulose. Er wird daher im Gegensatz zu Flachs durch Anilinsalz gelb gefärbt.

6. Hanfverarbeitung.

Die Hanfspinnerei gleicht durchaus der Flachsspinnerei.

Die Haspelung und Benummerung ist ebenfalls wie bei Flachs.

Die Verwendung des Hanfes gründet sich auf seine hervorragende Festigkeit. Die langen Fasern dienen zu Transmissionsseilen und Tauen, die kürzeren zu Bindfäden. Aus Hanfgarnen fertigt man Segeltuch und Gurte. Aus Hanfwerg („Tors“) werden Garne für Schuhe, Säcke und Packleinen hergestellt.

III. Jute.

Die Jute (seit 1795 in Europa bekannt, seit 1830 als Spinnstoff verwandt) hat sich erst infolge des Mangels an russischem Flachs und Hanf während des Krimkrieges 1854/55 und an Baumwolle während des amerikanischen Bürgerkrieges 1861—65 den europäischen Markt erobert. Diese Tatsache kennzeichnet ihre Stellung unter den übrigen pflanzlichen Gespinstfasern. Sie gilt als ein Ersatz und ihr Verbrauch steigt und fällt je nach dem Angebot an edlerem Faserstoff.

1. Die Faserpflanze.

Sie wird aus dem Bast von Corchorus capsularis gewonnen, aus der Familie der Gemüselinden oder Tiliaceen (Abb. 40). Der 4—5 cm hohe Strauch wird in Indien angebaut. Die Eingeborenen benutzen Blätter und Schoten als Nahrungsmittel. Jute, auf der gleichen Bodenfläche gepflanzt, gibt 10 mal mehr Faser als Flachs oder Hanf.

Abb. 40. Jutepflanze.

2. Gewinnung der Jute.

Die Fasergewinnung ist verhältnismäßig einfach. Wenn die Pflanze in Blüte steht, wird sie mit der Sichel knapp über dem Boden abgeschnitten. Sie wird „gerefft“, d. h. von Blättern und Nebenzweigen befreit und 8 Tage gerottet. Dadurch ist der Splint so weich geworden, daß der Bast sich ähnlich wie beim Schleißhanf mit dem Finger vom Stengel abschälen läßt.

Die getrocknete hellgelbe bis graugelbe Faser ist etwa 2 m lang. Das dunkle, harte Wurzelende wird abgeschnitten und in der Fabrikation billiger Papiere verwandt (Juteenden, cuttings).

3. Wirtschaftliches.

An wirtschaftlicher Bedeutung wird die Jute nur von der Baumwolle übertroffen. Die Welterzeugung betrug nach Kertesz (Die Textilindustrie sämtlicher Staaten, **1917**, S. 23) im Jahre 1912/13 1 725 350 t im ungefähren Wert von 724 Millionen Mk. Der Handel liegt gänzlich in englischen Händen. Mehr als die Hälfte der Rohjute wird von den billigen indischen Arbeitskräften verarbeitet, so daß 1912/13 für 311,1 Millionen Mk. Jutewaren ausgeführt werden konnten. Während

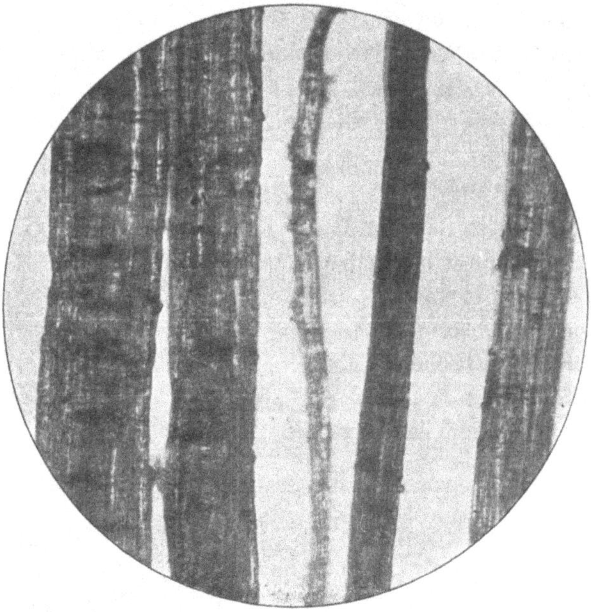

Abb. 41. Jutefaser. (300fach vergrößert.)

des Krieges 1916/17 betrug der Weltverbrauch an Jute in Ballen (Z. angew. Ch. **1917**, III, 542): England 1 245 000, Frankreich 400 000, Spanien 150 000, Holland 60 000, Schweden und Norwegen 90 000, Rußland 100 000, Italien 300 000, Amerika 750 000, andere Länder 50 000, indische Fabriken 5 800 000, indischer Heimbedarf 500 000, zusammen 9 445 000. Der Preis der Jute ist seit 1893 um 120% gestiegen! Daher sind die Aussichten für ihre Verdrängung durch Papiergarn günstig.

4. Physikalisches Verhalten.

Unter dem Mikroskop unterscheidet sich die Jute von Flachs und Hanf durch das Fehlen der Querstreifen; auch läßt der Zellkanal, das Lumen, auffallende Verengerungen erkennen (Abb. 41).

Die Urzellen sind nur 1—5 mm lang. Die Kleinheit der Urzellen ist der Grund, warum die Jute mechanischer Abnutzung einen so geringen Widerstand entgegensetzt und so leicht auffasert. Die *Festigkeit* ist also gering.

Die Dicke der Faser beträgt nur 15—36 μ, die der Urzellen 20 μ. Die metrische Nummer der Einzelfaser beträgt nach Herzog 4857.

Der Glanz der besseren Sorten ist bemerkenswert und ähnelt etwa dem der Mohairwolle.

Die Feuchtigkeit kann bis zu 24 % ansteigen.

5. *Chemische Zusammensetzung.*

In chemischer Beziehung nimmt die Jute eine Sonderstellung ein. Sie ist stark verholzt, d. h. sie enthält *Lignocellulose*, von *Cross* und *Bevan* Bastose genannt. Leider bringt dieser Holzstoffgehalt den Übelstand mit sich, daß die Faser unter der Einwirkung von Luft, Licht und Feuchtigkeit verrottet und morsch wird. Zugleich dunkelt sie nach.

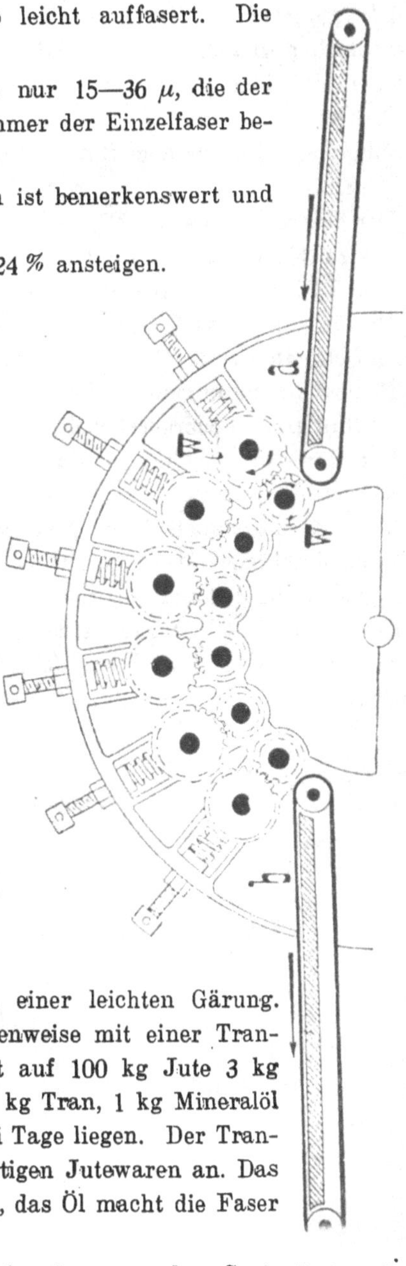

Abb. 42. Quetschmaschine für Jute.

6. *Verarbeitung der Jute.*

Zum Spinnen wird die Jute durch das Batschen und Quetschen vorbereitet.

Das *Batschen* besteht in einer leichten Gärung. Die gebündelte Jute wird schichtenweise mit einer Tranmilch besprengt. Man verwendet auf 100 kg Jute 3 kg Tran und 17 kg Wasser oder $2\frac{1}{4}$ kg Tran, 1 kg Mineralöl und 17 kg Wasser. Man läßt zwei Tage liegen. Der Trangeruch haftet häufig noch den fertigen Jutewaren an. Das Wasser erweicht den Pflanzenleim, das Öl macht die Faser schlüpfrig.

Die gebatschten Juteristen laufen dann von dem Speisetisch a durch eine *Quetsch*maschine mit geriffelten Walzen w w und werden hier gedrückt, gespaltet und weich gemacht (Abb. 42). Vom letzten Walzenpaar gelangen sie auf den Ablieferungstisch b.

Die gequetschten Risten werden nun auf der Reißmaschine, einer Vorkrempel, gedrittelt (50 cm) und wandern in die in der Langflachsspinnerei üblichen Maschinen: Hechelmaschine, Anlege, Strecke, Vor- und Feinspinnmaschine.

Jutewerg wird vor dem Strecken erst auf einen Satz Walzenkrempel genommen.

Der Haspelumfang ist 2½ yards. Die Nummer gibt an die Anzahl Gebinde zu 300 yards, die auf 1 engl. Pfund gehen. Man spinnt Hechelgarn aus Ia Jute in Nr. 16—30, Werggarn in Nr. ¼—10.

Die Jute wird zu Teppichen, Möbelstoffen, Vorhängen und in ganz groben Qualitäten zu Matten und Säcken verwoben. Feinere Sorten werden mit Baumwolle zusammen zu Tisch- und Bettdecken verwandt. Bedenklich ist ihre große Feuergefährlichkeit.

Der Hauptverbraucher der Jute ist Indien. Der Name Jute stammt von dem bengalischen choti = Tuch.

Jutewolle, auch K-Faser, Mohairin oder Plantawolle wird aus Jutelumpen bereitet, indem man diese zunächst zerreißt und durch chemische Behandlung reinigt und entleimt, so, daß sie spinnfähiger, weicher und offener werden.

Kosmoswolle wird aus dem Abfall von Jute, Hanf und Flachs gemischt.

IV. Sunnhanf.

Die Faserpflanze ist die zu den Papilionaceen gehörige Klapperschote, Crotalaria juncea. Sie ist 1-jährig, in Ostindien und auf den Sundainseln heimisch und wird 1 m hoch.

Die Fasergewinnung geschieht durch Rösten, Brechen und Schwingen.

Die Faser wird zu Packleinwand und Seilerwaren verarbeitet.

V. Ramie.

Ramie (holländisch Rhea) oder Chinagras wird aus der Bastfaser der weißen oder Schneenessel, Böhmeria nivea gewonnen (Abb. 43).

Abb. 43. Chinagraspflanze.

Fasergewinnung.

Der Bast muß von den noch frischen Stengeln losgelöst werden.

Ein Rösten würde die Faser selbst angreifen. Auf die angegebene Weise erhält man die Faser in ihrer ganzen Länge (20 cm).

Man zerlegt die Faser weiter in ihre Elemente durch eine Art Bleiche, „Degommage“ oder „Kotonisation“, indem man die Zwischenzellsubstanz durch Druckkochung mit Seife und Öl auflöste. Die Ramie verliert dabei 25% ihres Gewichtes. Die erhaltenen kurzen Fasern werden als Kammzug auf Schappemaschinen (S. 145) und als Kämmlinge auf Bourettmaschinen (S. 152) versponnen. (Erste Deutsche Ramie-Gesellschaft in Emmendingen.)

Die Ramienummer gibt an, wieviel m Faden auf 1 g gehen.

Physikalisches Verhalten.

Unter dem Mikroskop fällt die große Breite der einzelnen Fasern auf, 16—126 μ (Abb. 44). Die metrische Nummer der Einzelfaser beträgt nach Herzog 848.

Abb. 44. . Chinagras. (300fach vergrößert.)

Die Faser hat einen so hervorragenden Glanz, daß sie zu Effektfäden, Besatzstoffen und Tischwäsche verwandt wird.

Chemisches Verhalten.

Die Ramie ist fast reine Cellulose, die Faser ist so weiß, daß eine Bleiche überflüssig ist.

Verwendung.

Die Ramie wird unter anderem zu Glühkörpern verwandt.

VI. Nessel.

Die Faserpflanze.

Die Nesselfaser ist die hauptsächlich aus der großen Brennessel, Urtica dioica, gewonnene Bastfaser. Die 1 m hohe kleine Brennessel, Urtica urens, kommt weniger, die in Sibirien heimische Hanfnessel, Urtica cannabina, vielleicht später in Betracht.

Fasergewinnung.

Die abgeschnittenen Stengel werden zu Garben gebunden und auf Horden oder durch Anstellen an Zäune getrocknet. Dann werden mit einem Kamm oder mit Maschinen (D. R. P. 315 992, 315 993 und 319 014) Seitenäste und Blätter abgestreift. Die Blätter werden gern vom Vieh gefressen. Die Stengel werden nun entweder erst auf Walzenbrechen gebrochen und auf Schüttelmaschinen der Bast abgeschält oder sofort naß in Aufweichungsbädern behandelt, bis sich der Bast ablöst. Nach dem letzteren von Louis Hermsdorf in Chemnitz ausgeführten Verfahren (Wochenschrift für Papierfabr. **1917**, *2208*), werden die Stengel in offenen Kästen zweimal mit allmählich erwärmtem Wasser und darauf mit 8% Lauge behandelt. Zwischendurch wird gründlich gespült. Wenn erforderlich, wird auch im Kocher unter Druck mit Lauge behandelt. Der nun nur noch lose an den Holzteilen hängende Bast kann leicht mittels Bürstmaschinen abgestreift werden. Er wird im Holländer gewaschen, durch abermalige Kochung mit Lauge entrindet und degummiert, abermals im Holländer gewaschen, abgesäuert, geseift, getrocknet und auf dem Wolf gerissen. Die so erhaltenen Zotten und Flocken werden erforderlichenfalls mit Chlorkalk gebleicht.

Der Spinnvorgang besteht ganz ähnlich wie bei Baumwolle aus Krempeln, Kämmen, Strecken, Vor- und Feinspinnen.

Wirtschaftliches.

Deutschland erzeugte 1916 2000 t Stengel, gleich 120 t Fasern. Unter Berücksichtigung des Umstandes, daß die Nessel eine Schatten- und Feuchtpflanze ist, hat man 5 ha am Teltower Kanal zwischen Teltow und Zehlendorf zu einer Versuchsanlage angebaut. Eine weitere Anlage befindet sich bei Stettin. 1 ha Nesselfeld liefert im August-September 3 t

Blätterheu als Futter und 6 t Trockenstengel, gleich 550 kg Spinnfasern, gleich 350 kg Garn.

Physikalisches Verhalten.

Die Länge der Elementarfasern beträgt 2—3 cm.

Die Breite geht bis zu 120 μ an der Stengelbasis; in der Mitte ist sie 50 μ, oben 40 μ.

Der Querschnitt der Faser ist rundlich bis elliptisch.

Chemisches Verhalten.

Die Faser besteht aus fast reiner Cellulose wie Baumwolle.

VII. Ginster. (Deutsche Faserst. **1919**, 235; 293; 295.)

Die Faserpflanze.

Zu unterscheiden ist zwischen dem heimischen Besenginster Sarothamnus scoparius und dem südeuropäischen Binsenginster oder Pfriemenkraut, Spartium junceum. Die Faser wurde bereits im Mittelalter benutzt.

Fasergewinnung.

Juli bis September werden die Triebe geschnitten, geordnet und gebündelt. Eine Röste würde beim Besenginster wegen des großen Harzgehaltes der Stengel nicht zum Ziele führen, ohne die Faser selbst anzugreifen. Deshalb zieht man die chemische Aufschließung vor. Nach mehrstündigem Dämpfen wird im Kollergang gequetscht und der Bast durch Maschinen vom Stengel abgezogen. Dürre Stengel werden nicht gedämpft, sondern mehrere Tage in Wasser von 30—40° C eingeweicht. Der abgezogene Bast wird in Schüttelwerken von Holzteilchen befreit und mit ½—1% Natronlauge unter Druck gekocht. Die Ausbeute beträgt 5—7% spinnfähiger Faser.

Beim Binsenginster ist der Verband der Bastzellen nicht so fest und kann durch eine bloße Röste genügend gelockert werden, um die feine Einzelfaser zu erhalten.

Physikalisches Verhalten.

Die Rohfaser ist 3—12 cm lang, je nach der Art der Aufschließung, und 50—60 μ dick. Die Elementarfasern sind 5—6 mm lang und 15 μ dick.

Die Farbe ist bräunlich. Die Festigkeit ist groß.

Chemisches Verhalten.

Mit Jod und Schwefelsäure färbt sich die Faser blau oder gelblich.

Verarbeitung.

Aus Ginster werden Seile gesponnen und grobe Gewebe hergestellt.

VIII. Lupine.

Die Faserpflanze ist L u p i n u s l u t e u s und in Italien und Frankreich heimisch. Seit dem Kriege 1914/18 wird sie zur Fasergewinnung herangezogen.

Die Fasergewinnung geschieht nach den D. R. P. 302 803 der P f l a n z e n - f a s e r - P a t e n t g e s e l l s c h a f t in Berlin und 306 362 und 306 496 der H o f f - m a n n s S t ä r k e f a b r i k e n , A. - G., in Salzuflen. Der Bast wird mit heißer Natronlauge heruntergelöst, ohne daß der Zusammenhang der einzelnen Zellen zerstört wird. Die Ausbeute an Faser beträgt 5—6%.

Die E l e m e n t a r z e l l e n sind an sich zu kurz zum Verspinnen, halten aber sehr fest zusammen.

Die Faser ist schwach verholzt.

Die Lupine kann die Jute ersetzen.

IX. Kartoffelkraut.

Das bei der Kartoffelernte zurückbleibende Kraut liefert nach H e r z o g (Text. Forsch. **1920**, 8) nur 3,1% Faser.

Die F a s e r g e w i n n u n g ist daher kaum wirtschaftlich. Man röstet wie bei Flachs 3—5 Tage bei 30—35° C.

Die E l e m e n t a r f a s e r ist etwa 16 mm lang. Die technische Faser ist nicht viel länger. Die Dicke der Elementarfaser beträgt etwa 25 μ.

Die Zellenwandung ist verholzt und färbt sich mit Jod und Schwefelsäure gelb.

X. Hopfen.

Die Faserpflanze ist H u m u l u s l u p u l u s. Im allgemeinen folgt einer alkalischen Aufschließung eine mechanische Bearbeitung. Der Hopfenstengel liefert etwa 20% Bast, wovon die Hälfte verspinnbar ist.

Die Elementarfasern sind 10 mm lang und durchschnittlich 20 μ dick.

Die Fasern bestehen aus reiner Cellulose.

XI. Sojabohne.

Die Faserpflanze ist G l y c i n e h i s p i d a , in Ostasien heimisch, aber auch in Mitteleuropa angebaut. Die Samen werden ihres Eiweiß- und Fettgehaltes wegen gegessen.

Die Fasergewinnung könnte nebenher betrieben werden; allein lohnt sie sich kaum, da nach R. Schwede (Text. Forsch. **1919**, 97) durch Röste nur 6—8,6% Rohfaser und durch nachfolgendes Kochen mit 5%iger Natronlauge nur 4,2—6% Reinfaser gewonnen werden.

Die Faser ist durchschnittlich 1—2½ mm lang und 22—28 μ dick.

Die Faser ist fast reine Cellulose.

XII. Weide. (S. 33.)

Die Faserpflanze ist vor allem Salix regalis, die sog. Korbweide. Die Bastbündel liegen in der Rinde, die etwa ⅓ des Gesamtquerschnittes des Zweiges ausmacht.

In Deutschland gewinnt man etwa 6000 t Weidenrinde.

Die Elementarfasern sind durchschnittlich 1,5 mm lang. Sie sind sehr fein.

Mit Zinkchloridjod färbt sich die Faser gelb. In Kupferoxydammoniak quillt sie und löst sich allmählich zum Teil. Auf der Faser sitzen fast immer Kristalle von Kalziumoxalat, die im Polarisationsmikroskop stark leuchten.

XIII. Linde.

Die Faserpflanze ist vorzugsweise Tilia parvifolia und T. grandifolia. Sie liefert schon lange den aus der Rinde gewonnenen Bast für Bindeseile und Wäscheleinen.

Die Fasergewinnung zerfällt in das Lösen der Rinde vom Holz und das Aufschließen der Rinde.

Wenn die Bäume 30—40 cm dick geworden sind, werden sie gefällt und Mitte Mai die Rinde abgeschält. Die 6—9 cm breiten Rindenstreifen werden bis Ende Oktober geröstet. Nach dem Trocknen läßt sich der Bast in die einzelnen Jahresschichten spalten und wird danach geordnet. Er kommt in den Handel 1—2,5 m lang, 2—5 cm breit und 40—80 μ dick.

Die Bastzellen sind 1,1—2,6 mm lang und nur 15 μ dick.

XIV. Pappel. (S. 33.)

Die Fasergewinnung geschieht ähnlich wie unter XII und XIII.

XV. Maulbeerbaum.

Die Faserpflanze ist morus; ihre Blätter dienen dem Seidenwurm zur Nahrung.

XVI. Meerrettig.

Die Faserpflanze ist Cochlearia armoracia.

In den Stengeln und Blattstielen befinden sich derbe Fasern.

β. Monokotyle.

I. Binse.

Die Faserpflanze ist die bis zu 90 cm hohe, an feuchten Orten gedeihende Flatterbinse, juncus communis.

Die Fasergewinnung kann wegen des Kieselsäuregehaltes nicht durch Röste, sondern nur durch chemische Aufschließung geschehen.

II. Schilfrohr.

Die Faserpflanze ist der weitverbreitete Phragmites communis. Rohr wurde früher nur zu Horden, Matten und Stuhlrohr verarbeitet.

III. Riedgras.

Die Faserpflanze ist Carex stricta.

IV. Seegras (S. 33).

V. Stroh.

Als Faserpflanze kommen hauptsächlich der Roggen, Secale cereale, und der Weizen, triticum, in Betracht, seltener Raps- (D. R. P. 320 909) und Reisstroh.

Insgesamt enthält das Stroh von Roggen oder Weizen 46—48% Faser. Im Handel ist die Faser unter der Bezeichnung „Stranfa", abgekürzt aus Strohhanffaser (P. Langner, L. M. f. T. **1920**, 102).

VI. Holz.

Holz kann als Spinnstoff dienen entweder, nachdem es der Länge nach zu sog. Holzwolle zerteilt ist, oder, indem der Quere nach die Fasern aus ihrem Verband gelöst werden.

Die Holzwolle wird aus weichem Holz gehobelt oder geschält; sie kann zu ganz groben Garnen für sich oder mit Jute zusammen versponnen werden.

Eigenschaften.

Holz ist ein Gemenge von Cellulose, Lignin und Zuckern.

In frischem Zustande enthält es 40—60% Wasser, lufttrocken noch 10—20%. Sein spez. Gew. ist dann etwa 0,5. In feuchter Luft quillt es wieder, um so mehr, je frischer es ist. Altes Holz „arbeitet“, „schwindet“ und „reißt“ nicht mehr.

Heißes Wasser löst bis zu 12% (Xylose, Mannose, Galaktose).

Wasser über 100° spaltet Ameisensäure, Essigsäure, Methylalkohol und Furfurol ab. Dabei bräunt sich das Holz.

Gleichzeitige Einwirkung von Wasser und Luft läßt das Holz modern, zu sog. Humusstoffen.

Cellulose enthält das lufttrockene Holz durchschnittlich 50%.

Lignin (S. 42) wird durch kochende Alkalien unter Druck in Alkalisalze von sog. Ligninsäuren übergeführt, deren wässrige Lösung durch Säuren teilweise gefällt wird.

Das Lignin vermag ferner große Mengen Chlor zu binden. Nach P. Wäntig (Textilchem. u. Kol. **1922**, 77) greift Chlor nur das Lignin (die Inkrusten) an, Hypochlorit dagegen auch die Cellulose selbst.

Dem Lignin eigentümlich sind weiter die Rotfärbung mit Phloroglucin (S. 42), die Gelbfärbung mit Anilinsalz.

Lignin geht beim Erhitzen mit schwefliger Säure unter Druck in Gegenwart von Sulfiten in Lösung, wahrscheinlich als Calcium- oder Natriumsalz einer durch Anlagerung von schwefliger Säure an ungesättigte Kohlenstoffatome entstehenden Ligninsulfosäure.

Lignin ist in Kupferoxydammoniak unlöslich und in Ätznatron und Schwefelkohlenstoff nur quellbar.

Die Zuckerstoffe des Holzes werden als Hexosane und Pentosane bezeichnet. Sie sind Anhydride der Hexosen und Pentosen. Die Pentosane bilden den sog. Holzgummi.

VII. Papier.

1. Geschichte.

Papier wird als Spinnstoff schon seit mehr als 100 Jahren gebraucht. Damals wurden in Japan flache, gefalzte und gedrehte Streifen aus einem besonders zähen und geschmeidigen Bastfaserpapier verflochten und verwebt. Später haben die Amerikaner Papiergarn hergestellt.

Außer dem fertigen Papier wird auch der unfertige Papierstoff versponnen (Cellulon- oder Cello- oder Zellstoffgarne).

2. Gewinnung.

Papier wird entweder aus Holzschliff oder aus Zellstoff oder aus Hadern gemacht.

a. Holzschliff.

Holzschliff oder Holzstoff nennt man das Gemenge von Faserbündeln, Fasern und Fasertrümmern, das beim Anpressen von Holz an umlaufende Schleifsteine bei Gegenwart von Wasser entsteht. Man unterscheidet Weißschliff und Braunschliff, je nachdem, ob das natürliche oder vorher unter Druck gedämpfte Holz geschliffen wird.

Die Herstellung von Holzschliff läßt sich zergliedern in das Entrinden und Putzen, das Schleifen, das Sortieren und Entwässern.

Möglichst gerade gewachsene 40—80jährige Fichten (Abies excelsa), Tannen (Abies pectinata), Kiefern (Pinus silvestris, besonders für Braunschliff) oder Aspen (Populus tremula) von 7—20 cm Durchmesser werden in Rollen von ½—1 m Länge zersägt, je nach der Breite der Schleifsteine. Darauf wird geschält auf Maschinen, z. B. von A. Bezner, Ravensburg, wobei etwa 18% an Gewicht und 15% an Raum verloren gehen. Die Äste werden zum Schluß möglichst ausgebohrt.

Das Schleifen geschieht auf Quarzsandsteinen von 0,1—2 mm Korngröße, bis zu 170 cm Breite und bis zu 250 cm Durchmesser. Betriebssicherer sind Kunstsandsteine, z. B. Herkulessteine von O. Schmidt, Dresden infolge der eingelegten Eisenbänder. Der Kaltschliff wird mit viel Wasser, etwa der 150fachen Menge, der Heißschliff nur mit der 20—40fachen Menge ausgeführt.

Der Flächendruck beträgt 0,3—3 kg auf den qcm. 100 kg Holzschliff brauchen stündlich etwa 0,2—0,3 PS, wovon etwa die Hälfte in Reibungswärme verwandelt wird. Der Kraftverbrauch ist am geringsten, wenn die Holzrollen mit ihrer Achse parallel zur Schleifsteinachse angepreßt („quergeschliffen“) werden. Die Steine drehen sich in der Sekunde 2½—4 mal herum, so, daß die Umfangsgeschwindigkeit 7—18 m beträgt. Das Holz schiebt sich in der Minute höchstens 5 mm vor. Aus 1 Festmeter Fichtenholz (536 kg) erhält man bei einem Druck von 3—4 kg auf 1 qcm 360 kg Holzschliff. Ein Großkraftschleifer mit drei Pressen und 1 m Schleifbreite, z. B. von der A.-G. Amme, Giesecke & Konegen, Braunschweig, liefert stündlich 500 kg Holzschliff.

Das Sortieren trennt den groben Stoff vom feinen. Splitterfänger, Bleche mit Schlitzen, halten zunächst losgerissene Splitter zurück. Darauf tritt der gehörig verdünnte Stoff in das Innere der Schleudersortierer, umlaufender Siebzylinder. Der feine Stoff tritt durch das Sieb nach Außen, der grobe läuft weiter zu den Raffineuren, Mahlgängen mit einem festen und einem sich drehenden Stein, zu weiterer Zerkleinerung, um darauf zum Sortierer zurückzukehren.

Entwässert wird meist auf Zylindersiebmaschinen, z. B. der Maschinenbau-A.-G. vorm. Starke & Hoffmann, Hirschberg. Ein mit Drahtgaze bespannter Zylinder läuft in dem Stoffbrei um. Das Wasser läuft in das Innere des Zylinders und von da aus ab. Die auf dem Umfang zurückbleibende Faserschicht wird von einem Filz ohne Ende abgestreift und durch ein Walzenpaar bis auf etwa 33% Trockengehalt abgepreßt.

Braunschliff verliert durch das Dämpfen 5—8% (Zuckerstoffe) unter Verringerung des spez. Gewichtes. Beim nachherigen Schleifen gehen weitere 10—12% verloren. Der Kraftaufwand ist größer als beim Weißschliff, nämlich stündlich 0,33—0,37 PS für 100 kg Schliff. Auch die Ausbeute ist geringer. Dafür ist Pappe aus Braunschliff fester.

Der Wassergehalt des Holzschliffs wird durch Trocknen bei 100° ermittelt. Zum Trockengewicht werden 12% hinzugeschlagen, um das Handelsgewicht zu erhalten.

Wirtschaftliches. Deutschland stellte 1914 aus etwa 2 Millionen Festmeter Holz 720 000 t Holzschliff her.

Verwendung. Weißschliff zu Kartons und als Füllstoff für andere Faserstoffe, insbesondere Zellstoff zu Papier. So enthält Zeitungspapier 20% Zellstoff und 80% Holzschliff. Solche Papiere vergilben am Licht und werden brüchig.

Braunschliff kann allein zu Papieren verarbeitet werden.

β. Zellstoff.

Zellstoff oder Holzzellstoff nennt man den Faserstoff, der beim Kochen mit chemischen Hilfsstoffen unter Druck aus dem Holz übrig bleibt. Man unterscheidet Natron- und Sulfitzellstoff, je nachdem, ob alkalisch oder mit sauren Sulfiten gekocht wird.

a) Natronzellstoff.

Die Herstellung von Natronzellstoff läßt sich zergliedern in das Zerkleinern des Holzes, das Kochen, das Auswaschen, das

Quirlen, das Sortieren, das Entwässern, das Formen zu Pappen und das Trocknen.

Die Zerkleinerung des Holzes muß ziemlich weit gehen und möglichst gleichmäßig sein, damit die Osmose der Lauge durch die Zellmenbranen überall schnell von statten geht. 1—2 m lange und 15—35 cm dicke Holzstücke werden auf der Hackmaschine zu 2—3 cm langen und 1—2 cm breiten und ½—1 cm dicken Spänen zerlegt; sie werden auf Hackmaschinen zerhackt, auf Desintegratoren aufgebrochen, in Trommeln gesiebt und in die stehenden Kocher eingestampft, so, daß in 1 cbm 0,4 Festmeter (214 kg) Holz untergebracht werden.

Das Kochen geschieht in bis zu 70 cbm fassenden eisernen Kesseln bei 8—10 Atm. bei 170° C mit 2,1 cbm 6—8%iger Natronlauge auf 1 Festmeter Kiefernholz (550 kg) während 4—6 Stunden. Die Alkalimenge betrage mindestens 20% vom Holzgewicht für die Aufschließung und 7—9% Überschuß, der am Ende der Kochung noch vorhanden sein soll. Gegen das Ende der Kochung von Nadelholz (Kiefernholz) bläst man das mit dem Dampf flüchtige Terpentinöl (11 g auf 1 kg Zellstoff) ab; es verdichtet sich in einer Rohrschlange in einem Kühlbottich.

Das Auswaschen geschieht in den sog. „Diffuseuren" mit möglichst wenig Frischwasser, damit die Laugen nicht zu verdünnt werden. Die Ablauge wird im Vakuum bis zu 30° Bé eingedampft, in Scheibenverdampfern bis 40—50° Bé eingedickt, im Drehofen gesintert und im Schmelzofen mit Gebläseluft verascht. Sie muß schließlich mit 36—45 kg Ätzkalk auf 100 kg Zellstoff wieder ätzend gemacht werden, nachdem der Verlust von 10—15% Alkali durch Sodazusatz wieder ausgeglichen wurde. Vor der Rückgewinnung läßt man die Ablaugen längere Zeit stehen. Dann scheidet sich auf der Oberfläche das „flüssige Harz" (in Schweden „Tallöl") ab. Dieses wird abgeschöpft und zur Papierleimung benutzt.

Das Quirlen trennt die Fasern vollends voneinander; die bereits zerfetzten Hackspäne werden in Trommeln („Separatoren") aufgeschlagen.

Das Sortieren trennt noch unaufgeschlossene Faserbündel und andere störende Beimengungen mittels Sandfängen, Astfängern und Sieben ab .

Entwässert wird auf Maschinen ähnlich denen der Papiererzeugung. Die entstandene Pappe kann feucht in die Papierfabrik wandern.

Getrocknet wird für den Verkauf auf Zylindertrockenmaschinen bis zu einem Feuchtigkeitsgehalt von 12%

Eine Abart des Natronzellstoffs ist der Sulfat- oder Kraftzellstoff. Die Kochlauge enthält 2% Natriumsulfid, außerdem 8% Ätznatron, 3—4% Soda und 2% Natriumsulfat. Natriumsulfid und Ätznatron werden nicht als solche zugesetzt, sondern in Gestalt von Natriumsulfat (13—30 kg auf 100 kg Zellstoff). Im Dreh- oder Schmelzofen reduziert die organische Substanz das Sulfat zu Sulfid; dieses wird beim Ätzendmachen mit Kalk teilweise in Ätznatron übergeführt.

Die Ausbeute an Sulfatzellstoff beträgt 40—50% gegen nur 30—40% an Natronzellstoff. Die Fasern des Sulfatzellstoffs sind länger und geschmeidiger. Dafür entsteht bei der Kochung anstatt Methylalkohol Methylmercaptan (Sp. 5°) und Methylsulfid (Sp. 37°), die namentlich in großer Verdünnung die Luft mit unerträglichen Düften nach faulendem Weißkohl schwängern. Deshalb hat sich der bessere und billigere Sulfatzellstoff in Deutschland nicht einbürgern können. In Schweden werden die entweichenden Merkaptane möglichst mit Generatorgas verbrannt.

b) Sulfitzellstoff.

Die Herstellung des Sulfitzellstoffes läßt sich zergliedern in das Zerkleinern des Holzes, das Kochen, das Quirlen, das Auswaschen und das Trocknen.

Das Zerkleinern geschieht wie oben, jedoch muß die Rinde vorher bis zu einem Holzverlust von 12—18% sorgfältig abgeschält werden, da sie beim sauren Verfahren nicht zerstört wird. Aus ähnlichen Rücksichten darf harzreiches Kiefernkernholz nicht gekocht werden. Harzarmes Kiefernsplintholz ist zulässig. Hauptsächlich wird Fichte, Tanne und Aspe gekocht. Die Hackspäne werden in die 200—300 cbm fassenden Kocher eingestampft.

Gekocht wird mit sog. Sulfitlauge. Die Sulfitlauge wird bereitet, indem Schwefeldioxyd aus Schwefelkies oder Schwefel von unten in 30 m hohe Türme geleitet wird, in denen Wasser über grobe Kalksteinbrocken auf Rosten herabrieselt. Während aus den Türmen oben Kohlendioxyd entweicht, fließt unten eine 4—4½° Bé starke Lauge ab mit 2,4—2,9% SO_2 (frei und an Kalk gebunden). Zu 2 Teilen dieser „Turmlauge" fügt man gewöhnlich 1 Tl. „Übertreiblauge", d. i. das Kondensat der Abgase, die während des Kochens abgeblasen werden.

Die Mitscherlich-Kochung arbeitet mit Lauge von 2,8% Gesamt-SO_2, 1,7% freier SO_2 und 1% Kalk. Der Kocher ist mit säurefesten Steinen ausgemauert. Die indirekte Heizung geschieht mit Schlangen aus Hartblei oder Kupfer. Vor dem Auffüllen der Lauge wird das Holz gedämpft, um die Luft auszutreiben. Man kocht 24—50 Stunden bei 135° C.

Die Ritter-Kellner-Kochung arbeitet mit Lauge von 4—5% Gesamt-SO_2, 2,8—3,8% freier SO_2 und ebenfalls 1% Kalk. Die direkte Heizung mit offenem Dampf verdünnt die Lauge zunehmend. Man kocht 10—20 Stunden bei 145—150° C.

Während der Kochung muß zur Aufrechterhaltung des vorgeschriebenen Druckes häufig abgegast werden. Man gewinnt dadurch 30—40% des SO_2 zurück.

Das Quirlen des Kochgutes geschieht wie bei Natronzellstoff durch Aufschlagen.

Beim Waschen braucht auf die Verdünnung der Ablauge nicht so große Rücksicht genommen zu werden.

Die Ausbeute an Sulfitzellstoff beträgt 37—50% vom Holzgewicht.

Eigenschaften. Holzzellstoff enthält 88—94% Cellulose, außerdem Pentosane bei Natronzellstoff 6,5—7,6%, bei Sulfitzellstoff 3,4—4,6%; ferner Ligninreste.

Der Aschegehalt der Holzzellstoffe beträgt 0,5—1,5%.

Wirtschaftliches. Deutschland stellte 1913 aus 3 659 000 Festmetern Holz 791 000 t Zellstoff her. Dazu mußten 2,2 Millionen Festmeter eingeführt werden. 179 463 t Zellstoff wurden aus-, 51 319 t eingeführt.

Verwendung. Hauptsächlich zu Papier Natronzellstoff für Viskose. Kraftzellstoffe, neuerdings auch Natron- und Sulfitzellstoff vermischt, für Papiergarn. Sulfitzellstoff geht, im Holländer mit stumpfem Basaltlavageschirr gemahlen, alsbald in einen Schleim über, der sog. Pergamentersatz und nach der Satinierung „Pergamyn“ zum Einwickeln fettiger Stoffe ergibt. (S. 69.)

γ. Hadern.

Hadern oder Lumpen nennt man Faserabfälle, sei es in unfertigem Zustande aus der Spinnerei, sei es in fertigem, abgenutzten und abgetragenem Zustande. Hadern sind der beste Rohstoff für Papier und sind da, wo es auf Haltbarkeit ankommt, wie z. B. bei Urkunden, allein verwendbar.

Die Herstellung des Hadernbreis, des sog. „Halbstoffs“, läßt sich zergliedern in Sortieren, Dreschen, Zerkleinern, Abkochen, Waschen, Zerfasern im Holländer und Entwässern.

Das Sortieren geschieht nach Faser und Farbe. Tierische Faserstoffe müssen ausgesondert, Gummi, Schnallen und Knöpfe abgetrennt werden.

Das Dreschen geht häufig voraus. Auf dem sog. Haderndrescher werden Sand und Staub durch mit Zähnen besetzte Trommeln herausgeschlagen.

Das Zerkleinern geschieht auf dem Hadernschneider. Zuweilen schließt sich eine abermalige Entstäubung auf einem Siebtrommelentstäuber oder auf einem Wolf an.

Gekocht wird mit Lauge 4—12 Stunden bei 3—5 Atm. im sog. Kugelkocher. Dadurch werden die Fette verseift und die Farbstoffe größtenteils heruntergezogen.

Gewaschen wird auf Holländern mit Schaufelrädern oder auf gewöhnlichen Halbzeugmahlholländern.

Das Zerfasern zu „Halbzeug“ geschieht im Holländer. Der Holländer ist ein eiförmiger Bottich, der durch eine nicht bis zu den Wänden reichende Scheidewand in eine „Arbeitsseite“ und die „Laufseite“ geschieden wird. Auf der Arbeitsseite befindet sich die Zerfaserungsvorrichtung, eine mit Messern besetzte, schnell umlaufende Walze und ein darunter liegendes Grundwerk, ebenfalls mit Messern. Zwischen beide gerät die zu zerfasernde Masse, wenn sie mit 96—98% Wasser in den Bottich gebracht und im Rundlauf herumgeführt wird. Die Entfernung zwischen Messerwalze und Grundwerk kann verschieden eingestellt werden.

Das Entwässern geschieht in den Abtropfkästen des Stoffkellers. Vorher wird nötigenfalls im Holländer gebleicht.

Papierbereitung.

Aus dem aus Holzschliff, Zellstoff oder Hadern bereiteten „Halbzeug“ wird nun der Papierbrei, das „Ganzzeug“, gemahlen, indem

Messer und Grundwerk näher aneinander gerückt sind. Stehen die Messer sehr nahe, so wird der Stoff „r ö s c h“ gemahlen, d. h. die Fasern werden ohne Querschnittsänderung gekürzt und haben scharfe Schnittenden. Bei weiter Stellung wird „s c h m i e r i g“ gemahlen, d. h. die Fasern behalten ihre Länge; der Querschnitt wird aber stark verquetscht; die Enden sind zerfasert, was die Filzbildung auf der Papiermaschine begünstigt. Wird dagegen zu lange rösch gemahlen, so filzt der „totgemahlene“ Stoff nicht mehr; die Stückchen sind zu kurz geworden. Die kurzen Fasern des Zellstoffes sollen nicht rösch und überhaupt nur 1 Stunde gemahlen werden; Lumpenhalbzeuge dagegen 12—20 Stunden.

Durch andauerndes schmieriges Mahlen im Holländer mit stumpfen Messern erhält man eine schleimige Masse, die zu P e r g a m e n t e r s a t z p a p i e r oder P e r g a m y n verarbeitet wird und nur halb so teuer ist wie Pergament; sie wird nicht durch Jod-Kaliumjodid gebläut (S. 68).

Durch weiteres, 40—150stündiges Mahlen erhält man einen formlosen Brei, der abtropfen und verdunsten gelassen das hornartige C e l l u l i t h zurückläßt; dieses läßt sich wie Horn und Ebonit bearbeiten.

Der Stoff muß nun für Schreibpapier g e l e i m t werden, damit er seine Saugfähigkeit gegenüber Tinte verliert. Man setzt dem Stoffbrei im Holländer Harzseife zu und danach zur Zersetzung der Harzseife Aluminiumsulfat. Es wird also dem Stoff harzsaure Tonerde einverleibt.

Häufig wird auch mit Stärke geleimt.

Das Ganzzeug wird schließlich zum Papierblatt g e f o r m t. Mit Bezug auf die Formgebung unterscheidet man Bütten- und Maschinenpapier.

Das B ü t t e n p a p i e r entsteht aus dem Faserbrei in Bogenform durch Handarbeit. Der Ganzstoff wird in den Stoffbütten auf etwa 1% verdünnt und durch Rührflügel vor der Entmischung bewahrt. Die Handform, einen mit einem feinen Sieb bespannten Holzrahmen mit einem zweiten beweglichen Aufsatzrahmen als erhöhten Rand taucht man in den Stoffbrei und schöpft die durch den Rahmen begrenzte Menge heraus. Unter Schütteln läßt man das Wasser durch das Sieb abfließen und preßt den nassen Faserfilz auf einen feuchten Wollfilz, der ihn ansaugt, so daß er vom Drahtsieb abgehoben werden kann. Auf den Faserfilz legt man einen zweiten Wollfilz, auf diesen kommt ein zweiter Faserfilz usw. Ein derartiger Stoß von 10—20 Bogen (Pauscht) wird hydraulisch abgepreßt. Danach kann man die verdichteten Filze abheben und an Klammern zum Trocknen aufhängen.

Das M a s c h i n e n p a p i e r wird meist auf der Langsiebpapiermaschine hergestellt. Sie besteht aus der Einführung, der Siebpartie, der Naß- oder Preßpartie, der Trockenpartie und dem Kalander.

Die Einführung besteht aus Sand- und Knotenfängen. Die Sandfänge sind lange flache Kanäle mit niederen Querrippen am Boden. Der durchfließende Papierbrei setzt hier Sand und andere Fremdkörper ab. Die Knotenfänge sind Siebtische mit vielfach geschlitzten und lebhaft geschüttelten Kupferblechen (Planknotenfänge) oder Siebzylinder mit sich drehenden geschlitzten Kupferblechen (Drehknotenfänge). Nur die gut aufgeschlossenen Fasern treten durch die Schlitze hindurch; die noch zu groben Knoten werden zurückgehalten.

Der gereinigte Stoffbrei fließt auf das endlose, seitlich durch die Deckelriemen, endlose Kautschukbänder, begrenzte und während der Vorwärtsbewegung geschüttelte Sieb. Am Ende der mehrere Meter langen Siebpartie befinden sich unter dem Sieb Saugkästen und schließlich die Gautschpresse. Die Siebbahn läuft um die untere Walze der Presse; die obere Walze ist mit einem Wollfilz bespannt.

Die Papierbahn ist nun soweit verdichtet, daß sie vom Sieb gelöst und einige Zentimeter frei schwebend zu dem endlosen Filztuch gelangen kann, das sie der ersten von drei Naßpressen zuführt.

Nach der dritten Presse hat die Papierbahn noch 40—50% Wasser, die in der Trockenpartie bis auf 12% entfernt werden müssen. Dazu dienen Zylindertrockenmaschinen von bis zu 30 Zylindern. Die feuchte Papierbahn wird mit Hilfe von Leitfilzen an die Zylinder angelegt und bewegt sich in 3—4 m Breite mit einer Geschwindigkeit von bis zu 3,3 m in der Sekunde.

3. Verarbeitung zu Papiergarn.

Die Papiergarnherstellung läßt sich in zwei Abschnitte zerlegen: das Schneiden und das Verspinnen der Papierstreifen.

Das Schneiden der Papierstreifen, das für die Herstellung der Telegraphenbänder schon lange bekannt war, muß für die Papiergarnerzeugung besonders sorgfältig geschehen. Man benutzt Kreisscheibenmesser, die in die Ringspuren einer Unterwalze eintreten, mit dieser also gleichsam Scheren bilden. Die Messer sitzen auf einer Achse mit Zwischenringen von der Breite der gewünschten Streifen 2—10 mm. Zwischen diesem Walzenpaar wird die Papierbahn hindurchgeführt.

Das Verspinnen bedingt ein vorheriges Anfeuchten des Papiers, damit es geschmeidig genug wird, um ein rundes, volles Garn zu ergeben. Damit andererseits die Festigkeit nicht zu sehr leidet, soll die Feuchtigkeit etwa 40% nicht übersteigen. Spinnereien, die sich die Streifen selber schneiden, feuchten vor dem Schneiden an, indem die Papierbahn besprüht, genetzt oder unter Wasser geleitet wird, oder nach dem Schneiden. Der zu einer Rolle, „Teller“, aufgewickelte feuchte Papierstreifen wird entweder auf der in der Baumwollspinnerei üblichen Flügel- und Ringoder auf der von Claviez eigens für Papiergarne erfundenen Tellerspinnmaschine zum Faden gedreht.

Die Güte des Garnes hängt in erster Linie von dem verwandten Ausgangsstoff ab; je fester das Papier, umso fester auch das Garn. Natronpapier mit einer Reißlänge von 11—12 km ist dem Sulfitpapier mit 9 km vorzuziehen; ebenso aus skandinavischem Fichtenholz hergestelltes „Kraftpapier“ dem einheimischen. Andererseits läßt sich Sulfitpapier besser bleichen.

Die Spinnerei liefert das Garn in Form von Kreuzspulen mit einem Wassergehalt von 25—40, ja noch mehr Prozent. Zur Berechnung des Handelsgewichts werden zum Trockengewicht, das durch Trocknen und Wiegen bei 105° ermittelt wird, 15% hinzugeschlagen. Der zu hohe Feuchtigkeitsgehalt ist aber der Haltbarkeit der Papiergarne nachteilig, indem sie leicht schimmeln. Wo daher nicht eine baldige Verarbeitung des Garnes vorgesehen ist, müssen die Spulen künstlich getrocknet werden.

Die Garnnummer gibt an, wieviel m auf 1 g Handelsgewicht des Garnes gehen; die Lauflänge ist der tausendfache Betrag.

Die Papiergarnerzeugung verdankte ihren Aufschwung der durch die Einkreisung Deutschlands im Weltkrieg 1914—1918 geschaffenen Notlage. Das Papiergarn hat im Bekleidungs- und Wäschegewerbe, wo es auf Haltbarkeit ankommt, den klassischen Fasern wieder weichen müssen; dagegen wird es auf anderen Gebieten das eroberte Feld wohl dauernd behaupten.

c) Die Blattfasern.

Die großen Blätter einzelner, hauptsächlich tropischer Pflanzen, liefern Fasern nach Gewinnungsmethoden, die denen der Flachsbereitung ähneln; sie werden meist am Ort der Gewinnung zu Seilen, Tauen und Segeltuch verarbeitet. Dahin gehören:

1. Neuseeländischer Flachs

aus den Blättern der Flachslilie Phormium tenax. Die Blätter sind 1½—2 m lang und 7 cm breit. Welterzeugung 30 000 t jährlich.

2. Manilahanf

Manilahanf ist die Faser der Banane, Musa textilis. Sie ähnelt der fruchttragenden Banane. Außer der auf den Philippinen heimischen, später auch in Indien und im Malaiischen Archipel angebauten Musa textilis werden noch andere Musaarten auf Manilahanf verarbeitet, besonders die in Deutschostafrika heimische Musa ensete.

Fasergewinnung. Die Musastämme werden am Ende des dritten Jahres, zur Zeit der Reife (Erscheinen der Blüten) abgehauen und die die Fasern enthaltenden Blattscheiden von dem „Scheinstamm" abgelöst. Die Blätter werden in 8—10 cm breite Längsstreifen zerschnitten und diese auf einem Holzblock unter einem sägeblattförmigen Eisen durchgezogen. Dadurch wird das schwammige Parenchymgewebe entfernt, und man erhält aus einem ausgewachsenen Stamm 0,5—0,75 kg Faser (Ballen zu 110—120 kg). Aus den Wurzelstöcken treiben neue Schöße, die sich zu faserliefernden Stämmen entwickeln. Das Feld braucht erst nach 10—12 Jahren neu bepflanzt zu werden.

Eigenschaften. Die technische Faser ist 1—2 m lang, sehr fest, glänzend und gelblich- bis bräunlich-weiß. Die Fasern nach dem Innern des Stammes sind weicher und weißer (Tupoz) als die äußern (Bandala oder Lupis). Ihre Widerstandsfähigkeit gegen Witterungseinflüsse macht sie für Schiffstaue und Netze geeignet, ohne erst zu Fäden versponnen zu werden. Die einzelnen Bastzellen sind 3—12 mm lang und 16—32 μ breit.

Wirtschaftliches. Die Menge in 1000 t und der Wert in 1000 $ des aus Manila ausgeführten Hanfes betrug nach Leipz. Monatsschrift f. Textil. 1910, Spez.-Nr. 1, 25:

1899	1902	1905	1908	1911
69	112	128	129	170
7994	19 291	21 757	16 502	30 000

3. Sisal

Pita und Sisal, spanisch Henequen, sind Agavefasern, u. zw. Pita von der Agave americana, Sisal von A. rigida. Die Heimat dieser Agaven ist Yukatan. Von der dortigen Stadt Sisal wurde bis vor wenig Jahren fast die ganze Menge ausgeführt.

Fasergewinnung. Frühestens drei Jahre nach der Anpflanzung mittels Wurzelschößlingen beginnt die Ernte, indem die Blätter in bestimmten Zeitabschnitten abgehackt werden. Die 1—2 kg schweren Blätter werden auf Schlagtrommeln, sog. Raspadoren, entfasert, indem das Fleisch abgeschlagen und abgestreift wird. Zu dicke Blätter müssen vor dem Entfleischen zwischen Walzen gequetscht werden. Die Fasern werden gewaschen und getrocknet, auf Maschinen gebürstet und in Ballen zu 250 kg gepreßt.

Die Einzelfasern haben weites Lumen und verdickte, abgestumpfte, gegabelte Enden.

Die Verwendung ist die gleiche wie die des teureren Manilahanfs; die gröberen Fasern dienen auch für Bürsten.

Wirtschaftliches. Der Anbau in Yukatan befindet sich in lebhaftem Aufschwung (Leipz. Mon. f. Textilind. 1908, III, Spezialnummer):

1880	1890	1900	1905	1907
112 911	279 906	499 634	597 289	682 188 Ballen

Die Ausfuhr betrug 1914 171 250 t.

1893 wurde der erste Sisalhanf auf Kikogwe in Deutschostafrika angepflanzt, 1898 zuerst geerntet und von da ab in steigenden Mengen auf den Markt gebracht:

1903	1905	1906	1907	1910	1913
422 t	1396 t	1820 t	2830 t	7228 t	20 834 t

Vor dem Krieg betrieben 18 Gesellschaften auf ihren Pflanzungen in Deutschostafrika die Kultur der Agave.

4. Magueyfaser

von der Agave cantala auf den Philippinen. 1 Blatt = 700 g enthält 23 g Faser Die Farbe ist gelblich, aber weißer wie Sisal.

Verwendung. Für Bindegarn in den U. S. Auf den Philippinen für Kleiderstoff („Nipis") und Taschentücher.

5. Ananasfaser

von A. sativus (Südamerika, Philippinen, China).

Fasergewinnung. 1. Abreißen der Blätter. 2. Schaben mit Glas oder stumpfen Messern. 3. Waschen. 4. Trocknen an der Sonne. 5. Kämmen.

Verwendung. Hauptsächlich in der Schweiz verarbeitet zu „Jusi-“ und „Pina“-Geweben.

6. Aloehanf

von Aloe perfoliata aus Südafrika, Ost- und Westindien. Die Ausfuhr der Insel Mauritius betrug 1915 1334 t. Die Faser wird ½ m lang und ist verholzt.

7. Piassavafaser

aus den Blattscheiden der Piassavapalme, dient zur Herstellung von Matten und Besen.

8. Kolbenschilf

Typha angustifolia, liefert außer der bereits S. 33 besprochenen Samenwolle die weit wichtigere Blattfaser. Die Pflanze wächst in Seen, Teichen und Mooren.

Fasergewinnung. Die Blätter werden nahe der Wurzel abgeschnitten, zu Garben gebündelt und getrocknet. Durch alkalische Kochung wird das die Faserstränge umschließende Gewebe gelöst, ohne daß in die kurzen Elementarfasern zerlegt wird.

Eigenschaften. Die Elementarzellen sind bis zu 0,7 mm lang. Das Lumen ist bei den einzelnen Fasern von verschiedenem Querschnitt.

Kupferoxydammoniak zerlegt in die Elementarzellen, die dabei ähnlich wie Baumwolle tonnenförmig aufschwellen. Jodschwefelsäure färbt blau, Zinkchloridjod veil, Phlorogluzin-Salzsäure nur schwach rosa, Rutheniumrot stark an.

Verarbeitung. Typha wird für sich und auch gemischt mit Werg von Flachs, Hanf u. a. versponnen (D. R. P. 316 534). Sie dient als Juteersatz und als Streckmittel für Flachs und Hanf.

9. Waldwolle,

hauptsächlich aus den Nadeln der Kiefer, pinus silvestris, durch Auskochung unter hohem Druck gewonnen. Bei der Kochung fällt das Waldwollöl (Fichtennadelextrakt) ab (D. R. P. 62 794, 302 803, 304 213). Die Waldwolle soll mit Wolle vermischt im sog. Gesundheitsflanell gesundheitliche Vorteile bieten.

10. Torffaser,

aus noch nicht ganz verwestem Torf, hauptsächlich aus den Blattscheiden des Wollgrases Eriophorum vaginatum — etwa 2% der trockenen Masse. Die Faser wird zusammen mit Streichwolle zu grobem Garn für Pferdedecken, Matten und Läufer versponnen (vergl. S. 33).

d) Die Fruchtfasern.

Die Cocosnußfaser ist die einzige technisch verwendete Fruchtfaser. Sie wird aus der braunen, faserigen Schicht gewonnen, die die Schale der Früchte der Cocospalme (Cocos nucifera) umhüllt. Ihre Heimat ist Vorderindien, besonders Ceylon.

Fasergewinnung. Dort werden die Nüsse gespalten, 30—40 Stunden in heißem Wasser eingeweicht und gequetscht. In einer Art Klopfwolf werden die Fasern von den Schalen gelöst und weiterhin durch Kämmen in die bis 33 cm langen und 0,3 cm dicken steifen „Bristle"- und die kurzen weichen „Kombing"-Fasern geschieden.

Eigenschaften. Von Natur aus ist die Cocosnußfaser rötlichbraun. Sie läßt sich aber leicht färben und verhält sich in dieser Beziehung ähnlich wie Jute.

Die Elementarfasern sind 400—900 μ lang, 12—20 μ breit und verholzt.

Verarbeitung. Die Kombing-Fasern werden an Ort und Stelle zu grobem Garn versponnen, das unter dem Namen Coir nach Europa gelangt und zu Matten, Geflechten und Wandbespannungen verwendet wird. Meist wird Baumwolle mit eingesponnen. Die langen Fasern dienen zur Herstellung von Bürsten.

B. Tierische Gespinstfasern.

Die zweite große Gruppe der Gespinstfasern entstammt dem Tierreiche und zerfällt in die beiden großen Klassen, die Haare und die Seiden.

Die Haare wachsen langsam aus bestimmten Hautdrüsen, den Haarbälgen, heraus; infolge der Zellenanhäufung durchbrechen sie die obere Hornhaut, die Epidermis, und treten als röhrenförmige Gebilde hervor.

Die Seiden werden in verhältnismäßig kurzer Zeit aus den Spinndrüsen gewisser Raupen erzeugt, wenn diese sich bei der Umwandlung zum Schmetterling mit einer dichten Hülle, dem Kokon, umgeben.

a) Die Haare.

Die Haare bilden eine hornartige Masse. Sie wurzeln auf der Unterhaut, der Cutis. Unter der Oberhaut, der Epidermis, liegen viele kleine bluterfüllte Wärzchen, die Papillen, die das Haar ernähren. Erkranken die Papillen, so fallen die Haare aus und wachsen nicht mehr nach. Umgekehrt wird das Haar, so oft es auch durch Ausreißen oder sonstwie entfernt wird, immer wieder von neuem erzeugt. Ist das Haar (des Schafes und einiger verwandter Säugetiere) nicht glatt, sondern gekräuselt, so wird es als Wolle bezeichnet.

I. Wolle.

Wolle ist eigentlich nur die dem Haarkleid des Schafes entstammende Gespinstfaser.

Im weiteren Sinne rechnet man dazu auch die Haare gewisser Ziegen, namentlich der Angoraziege als Mohair (S. 122), der Kaschmir- und der Tibetziege, ferner gewisser in den Anden heimischer Kamelschafe, Auchenia Huanaco, Lama, Paco und Vicuna, und schließlich des Kameles (S. 123). Doch sind die erzeugten Wollmengen im Vergleich zur eigentlichen Schafwolle nur gering.

1. Geschichtliches.

Das Schaf, Ovis aries, ist schon in vorgeschichtlichen Zeiten Haustier geworden. Die Eigenschaften der Wolle hängen in erster Linie von dem Klima ab, unter dem das Schaf lebt. Die feinste, stark gekräuselte Wolle lieferte das Merinoschaf Spaniens. Diese Tatsache ist wohl auf die Lebensgewohnheiten dieser „Wander"-Merinos zurückzuführen. Im Sommer weideten sie an den Abhängen der Gebirge des Nordens, zu Beginn des Winters wurden sie unter Zurücklegung mehrerer (30—40) Tagereisen nach den Ebenen Südspaniens getrieben. Zur höchsten Blüte gelangte die spanische Schafzucht unter der Herrschaft der Mauren; nach deren Vertreibung verfiel sie. Die Ausfuhr von Merinoschafen war bei Todesstrafe verboten. Wir hören daher erst seit etwa 1723 von der Einfuhr nach andern Ländern. Soweit die Tiere das Klima nicht vertrugen und also nicht rein weitergezüchtet werden konnten, ließen sie sich doch mit den heimischen Schafrassen kreuzen und trugen zur Verfeinerung ihrer Wolle bei. So lieferte die 1765 von dem Kurfürsten Friedrich August von Sachsen eingeführte Merinozucht die feine, wellige Elektoralwolle. In England konnte das um 1750 herum eingeführte Merinoschaf selbst nicht gedeihen, aber seine Kreuzung mit den heimischen, nach dem schottischen Cheviotgebirge benannten Schafen mit ihren langen, kräftigen, wenig gekräuselten Haaren ergab die wertvolle Crossbredwolle mit mittleren Eigenschaften.

Die deutsche Wollerzeugung erreichte ihre höchste Blüte um 1860 herum. Damals wurden in Deutschland über 28 000 000 Schafe gezählt, die 34 000 t Wolle lieferten. Von da an ging die Zahl der Schafe von Jahr zu Jahr zurück bis auf 5 448 000 im Jahre 1914 und 5 070 000 im Jahre 1915, da sie sich gegenüber der den Weltmarkt beherrschenden Wollerzeugung des Auslandes, namentlich Australiens, nicht mehr lohnte.

Australien besaß keine einheimischen Schafe, aber schon bei den 1793 aus Indien eingeführten Tieren verwandelten sich die straffen Haare unter dem Einfluß des australischen Klimas bald in weiche Wolle. Kurz darauf wurde mit englischen Schafen und später mit spanischen Merinos gekreuzt. Die seitdem einsetzende Steigerung in der Zahl australischer Schafe ergibt die folgende Übersicht:

Jahr	1800	1810	1820	1840	1850	1860
1000 Schafe	6	50	290	6000	17 000	20 000

Jahr	1870	1880	1890	1900	1908	1913
1000 Schafe	50 000	64 000	102 000	92 000	109 000	109 855

Das günstige Klima findet sich im Südosten des Festlandes und auf Neuseeland. Auf den dortigen ungeheuren Strecken allerbesten Weidelandes halten sich die Tiere das ganze Jahr im Freien auf. Die verringerte Zahl für 1900 erklärt sich aus einer Periode jahrelanger Dürre. Große Herden mußten wegen Futtermangels abgeschlachtet werden. Daraufhin sind viele artesische Brunnen erbohrt und künstliche Tiertränken angelegt worden. Die australische Wolle besteht heute zu $\frac{2}{3}$ aus Merino und $\frac{1}{3}$ aus Crossbred.

Ähnlich günstiges Klima für die Schafzucht weisen die La-Plata-Staaten, Argentinien und Uruguay auf. Dort wurden 1820 spanische Merinos eingeführt; 1908 zählte man 90 000 000 Schafe. Neuerdings geht die Zucht etwas zurück; sie muß infolge der zunehmenden Bevölkerung dem Ackerbau weichen; auch legt man aus demselben Grunde mehr Gewicht auf die Zucht von Fleischschafen. Die La-Plata-Wolle besteht zu $\frac{2}{5}$ aus Merino, zu $\frac{3}{5}$ aus Crossbred.

Das dritte für die Schafzucht günstige Land ist Südafrika. Zwar mißglückte der erste Versuch der Einführung spanischer Merinos 1788, doch wurde 1812 der Versuch mit sächsischen Zuchtschafen mit mehr Erfolg wiederholt, und 1913 zählte man in Kapland, Transvaal und Oranjefreistaat 35 710 000 Schafe.

2. Bau des Wollhaares.

Unter der Oberhaut neben den Haarbälgen liegen je 1—2 Talgdrüsen, deren Absonderung das Haar schützen soll und den Hauptbestandteil des sog. Wollschweißes bildet. Bei den meisten veredelten Wollen liegen die Haarbälge in Nestern zusammen. Infolgedessen verkleben die Spitzen der einzelnen Haare beim Heraustritt aus dem Neste durch den Schweiß zu gemeinschaftlich weiterwachsenden Strähnen. Auf den qcm kommen 7—8 Strähnen zu 100 und mehr Haaren. Die Vereinigung mehrerer solcher Strähne bezeichnet man als Stapel und das gesamte Haarkleid des Schafes als Vließ.

Gemeinhin unterscheidet man am vollkommen ausgebildeten Haar drei Zellschichten: 1. in der Mitte den aus rundlichen Zellen bestehenden Markzylinder; 2. die umgebende eigentliche Faserschicht; sie besteht aus spindelförmigen, innig miteinander verbundenen Zellen und verleiht dem Haare Festigkeit und Elastizität; 3. die Epidermis- oder Kutikularschicht, das Schuppenepithel. Die Schuppen liegen wie Dachziegel übereinander und verraten durch ihr eigentümliches Bild die Wolle sofort unter dem Mikroskop.

Von diesen drei Faserelementen ist das erste (und das dritte) bei den verschiedenen Arten von Haaren mehr oder weniger stark entwickelt und kann auch ganz fehlen. Danach unterscheidet man 1. die markfreien Flaum- oder Wollhaare, die im wesentlichen das Kleid des Kulturschafes bilden; 2. die markhaltigen kurzen Stichelhaare, die an Beinen und Gesicht des Kulturschafes, auch am Rumpf des wilden Schafes auftreten; 3. die fast immer markhaltigen langen Grannenhaare, die der englischen Leicesterrasse eigentümlich sind. Die Grannen- ebenso wie die Stichelhaare lassen sich nur schwer verspinnen und färben, daher wird durch ihr Auftreten der Wert einer Wolle sehr herabgemindert. Sie sind unter dem Mikroskop unschwer durch drei Merkmale zu erkennen: 1. die stark entwickelte Markschicht; 2. die größere Breite; 3. die verhältnismäßig kleinen Schuppen.

Am meisten wird der Charakter einer Wolle durch die Schuppenschicht beeinflußt. Bei den feinen Wollsorten umfaßt meist eine einzige große Schuppe das ganze Haar ringförmig, so als bestünde es aus lauter ineinandergesteckten Bechern; auch steht der obere Rand der

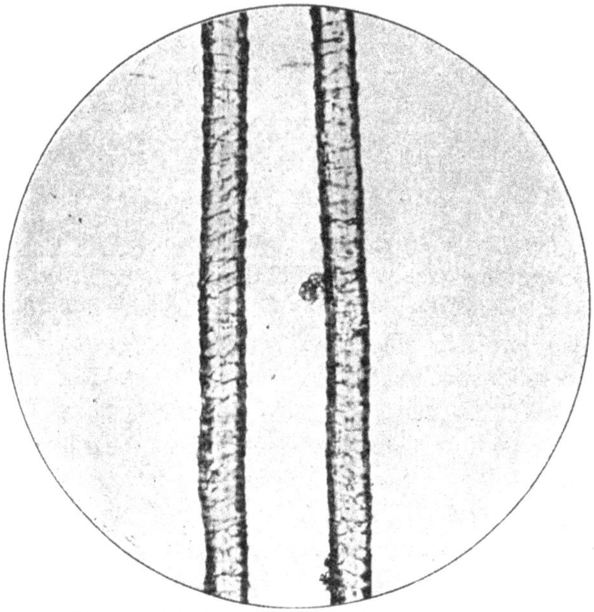

Abb. 45. Merinowolle. Ringförmige Schuppen.
(300fach vergrößert.)

Abb. 46. Crossbredwolle, plattenförmige Schuppen.
Längsstreifen, hervorgerufen durch die Zellzwischenräume.
(300fach vergrößert.)

Schuppen vom Haare ab (Abb. 45). Bei den groben Wollen dagegen erscheinen die Schuppen schmäler, dicker, unklarer, sie greifen nicht mehr so deutlich übereinander, sondern stoßen plattenförmig aneinander. (Abb. 46).

Die Zahl der Schuppen beträgt nach Hanausek (Lehrbuch der technischen Mikroskopie, S. 118) rund 100 auf 1 mm und ist ein Erkennungsmerkmal für das Haar einer bestimmten Tierrasse. Er fand für:

Schafwolle	superelektra	100	Angorawolle	53
	ordinäre	105	Weiße Alpako	90
	Merino, Nadelstapel .	114	Vicuña	100
	prima sächs. Strichwolle	121	Braune Alpako	150

Auf dem Vorhandensein der Schuppen beruht auch höchstwahrscheinlich die Fähigkeit der Wolle zu filzen (krimpen). Wenn man ein derartiges, mit Wasser, Seife, Säuren oder Alkalien durchtränktes Haar drückt oder reibt, so wird es sich in der Richtung des Wurzelendes fortbewegen. Zwei nebeneinanderliegende Haare, deren Wurzelenden entgegengesetzt sind, können sich nur so lange aneinander entlang bewegen, bis die Schuppenränder sich ineinandergeschoben haben; sie sind dann ohne Verletzung der Schuppen nicht mehr voneinander zu trennen (s. auch Pinagel, Leipz. Monatsschr. f. Textilind. **1908,** 248). Auf diesem Vorgang beruht die Fabrikation von Tuchen durch das Walken Mit dieser Erklärung steht im Einklang, daß Grannen, ferner Wollen, die ihre Schuppen zum Teil eingebüßt haben, wie gechlorte und Gerberwolle, nicht mehr filzen.

3. Wollgewinnung.

Der Verspinnung gehen Arbeiten voran, die teils zu den Obliegenheiten des Schafzüchters, teils zu denen des Wollhändlers gehören: α) Die Schafschur; β) das Sortieren und γ) die Wollwäsche, zuweilen auch δ) die Entklettung.

α) Die Schafschur.

Die Schafschur erfolgte früher allgemein mit der Handschere mit federndem Bügel, später mit der amerikanischen Handkammschere; neuerdings wird letztere auch maschinell betrieben. E. Müller gibt als durchschnittliche Tagesleistung an (Glafey, Die Rohstoffe der Textilindustrie, S. 144): für einen Handscherer in Deutschland 15—20 Schafe oder 8—10 Widder; für einen Maschinenscherer 125 Schafe. Die Wolle wird glatt an der Haut abgeschnitten, das Vließ möglichst zusammengelassen. Die von den Füßen, den Backen, der Stirne und dem Schwanze abfallenden Stücke oder Locken werden meist in das Vließ eingerollt und dieses zusammengebunden und zu Ballen verpackt. Meist wird nur einmal im Jahre geschoren — Einschurwolle, seltener zweimal, im Frühjahr — Winterwolle und Anfang Herbst — Sommerwolle. Als Lammwolle bezeichnet man die Wolle des zum erstenmal geschorenen, noch nicht ein Jahr alten Tieres; sie ist kenntlich an der feinen Spitze, in die das Haar ausläuft, auch ist sie besonders weich und geschmeidig, aber ihre Festigkeit steht hinter der der Mutterwolle zurück. Erstlings- oder Jährlingswolle nennt man die Wolle von über ein Jahr alten, zum erstenmal geschorenen Tieren.

Der Wollertrag eines Schafes, Rückenwäsche und Einschurwolle vorausgesetzt, stellt sich durchschnittlich auf 1—2 kg und schwankt je nach Rasse, Geschlecht, Ernährung und Alter des Tieres. Der Widder gibt das 1½—2fache des Schafes. Bis zum 6. Lebensjahre steigert sich Menge und Güte der Wolle und nimmt vom 7. an ab. Deshalb pflegt man die über 7 Jahre alten Schafe zu mästen und zu schlachten (Merz- oder Brackschafe).

Die Wolle von geschlachteten Tieren heißt Sterblingswolle, wenn die Tiere an einer Krankheit zugrunde gegangen sind, infolge deren natürlich auch die Haare entartet sind, Gerberwolle, wenn in den Gerbereien die auf dem Schabebock von Fleischteilen befreite Innenseite der Haut mit Grünkalk (Natriumsulfid und Kalk) bestrichen und das so gelockerte Haar herausgerauft wird.

Neuerdings werden aber auch Hautwollen in eigenen Fabriken gewonnen, die auf die möglichste Erhaltung der Wolle Wert legen. Die Haare werden dann gerade wie vom lebenden Tier von den Fellen abgeschoren oder mit elektrisch geheizten Drähten dicht an der Haut abgesengt. Bei dem sog. Schwitzverfahren werden die Felle einige Tage in Wasser eingeweicht, dazwischen mehrmals ausgepreßt, um den Schmutz zu entfernen, und in dunklen warmen Räumen aufgehängt. Auch hierbei lockert sich der Zusammenhang der Haare mit der Haut so weit, daß sie sich herausziehen lassen. Im Gegensatz zur Gerberwolle ist aber solche Hautwolle gar nicht angegriffen und bei sonst gleichen Verhältnissen einer gewöhnlichen Schurwolle durchaus ebenbürtig.

Über Kunstwolle s. S. 129.

β) Das Sortieren.

Das Sortieren bezweckt die Vereinigung gleichgearteter Teile des Vließes, damit die daraus bereitete Spinnpartie in sich möglichst gleichmäßig und für die Erzeugung einer bestimmten Warengattung geeignet, zusammengesetzt ist. Dadurch wird unnötigem Spinnereiabfall vorgebeugt. Für Streichgarnspinnereien genügen meist drei Sorten, Kammgarnspinnereien dagegen erfordern oft bis zu acht. Mit Bezug auf Feinheit und Güte der Wolle ordnen sich die Körperteile des Schafes folgendermaßen:

a) Schulterblätter
b) Flanken
c) Halsseiten
d) Keule
e) Nacken
f) Rückgrat
g) Kreuz
h) Kehle und Brust
i) Oberhals
k) Oberschenkel
l) Schwanzwurzel und Wolfsbiß
m) Stirn
n) Scheitel
o) Unterfuß

Bei zusammenhängendem Vließ sind die einzelnen Teile leicht zu erkennen. a—d bilden die sog. edlen Vließteile. Als Beispiel sei das Ergebnis der Sortierung deutscher Schweißwolle in einer Kammgarnspinnerei angeführt:

Wolle	AA	3,0%
„	AI	46,4%
„	A	8,1%
„	B I	29,9%
„	B II	2,8%
„	C	0,9%
„	D	0,1%
„	E I	7,2%
„	E II	0,9%
Futterstücke		0,1%
Fußlocken		0,6%
		100,0%

Selten wird eine Wollsorte für sich versponnen; sie wird vielmehr entweder mit verschiedenen gleichfarbigen Sorten vermischt oder mit verschiedenfarbigen zu Mischelungen (Melangen) gemischelt (meliert) (S. 104).

γ) Die Wollwäsche.

Die rohe Schurwolle besteht aus der eigentlichen Wollsubstanz, verunreinigt durch den Wollschweiß, und wird daher auch Schweiß- oder Schmutzwolle genannt. Der Wollschweiß kann bis zu 80% betragen und setzt sich aus 20—40% von außen in das Vließ gelangten Fremdkörpern wie Sand, Kot und Pflanzenteilen und 20—40% sog. Fettschweiß zusammen. Den Gehalt an reiner Wolle, das sog. Rendement, auf Grund einer bloßen Prüfung mit Auge und Hand zu schätzen, setzt große Übung voraus.

Der Fettschweiß besteht aus Wollfett (Lanolin, Smp. 40 bis 42° C) und Wollschweißsalzen. Ersteres läßt sich leicht mit Schwefelkohlenstoff, Benzin oder Äther, letztere durch Wasser ausziehen und für sich erhalten.

Die Fremdkörper werden zugleich mit dem Fettschweiß beim Waschen der losen Wolle entfernt; nur die pflanzlichen Verunreinigungen (Kletten, Stroh und Futterteile) werden entweder mechanisch im Klopf- oder Klettenwolf oder chemisch durch Karbonisieren beseitigt (S. 91).

Als milde Reinigungsmittel dienen bei besserer Wolle, besonders für Kammwolle, die Kali- und Natronseifen. Um die Reinigungswirkung zu vergrößern, setzt man häufig Ammoniak zu. Bei Verwendung von Seife als Waschmittel sei das Wasser möglichst weich (s. Bd. I, S. 22). Am meisten in Anwendung ist gegenwärtig Soda, ein Mittel, das bei richtiger Handhabung die Wolle nicht angreift. Die Lösung wird in einer

Stärke von ½—1½° Bé gebraucht und die Temperatur möglichst niedrig, zwischen 40—50° C, gehalten.

Häufig wird in den Wollwäschereien selbst als Waschmittel eine Soda-Seifenlauge bereitet durch Verkochen von Oleïn mit Soda.

Wasserglas ist als Wollwaschmittel angepriesen worden, ist aber nicht zu gebrauchen, da es die Wolle durch Abscheidung von Kieselsäure hart macht und auch leicht Fleckenbildung beim späteren Färben verursachen kann.

Bei höherer Temperatur als 45° C nimmt die Wolle leicht eine bleibende gelbe Färbung an. Um sie gegen die Einwirkung des in Soda

Abb. 47. Zupf- und Schlagmaschine von J. Bernhardt in Leisnig.

und Seifen immer etwas enthaltenen ätzenden Alkalis zu schützen, setzt man dem Waschbade Protektol Agfa II, und zwar etwa die Hälfte der angewandten Sodamenge, zu. Dadurch wird die Wolle weicher, geschmeidiger und spinnfähiger. Protektol wird aus entkalkter Sulfitablauge (S. 67) gewonnen. Seine schützende Wirkung beruht jedenfalls auf der Anwesenheit der gelösten Pentosane und Hexosane.

Die Wolle darf aber auch in den alkalischen Bädern nur so wenig wie möglich bewegt werden, damit sie nicht verfilzt.

Damit die Waschlaugen möglichst vollkommen auf die Wolle einwirken können, werden in einer Zupf- und Schlagmaschine die Stapel vorher geöffnet und Schmutz, Steine, Futterteile usw. beseitigt (Abb. 47). Dadurch wird die Schlammbildung im Waschbottich verringert und die Spinnereimaschinen werden entlastet.

Vorwäsche.

Die Schweißwolle wird nur mit Wasser vorgewaschen. Alle hierzu dienenden Vorrichtungen laufen darauf hinaus, möglichst konzentrierte Lösungen zu erhalten, um daraus Wollschweißasche herzustellen.

Durch Anwendung des Pottasche-Auslaugapparates D. R. P. 175 421, 177 520 von F. Bernhardt, Leisnig i. Sa. (Abb. 48), wird die Bedienung so vereinfacht, daß nur 1 Mann erforderlich ist, welcher die Rohwolle der Schlagmaschine vorlegt. Von da gelangt sie in

Abb. 48. Pottasche-Auslaugeapparat.

die Auslaugmaschine, Waschmaschine usw. ohne jedes weitere Hinzutun des Arbeiters.

Die Wolle wird viel gründlicher entlaugt, als bei Anwendung des Tonnensystems, ohne der Wolle zu schaden, weil der Betrieb genau geregelt und vom Arbeiter ganz unabhängig ist.

In einem oben offenen Kanal, dessen Boden aus durchlochten Platten gebildet ist, wird die Wolle durch in endlose Ketten gelagerte Rechen vorwärts bewegt.

Unterhalb dieses Kanals ist ein System hintereinander befindlicher Behälter angeordnet; darin wird die von den Kanal-Siebboden herniederrieselnde Flüssigkeit aufgefangen und von da immer von neuem durch Pumpen emporgehoben und in Strahlenform auf den im Kanal fortschreitenden Wollstrom gegossen.

Ein am Eingang der Maschine befindlicher Schwimmer betätigt ein am Ausgange angebrachtes Wasserventil, damit also den Wasserzufluß, und regelt gleichzeitig auch die Laugenstärke.

Die Betriebskraft beträgt nur 1½ Pferdestärken. Die Metallteile, welche fortwährend mit der Pottaschelauge in Berührung stehen, sind teils mit Emaille, teils durch Hartgummiüberzug geschützt.

Eigentliche Wäsche. (Reinigen und Spülen).

Fabrikwäsche.

Die vorgewaschene Wolle, wie auch die rückengewaschene, wird stets noch einer gründlichen Reinigung unterworfen.

Die Wollspülmaschinen mit ovalem Behälter (Abb. 49) sind eiserne Bottiche von 3—4 m Länge, 2½ m Breite und 80 bis 90 cm Höhe mit einem mehrteiligen, leicht herausnehmbaren Siebboden a. Der Boden des Bottichs ist mit einer Abflußklappe b für die Reinigung versehen. Der in der Mitte angebrachte Ständer c ist unterhalb des Siebbodens entsprechend dem Querschnitte des Wasserzuströmrohres durchlocht; das schmutzige Wasser steigt demzufolge in dem Ständer auf die Höhe des Wasserspiegels im Behälter, um durch das im Ständer angebrachte Überlaufrohr f abzufließen. Letzteres ist behufs Regulierung der Wasserhöhe mit verstellbarer Klappe g versehen. Die Wolle wird von einer Flügelwalze mit zwei Flügeln, flachen Zinken bearbeitet und in Bewegung versetzt. An der entgegengesetzten Seite strömt das Wasser dicht oberhalb des Siebbodens in etwas schräger Richtung nach oben ein, treibt die von der Schlägerwalze nach unten gedrückte Wolle wieder in die Höhe und befördert so den Kreislauf der Wolle und des Wassers.

Die von der Kurbel i bewegte Petsche macht einen eine Ellipse beschreibenden, vertikalen Hub, ist von birnförmigem Querschnitt und aus glattem Eisenblech (seitlich geschlossen) hergestellt; durch den starken Kreislauf und heftigen Wellenschlag des Wassers wird vortreffliches und rasches Spülen erzielt, ohne die Wolle dabei zu verwirren oder zu verfilzen.

Bei all den Wollspülmaschinen mit ovalem Behälter ist Gefahr vorhanden, daß durch die wagrechten Kreisbewegungen der Wolle sich leicht Stricke bilden. Dieser Übelstand wird vermieden bei den Wollspülmaschinen mit rechteckigem Behälter.

Wollspülmaschine mit rechteckigem Behälter. (Krantz & Co., Aachen.) (Abb. 50.)

Der rechteckige schmiedeeiserne Behälter hat 4,5 m Länge, 1,8 m Breite und 1,2 m Höhe und ist mit einem mehrteiligen, leicht herausnehmbaren Siebboden versehen. Das Wasser wird an der Kopfseite bei a

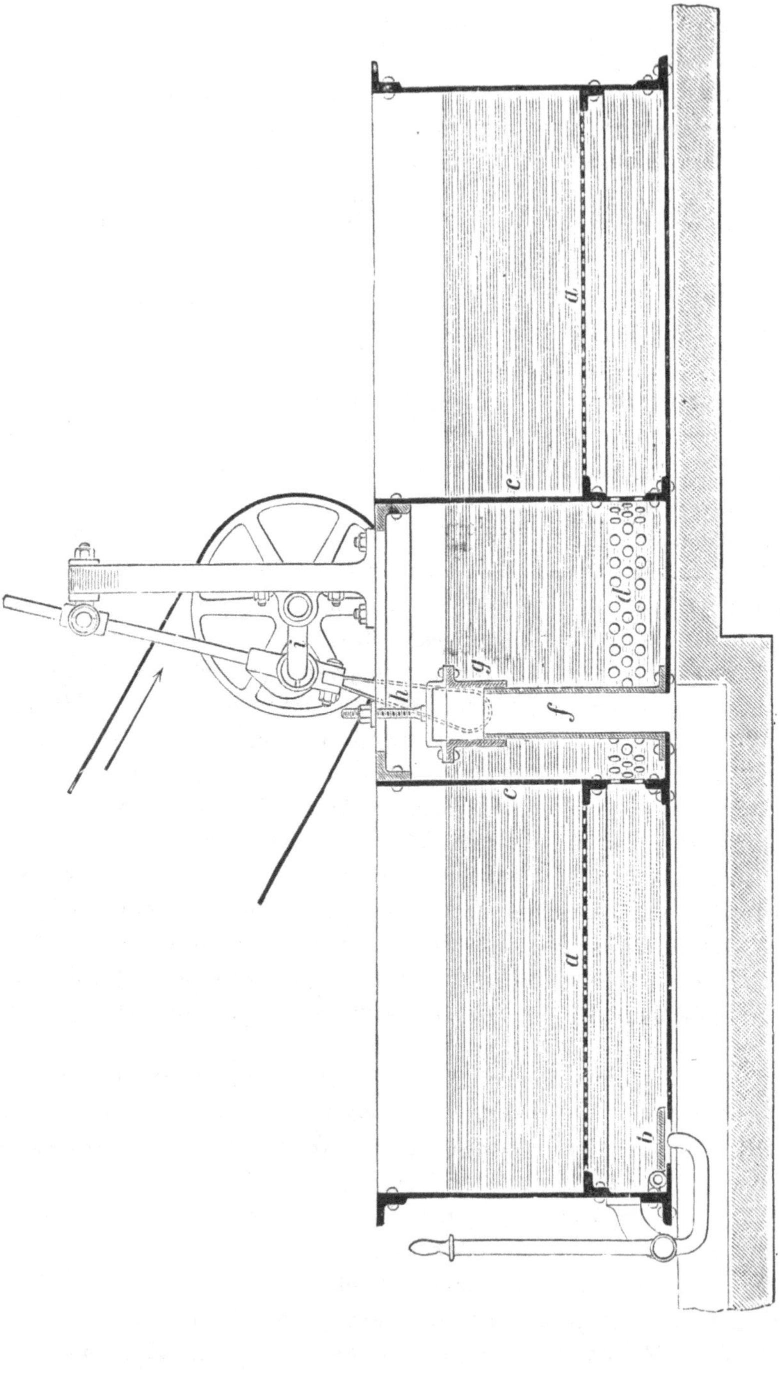

Abb. 49. Wollspülmaschine mit Petschen. (H. Krantz, Aachen.)

durch die beiden abgeflachten Rohre h b′ während des Betriebes beständig zugeführt und strömt in der durch Pfeile c c c angedeuteten Richtung. Die zu reinigende Wolle wird bei e partienweise in den Behälter geworfen und dann im Kreislauf einesteils von den nicht tiefgreifenden Kurbelrechen d d′ in der Pfeilrichtung (f f) und andernteils von dem bei b b′ eingeführten

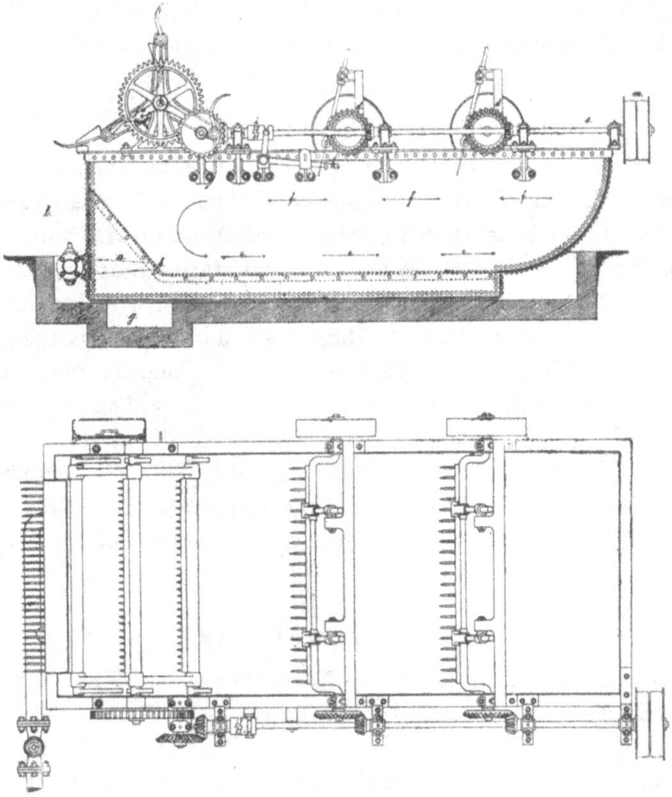

Abb. 50. Wollspülmaschine mit rechteckigem Behälter.

Wasserstrahle in der Pfeilrichtung c c c im Spülbehälter bewegt und gewaschen. Das unreine Wasser fließt dabei, von unterhalb des Siebbodens steigend in den mit Schieber zum Regeln des Wasserspiegels versehenen Abflußkasten g ab. Ist die Wolle gereinigt, so wird der Hebel h umgelegt, die Glitsche i eingerückt und der dreiarmige Elevator k in Betrieb gesetzt, welcher die Wolle in wenigen Minuten aus der Maschine in einen bei l bereitzustellenden Korb fallen läßt. Zur bequemen Reinigung des Behälters unterhalb des Siebbodens ist eine Abflußklappe angebracht. Die Maschine wird durch eine Riemenscheibe angetrieben.

Durch ein am Wollwaschbottich angebrachtes Quetschwerk werden der fest in der Wolle sitzende Schmutz und ebenso auch die Waschlauge besser entfernt. Ein solches Quetschwerk ermöglicht also einmal eine bessere Ausnutzung der Waschflüssigkeit, die nicht mit der Wolle weiter geht, sondern in den Behälter zurückfließt, dann aber die Lösung der Schmutzknoten, Schweißspitzen usw.; infolgedessen genügt ein Drittel der gewöhnlich dazu erforderlichen Zeit; das ist für die Erzielung einer offenen, nicht verfilzten Wolle von größtem Einfluß.

δ) Das Trocknen der losen Wolle.

Die gewaschene Wolle wird unmittelbar nach der Wäsche getrocknet. In den Wolltrockenmaschinen kommt meist das Gegenstromprinzip zur Anwendung: In den geschlossenen Apparat wird von der einen Seite die feuchte Wolle, von der anderen Seite warme Luft zugeführt; Luft und Wolle streichen in umgekehrter Richtung durch den Apparat. Vorteilhaft wird die warme Luft, während sie die Wolle trocknet, immer weiter erwärmt, so daß sie noch Feuchtigkeit aufnehmen kann; sie wird schließlich ohne weitere Erwärmung der frisch aufgelegten feuchten Wolle zugeführt. Eine derartig angewärmte Luft nimmt verhältnismäßig viel Feuchtigkeit aus der nassen Wolle auf; sie trocknet die vorgetrocknete Wolle gut aus, ohne ihr durch allzu hohe Temperatur zu schaden, da die trockenste Wolle mit der am wenigsten vorgewärmten Luft in Berührung kommt.

ε) Die Entklettung.

Nach der Reinigung kann die Wolle häufig noch nicht gleich zu Streichgarn versponnen werden, da sie noch Bestandteile enthält, welche durch die Wäsche nicht entfernt werden: Klettenteile, die Früchte einer Distelart. Der Faden bricht beim Feinspinnen an der Stelle, wo ein fremder spröder Stoff sich befindet, oder, was noch unangenehmer ist, die Verunreinigung spinnt sich im Faden ein und erzeugt ein „spitzes“ Garn. Im gefärbten Gewebe bleiben solche Pflanzenteile ungefärbt und treten als Knötchen hervor.

Die mechanische Entfernung der Kletteneile durch die sogenannten Klettenwölfe (Abb. 51) erfüllt ihre Aufgabe nur zum Teil; bei zu enger Einstellung zerreißt das Wollhaar, bei weiterer Einstellung wird ein Teil der Kletten, namentlich die mit Widerhaken versehenen Futterreste, durchgelassen. Auch kommt es vor, daß die Kletten durch den Wolf statt gelöst, zerrissen werden und die dann entstandenen Teilchen noch schwieriger zu entfernen sind.

Bei Kammwolle wird ein großer Teil der Kletten durch das „Kämmen" entfernt.

Man trennt auch die Pflanzenteile mit der Hand aus dem Gewebe mit Hilfe des Noppeisens und verbindet das Stopfen damit, falls durch das Noppen ein Loch entsteht. (Noppen, Plüssen und Stopfen.) Schließlich kann man die Pflanzenteilchen mit Nopptinkturen überfärben oder man färbt das ganze Stück so, daß auch die Pflanzenteile mitgefärbt werden. (Noppenfärberei.)

Wenn die Rohwolle stärker verunreinigt ist, werden die Pflanzenreste chemisch entfernt (Karbonisation).

Die chemische Entklettung beruht auf der Tatsache, daß alle Pflanzenstoffe durch Einwirkung von Mineralsäuren, wie Salzsäure und

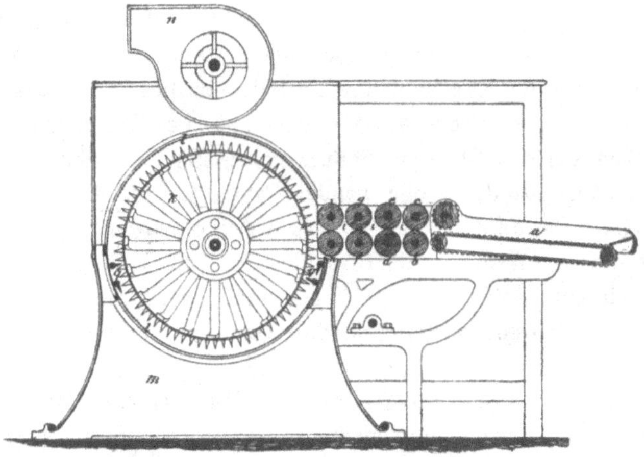

Abb. 51. Klopf- oder Reinigungswolf.

Schwefelsäure bei höherer Temperatur durch Verwandlung ihres Hauptbestandteiles, der Cellulose in Hydrocellulose, mürbe werden und bei der geringsten mechanischen Einwirkung wie Reiben, Bürsten oder Klopfen in Staub zerfallen. Die Wolle wird bei richtiger Konzentration der Säure wenig angegriffen. Dies chemische Verfahren der Entklettung nennt man fälschlich „Karbonisieren", zu deutsch „Verkohlung"; denn die entstandene Hydrocellulose ist noch weiß.

Zuweilen wird auch das Karbonisieren der Wolle im Schweiß oder besser gesagt im Fett vorgenommen. Es findet zunächst eine Vorwäsche statt, ohne jeglichen Zusatz von Waschmaterial, behufs Entfernung der mechanischen Beimengungen und eines Teiles des Wollschweißes. Hierzu dienen eine Einweich- und Entfettungsmaschine. Nach dieser Vorwäsche wird die Wolle in verdünnter Salzsäure von 4° Bé gesäuert, abgeschleudert, karbonisiert und auf den Reinigungswolf gebracht. Dann wird sie auf einen Leviathan, bestehend aus vier Behältern mit Sodalösung von 3° Bé fertig gewaschen. Die letzte Wäsche bildet wohl den wichtigsten Teil, weil sie gründlich erfolgen muß. Die Verwendung von Kernseife, nach der Neutralisation mit Soda im ersten Behälter, würde das Verfahren durch die zu große, zum Reinigen nötige Menge etwas verteuern, aber auch verbessern. Schließlich wird die Wolle ausgeschleudert und fertig getrocknet.

Die Wolle, welche nach diesem Verfahren behandelt ist, behält sehr gute Spinnfähigkeit bei und wird weniger angegriffen, der natürliche Schweiß gibt eine Art Hülle gegen die Einwirkung der Säure ab. Andererseits bleibt aber auch das Karbonisieren unvollständiger, indem auch einige Pflanzenteilchen von Wollschweiß beladen, mehr oder weniger gegen die Säure geschützt werden, auch das spätere Waschen vollzieht sich nicht so gründlich, wie bei der „fabrikgewaschenen" Wolle.

Es treten bei der Karbonisation im Schweiß dieselben Übelstände ein, wie bei Karbonisation stark gefetteter Kämmlinge, bei welchen ebenfalls das Öl einen Schutz gegen die Einwirkung der Säure bildet, nicht nur für die Wolle, sondern auch für die darin enthaltenen Pflanzenteile. Der infolge der Einwirkung von Säuren aus Öl gebildete Körper läßt sich durch einfache Sodalösung sehr schwer auswaschen, besser durch gute Seife, was geschehen muß, wenn das Entsäuern und Waschen so vollzogen werden soll, daß vom Spinner und Walker keine Klagen einlaufen.

Nachdem auf vorstehende Weise die Pflanzenteile mürbe gemacht sind, müssen sie nebst vorhandenen Säureresten entfernt werden. Der Klopf- oder Reinigungswolf (Abb. 51) schlägt sie zu Staub und bläst diesen heraus. Wird diese Arbeit nicht unmittelbar nach dem Erhitzen vorgenommen, so erschwert sich das Entfernen erheblich, da die Kletten beim Kaltwerden wieder fester anhaften.

Die Wolle muß nach beendeter Karbonisation gründlich ausgewaschen werden. Man spült zunächst ½ Stunde lang in kaltem oder auch in warmem Wasser, schleudert aus und bringt dann in ein 5° Bé starkes Sodabad. Nach gutem Durcharbeiten läßt man ¼—½ Stunde stehen, bearbeitet dann nochmals und spült fertig. Das vollständige Entsäuern ist von größter Bedeutung; ob dies geschehen, muß sorgfältig geprüft werden, am einfachsten durch Andrücken von blauem Lackmuspapier gegen die Wolle. Falls das Papier seine Farbe nicht verändert, ist keine Säure mehr vorhanden.

Als Karbonisiermittel hat man neben der Schwefelsäure und Salzsäure noch Säure abgebende Salze empfohlen, um die Wolle und besonders die Farben möglichst vor einer etwaigen nachteiligen Einwirkung der Schwefelsäure zu schützen, z. B. Aluminium- oder Magnesiumchlorid.

4. Wirtschaftliches.

In der geschichtlichen Einleitung wurde bereits der Anteil Deutschlands, Australiens, Argentiniens und Südafrikas an der Wollerzeugung genannt. Die gesamte Wollerzeugung betrug 1912/13 ungefähr 1 388 090 t im Gesamtwert von 2290 Millionen Mark.

Die Wollpreise sind von 1893 bis 1913 um 43—44% gestiegen.

5. P h y s i k a l i s c h e E i g e n s c h a f t e n.

Die physikalischen Eigenschaften der Wolle sind in erster Linie maßgebend für die Beurteilung ihrer Güte.

Die F a r b e ist gewöhnlich gelblich, nur die Landschafe und die Heidschnucken der Lüneburger Heide sind auch braun bis schwarz. Diese Naturfarbe wird durchaus nicht geschätzt und bei der Zucht ausgemerzt. Sie unterscheidet sich von einer entsprechenden künstlichen Färbung durch ihre Widerstandsfähigkeit gegen Chemikalien. Auch nach schärfster Behandlung läßt sich in den Faserzellen immer noch die Anwesenheit von Farbkörnerreihen erkennen.

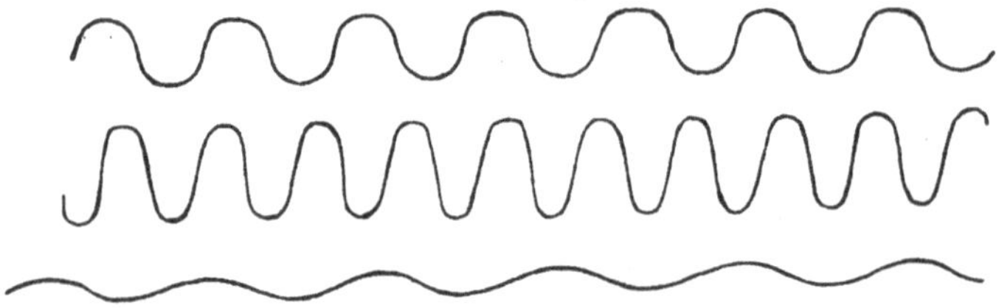

Abb. 52. Normal-, hoch- und flachbogiges Haar.

Im ultraveilen Licht der Quarzlampe (S. 182) leuchtet Wolle mit lebhafter bläulich-weißer Fluoreszenz auf.

Die L ä n g e der Faser wechselt je nach der Rasse und nach dem Körperteil und reicht bei Streichwolle von 10—15, bei Kammwolle von 10—30, ja 40 und 50 cm. Von dieser Länge des ausgestreckten Haares ist zu unterscheiden die ohne Ausreckung der Kräuselungen gemessene Stapellänge.

Die K r ä u s e l u n g des Haares wird ausgedrückt durch die Anzahl Wellen, die auf 1 engl. Zoll = 2,54 cm kommen. Man unterscheidet normalbogiges (im Halbkreis), hochbogiges (über den Halbkreis) und flachbogiges (unter dem Halbkreis) aufsteigendes Haar (Abb. 52). Die letzteren beiden sind weniger begehrt. Regelmäßige Bögen deuten auf die Herkunft von gesunden Zuchtschafen. Die feinsten Merinowollen haben die meisten Kräuselungswellen. Die Zahl bestimmt man mit dem von S o r g e erfundenen W o l l k l a s s i f i k a t o r (Abb. 53). In einer mit Handgriff versehenen Messinggabel lagert eine Messingscheibe drehbar; ihre 2,6 cm langen Seiten sind mit regelmäßigen Auszähnungen von seitenweise zunehmender Feinheit versehen, nämlich:

SE (Superelekta)	= 6°	D(ollond)	hat 32	Auszähnungen
E (Elekta)	= 7°	D	„ 28	„
P (Prima)	= 8°	D	„ 24	„
S (Sekunda)	= 9°	D	„ 20	„
T (Tertia)	= 10°	D	„ 16	„
Q (Quarta)	= 11°	D	„ 12	„

Zu diesen 6 Klassen kommen noch 7. Quinta, 8. Sexta, 9. Stücke und 10. Locken.

Die Kräuselung ist wertvoll, weil sie wollene (Streichgarn-) Stoffe porös und lufthaltig und infolgedessen zu Wärmeisolatoren macht. Im Gegensatz zu den vom Merino abstammenden Höhenschafen haben die Niederungsschafe wie das englische Cheviot-, das französische Rambouillet-, das deutsche Marsch-, das ungarische Zackelschaf und die Heidschnucke der Lüneburger Heide schlichtes, fast ungekräuseltes Haar und werden zu den glatten Kammgarnstoffen versponnen.

Wolle leitet Wärme und Elektrizität nicht. Die letztere Eigenschaft hat A. Bernini nach F. P. 554 474 benutzt, um reine Wolle von Mischungen mit Baumwolle oder Kunstseide zu unterscheiden. Der darauf beruhende kleine Apparat „Texl“ wird von Hackländer & Co. in Wermelskirchen (Rhld.) in den Handel gebracht.

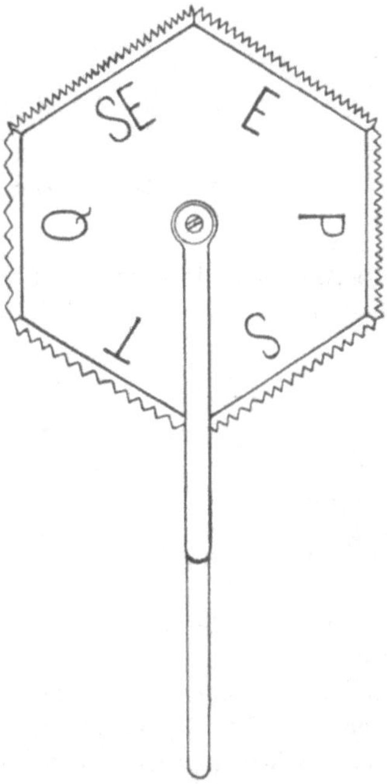

Abb. 53.
Wollklassifikator von Sorge.

Die Feinheit der Wolle wird durch den Durchmesser des Haares ausgedrückt, von den Einkäufern aber meist nur durch Auge und Gefühl beurteilt. Sie steht, wie erwähnt, mit der Kräuselung in Zusammenhang. Nach Marschik (Leipz. Monatsschr. f. Textilind. **1912**, 56) soll die Feinheitsnummer unmittelbar die Faserdicke in Mikron angeben. Die genaue Feinheitsbestimmung geschieht mit dem sog. Eriometer von Dollond.

Vor dem Objektiv eines 50fach vergrößernden Mikroskops ist eine in zwei aneinander verschiebbare Hälften geschnittene Zerstreuungslinse angebracht. Die durch ein feines Zahngetriebe bewirkte Verschiebung kann mittels Nonius bis auf $^1/_{200}$ engl. Zoll = 127 μ abgelesen werden. Ein Noniusteil entspricht dann der wirklichen Größe der Verschiebung $^1/_{200} : 50 = {}^1/_{1000}$ engl. Zoll = 2,54 μ und wird 1 Grad Dollond = 1° D genannt. Das zu messende Wollhaar wird senkrecht zur Schnittlinie eingespannt (Abb. 54) und nach Verschiebung des Bildes um seine eigene Breite abgelesen. So findet man z. B. für eine Streichwolle

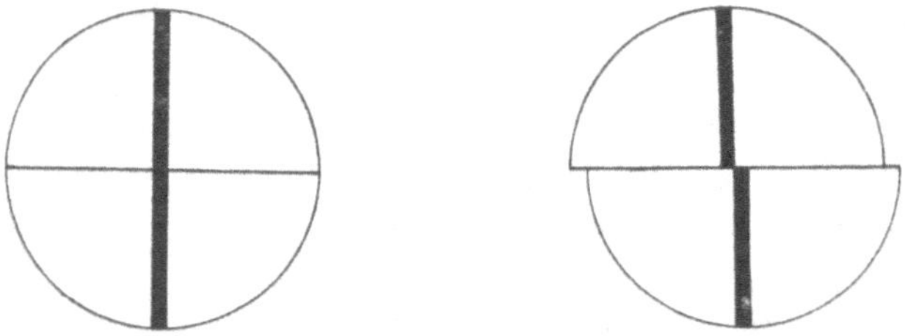

Abb. 54. Einrichtung des Dollondschen Eriometers.

Superelekta 6° D = 15,2 μ usw. (S. 95). Messungen von Kammwollen ergaben:

Nach Pinagel

Elekta	AAA	15—25 μ
Prima	AA	20—30 „
Sekunda . . .	A	20—40 „
Tertia	B	30—50 „

Nach Marschik

AAA	18 μ	C_2	30,5 μ
AA	20,5 „	C_3	33 „
A	23 „	D_1	35,5 „
B	25,5 „	D_2	38 „
C_1	28 „	D_3	40 „

Je feiner die Faser, um so größer ist ihre Oberfläche im Verhältnis zum Gewicht, mithin auch ihr Farbstoffaufnahmevermögen. Man darf daher nicht von verschiedenen Tiersorten stammende Wollen zusammenverarbeiten; insbesondere sollen Tuche, die zu einem glatten Filz gewalkt und im Stück gefärbt werden sollen, nur möglichst gleichartige Fasern enthalten.

Die Festigkeit eines Wollhaares hängt von seiner Dicke ab und kann von 3—40 g Reißbelastung schwanken. Die Reißlänge ist 8—9 km. Die Dehnbarkeit beträgt 30—40%.

Die Treue, d. i. die Gleichmäßigkeit in der Form des Haares ist eine unentbehrliche Eigenschaft guter Wollen. Alle Teile sollen gleichen Durchmesser und gleiche Anzahl Kräuselungen auf gleiche Längen haben.

Der an sich geringe Glanz der Wolle tritt bei den feineren Sorten noch mehr zurück gegenüber den gröberen; offenbar wird er durch die Häufung der Schuppen beeinträchtigt.

Die Formbarkeit der Wolle, besonders in feuchtem Zustand, bei etwa 100°, hat sie mit anderen Hornsubstanzen gemein. Darauf beruht die heiße Ausrüstung wollener Stückwaren (Krabben, Dekatieren), das Formen der Filzhüte und das Bügeln der Kleider.

Das spez. Gewicht der vollkommen gereinigten Faser ist nur 1,3.

Wolle ist die hygroskopischste Gespinstfaser. Sie kann bis 40% Wasser aufnehmen, ohne sich feucht anzufühlen. Diese Eigenschaft erklärt ihre Beliebtheit als Kleidungsstück in Form von Strümpfen, Unterjacken, Normalhemden. Die Anhänger des Systems Prof. Dr. Gustav

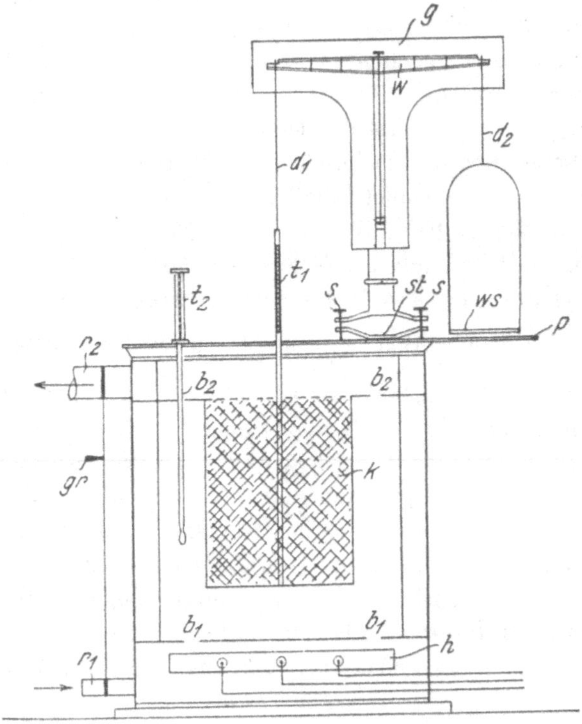

Abb. 55. Konditionierapparat.

Jäger gehen von der richtigen Anschauung aus, daß die Wolle den Schweiß aufsaugt. Infolge ihrer feinen Verteilung gibt sie aber die Feuchtigkeit schnell nach außen ab und bleibt so trotz lebhaftesten Schwitzens des Körpers fast immer trocken. Natürlich muß der Feuchtigkeitsgehalt auch beim Einkauf berücksichtigt werden. Das Trockengewicht der Wolle wird in den Konditionieranstalten folgendermaßen bestimmt:

Aus verschiedenen Ballen zu je 150 kg werden Proben zu je 500 g gezogen. Diese werden genau gewogen und in einem mit Gas oder Elektrizität auf 105—110° erhitzten Ofen getrocknet (Abb. 55). Die Wollprobe befindet sich in dem Korbe k, der mittels Thermometer t_1 und Draht d_1

an der Wage w hängt. Der Raum wird durch die elektrische Heizplatte h erhitzt. Die Luft tritt durch den Rohrstutzen r_1 ein, durch die kreisförmig angebrachten Löcher in den Böden b_1 und b_2 hindurch und durch den Rohrstutzen r_2 aus. Das Thermometer t_1 zeigt die Temperatur im Korb, das Thermometer t_2 die Temperatur der umgebenden Luft an. Auf der Deckplatte p ist der Ständer st angebracht mit den Schrauben s zum Einstellen der Wage im Glashause g. Während des Wiegens sind die Klappen bei r_1 und r_2 mittels des Griffes gr zu schließen. Die Anzahl Gewichte, die nach vollzogener Trocknung von der am Draht d_2 hängenden Wagschale ws weggenommen werden muß, um wieder Gleichgewicht herzustellen, ist gleich dem Gewicht der in der Wolle vorhanden gewesenen Feuchtigkeit und die zurückbleibenden Gewichte entsprechen dem Trockengewicht. Dieses wird in Hundertsteln des Rohgewichts berechnet und die sog. „Reprise" hinzugerechnet, nämlich für Streichwolle 17%, Kammwolle 18½%, Halbwollgarn 10%, Wollseidengarn 16%.

Es haben z. B. 15 Proben Streichwolle zu 500 g = 7500 g das Trockengewicht 6300 g = 84% des Rohgewichts ergeben. Diesen 84% dürfen 17% als zulässige Feuchtigkeit zugeschlagen werden. $84 \times \frac{17}{100} = 14{,}28$ zu 84 hinzugefügt gibt 98,28%. Es sind also nur 98,28% des Rohgewichts als „Handelsgewicht" der Wolle zu bezahlen.

Wolle ist empfindlich gegen höhere Temperaturen. Schon bei 130° vergilbt sie unter Abgabe von Ammoniak, bei 140 bis 150° entweichen auch schwefelhaltige Gase. Bei der trockenen Destillation bilden sich unter Verkokung viel Ammoncarbonat und Pyridinbasen. Wolle verbrennt infolge ihres Stickstoffgehaltes sehr eigentümlich, indem sie den Geruch nach verbrannten Haaren verbreitet; zugleich scheint sie zu schmelzen und bildet am Ende des Fadens ein aufgeblähtes Kokkügelchen.

6. Chemische Eigenschaften.

Die gereinigte, eigentliche Wollsubstanz hat dieselbe chemische Zusammensetzung wie Horn und Federn und heißt Keratin. Die Analyse ergibt einen durchschnittlichen Gehalt von 50% C, 18% N, 7% H, 2—4% S, 22—25% O.

Das Keratin besitzt amphoteren Charakter nach Art der Aminosäuren, jedoch vorwiegend basischen. Ähnlich wie Cellulose unterliegt es der Hydrolyse; es wird dabei zu Aminosäuren abgebaut. Diese Hydrolyse geht durch Fermente, Alkalien und Säuren vor sich.

Besonders wichtig ist das schwefelhaltige Cystin (Diamino-Dithiomilchsäure). Der Schwefelgehalt ist für Wolle und alle tierischen Haare ein wichtiges Merkmal zur Unterscheidung von Seide und Pflanzenfasern. Er verrät sich sofort beim Erwärmen mit alkalischer Bleilösung durch die Braun- bis Schwarzfärbung.

Die Asche beträgt unter 1%. Sie besteht aus Kalk, Tonerde, Eisen, Kieselsäure, Natron und Kali, letzteres aus den Pflanzen der Weide.

Verhalten gegen Licht.

Gegen Licht ist Wolle empfindlich; die dadurch hervorgerufene Zersetzung macht sie hart und brüchig und ändert ihr Anfärbevermögen. M. L. B. haben gefunden, daß Wollerzeugnisse durch eine Art Gerbung mit Chrom- und Aluminiumsalzen widerstandsfähiger gegen Luft und Licht werden.

Belichtete Wolle färbt sich mit Farbstoffen, die vorwiegend Aminogruppen enthalten, dunkler, mit Farbstoffen, die vorwiegend saure, z. B. Sulfogruppen enthalten, heller an, also z. B. dunkler mit Fuchsin und Rhodamin, heller mit Eriochromazurol. Unter den Indigoiden färben die unsymmetrischen, wie Thioindigoscharlach G, dunkler, die symmetrischen, wie Indigo und Thioindigo, heller.

Wolle wird von den Raupen der Motten gefressen; als Mottentötungsmittel ist p-Dichlorbenzol (Agfa) und, um die Wolle für die Raupen ungenießbar zu machen, eine Behandlung mit Eulan (I. G.) vorgeschlagen worden (Kehren, Z. f. d. ges. Text **1923**, 75; **1924**, 10).

Verhalten gegen Chemikalien.

α. Wasser. Schon durch längeres Kochen mit Wasser wird sie „verbrannt“. Es gehen Hydrolysierungsstoffe, die sog. Wollgelatine, in Lösung.

Nach Klaus von Allwörden (Z. angew. Ch. **1916**, 77; Färb.-Ztg. **1919**, 155; Textile Forschung **1919**, 94) gibt gute Wolle die „Elastikum“-Reaktion, geschädigte dagegen nicht mehr: Beim Behandeln mit starkem Chlorwasser treten „Perlen“, viskose Bläschen an die Oberfläche der Faser.

Durch Dämpfen bei 100° wird die Wolle stark angegriffen.

Feuchte warme Wolle schimmelt, sie „stockt“, besonders in schlecht gelüfteten Räumen und nach vorhergehender alkalischer Behandlung.

β. Säuren. Verdünnte Säuren greifen Wolle nicht an, über 7%ige zersetzen sie beim Kochen, konz. lösen sie in der Kälte langsam, in der Hitze schnell auf. Verdünnte Säuren bilden einen Schutz bei gewissen Behandlungen der Wolle, z. B. beim Kochen und Dämpfen. Auf der Widerstandsfähigkeit der Wolle gegenüber Säuren beruht die Karbonisation (S. 91).

Durch eine kurze Behandlung mit konz. Schwefelsäure wird das Anfärbevermögen der Wolle gegenüber basischen Farbstoffen gesteigert, gegenüber sauren vermindert (BASF, F. P. 318 741; Becke und Beil, D. R. P. 168 026, 168 113). Verdünnte Schwefelsäure hat gerade die entgegengesetzte Wirkung (s. oben). Das durch Abbindung der basischen Bestandteile der Wolle entstandene Wollsulfat vermag sich nicht mehr mit der Säure der basischen Farbstoffe, sondern nur noch mit der Farbsäure der sauren Farbstoffe umzusetzen.

Schweflige Säure bleicht die Wolle.

Wolle mit 10% Gerbsäure 1 Stunde gekocht und mit 3% Zinnsalz ½ Stunde bei 80° nachbehandelt wird, verhält sich wie die mit konz. Schwefelsäure behandelte (Becke und Beil, D. R. P. 137 947 und 237 338). Durch Einweben so reservierter Garne in Gewebe aus gewöhnlicher Wolle lassen sich Weiß- und Bunteffekte beim nachherigen Ausfärben erzielen.

γ. Ätzalkalien entziehen der Wolle zunächst den Schwefel, wodurch sie nach Bethmann (D. R. P. 170 228 und 171 351) ihre reduzierende Eigenschaft verliert; im weiteren Verlauf, namentlich bei höherer Temperatur, wird die Wolle unter Ammoniakentwicklung zersetzt und schließlich aufgelöst.

Kohlensaure Alkalien wirken milder; am mildesten Ammoniak und Ammoncarbonat. Das sollte beim Waschen der Wolle mehr berücksichtigt werden (Matthews, Leipz. Monatsschr. f. Textil-ind. **1905**, 294).

Kupferoxydammoniak bringt Wolle in der Kälte nur zur Quellung, in der Wärme allmählich zur Lösung.

δ. Reduktionsmittel verändern die Wolle gar nicht; ebensowenig Oxydationsmittel; nur Chlor wirkt sehr heftig ein, aber nur auf die feuchte Wolle. In erster Linie werden die Schuppen angegriffen und aufgelöst; danach wird das Keratin selbst abgebaut (s. Reaktion von Allwörden, S. 100). Im allgemeinen ergibt sich erhöhter Glanz („Seidenwolle"), Verlust der Filzfähigkeit und der reduzierenden Eigenschaft, leichte Netzbarkeit, Einbuße an Gewicht, Festigkeit und Dehnbarkeit (Kertesz, Färber-Ztg. **1909**, 138) und Zunahme des Anfärbevermögens; letzteres kann aber auch umgekehrt verringert werden durch Anwendung alkalischen Hypochlorits (BASF, D. R. P. 318741). Diese Veränderungen der Wolle infolge des Chlorens sucht man technisch zu verwerten. Z. B. erhält man Kreppeffekte durch Verweben gechlorter und gewöhnlicher Wolle und nachheriges Walken, oder Zweifarbenmuster durch nachträgliches Färben derartiger Gewebe. Unentbehrlich ist ein schwaches Chloren wollener Gewebe, die bedruckt werden sollen. Ferner chlort man Wolle für Unterkleider, die sich waschen lassen sollen ohne zu schrumpfen oder zu filzen.

ε. Farbstoffen gegenüber besitzt Wolle eine außerordentlich große Verwandtschaft.

7. Wollspinnerei.

Die Wolle wird je nach ihrer Herkunft entweder zu Streich- oder zu Kammgarn in besonderen Spinnereien versponnen.

a) Streichgarnspinnerei.

1. Das Wolfen.

Die durch das Waschen und Karbonisieren zusammengeballte Wolle muß zunächst wieder aufgelockert werden. Dazu dient der Schlag-, der Reiß- und der Krempelwolf.

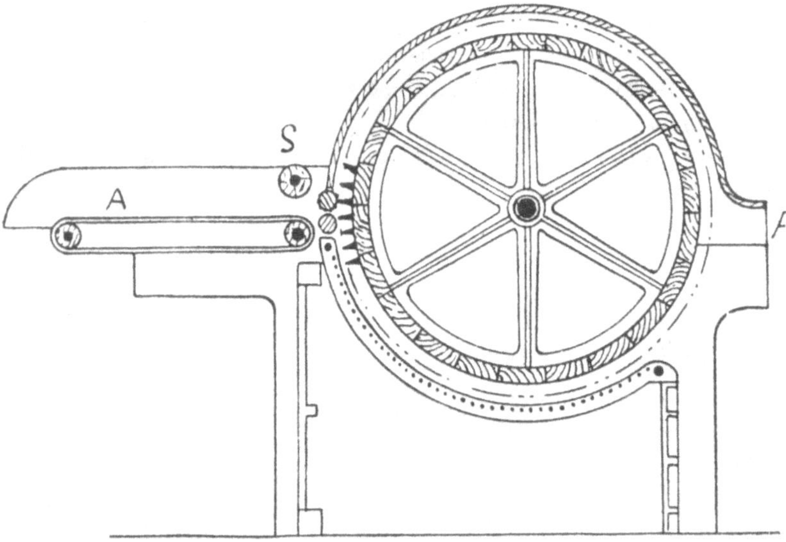

Abb. 56. Reißwolf.

Der Schlag- oder Klopfwolf ähnelt dem Schläger der Baumwollspinnerei.

Der Reißwolf (Abb. 56) ist eine mit 5 cm langen Zähnen besetzte Trommel.

Die durch den Speisetisch A und Schutzwalze S zugeführte Wolle wird auseinandergerissen und bei F herausgeworfen

Häufig wird der Reißwolf mit einem Klopfwolf verbunden (Abb. 57).

Der Krempelwolf (Abb. 58) hat eine auf dem ganzen Umfange gezähnte Trommel f.

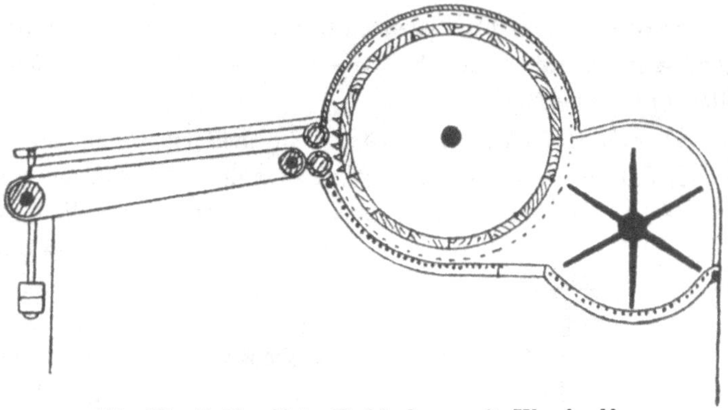

Abb. 57. Reißwolf in Verbindung mit Klopfwolf.

Die Wolle wird durch den Speisetisch e mit Schutzwalze b und durch die gezahnten Walzen c zugeführt. Walze w reinigt die obere Zuführwalze. Die folgenden drei Walzenpaare mit Arbeiter a und Wender w arbeiten ähnlich wie

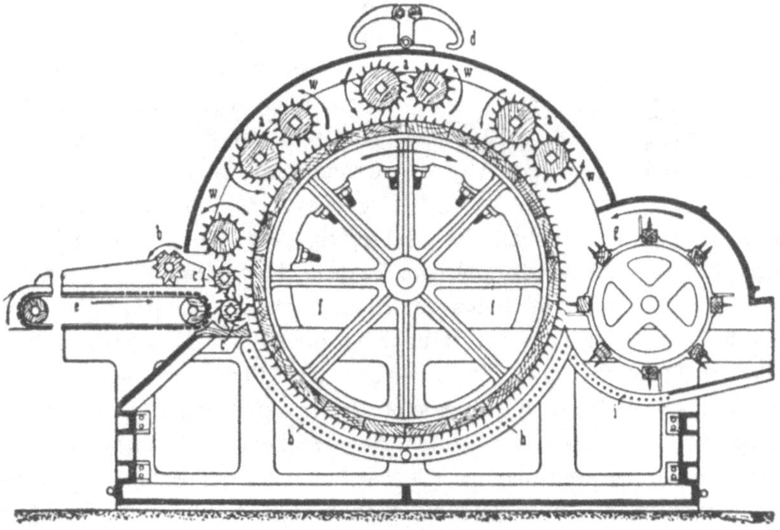

Abb. 58. Krempelwolf.

bei der Walzenkrempel (Abb. 62). Walze g kämmt die Wolle aus den Zähnen der Trommel heraus. Der Staub wird von einem Ventilator durch die Siebböden h und i gesogen.

Der Misch- oder Melierwolf (Abb. 59). Sollen verschiedenfarbige Wollen miteinander verarbeitet werden, so ist ein gründliches und gleichmäßiges Durcheinandermischeln Vorbedingung eines guten Erfolges. Die hierzu benutzte Maschine heißt Misch- oder Melierwolf und besteht aus drei wagerecht gelagerten parallelen Achsen, die spiralförmig mit Schlägern besetzt sind. Sie arbeiten die eingebrachte Wolle sehr gründlich durcheinander.

Der Streichgarnspinner stellt melierte Garne stets in der Weise her, daß er verschiedenfarbige Wollen in dem beabsichtigten Verhältnis mischt und gemeinsam verarbeitet. Hierbei heißt die Farbe, die in größerer Menge angewandt wird, die Grundfarbe, die andere die Stichfarbe. Die Herstellung von tadellosem meliertem Garn wird nun um so schwieriger, je geringer der Prozentsatz der Stichfarbe ist, weil es schwierig ist, die geringe Menge der Stichfarbe in der Grundfarbe gleichmäßig zu verteilen. Die Stichfarbe muß deshalb vor dem Mischen zunächst sorgfältig geöffnet und aufgelöst werden. Sie darf ferner nicht feiner als die Grundfarbe und endlich nicht zu lang sein. Ist sie feiner als die zur Grundfarbe verwandte Wolle, so versteckt sie sich im Faden und Gewebe unter letzterer und die beabsichtigte Wirkung tritt nicht ein. Lange Wolle als Stichfarbe gibt dem Garn leicht ein zwirniges Aussehen, und dies um so mehr, je kleiner der Prozentsatz der Stichfarbe ist. Man ist deshalb gezwungen, wenn man keine zur Stichfarbe geeignete kurze Wolle zur Verfügung hat, längere Wolle nach Bedarf ein oder mehrere Male vorzukrempeln, d. h. durch eine Reißkrempel gehen zu lassen und sie dadurch kurz zu reißen. Sollen mehrere Farben als Stichfarben zugesetzt werden, so muß man jede Farbe für sich vorkrempeln, weil sonst die verschiedenen Farben sich mischen und eine gemischte Stichfarbe liefern. Andererseits soll die Stichfarbe gesund und kräftig sein, möglichst viel Elastizität und natürlichen Glanz besitzen. Dies bewirkt, daß sie mit besonderer Klarheit und Deutlichkeit aus der Grundfarbe hervorsticht und zur Wirkung kommt. Nicht geeignet insbesondere zu weißen Stichfarben sind dagegen Gerberwollen, weil sie hart und glanzlos sind.

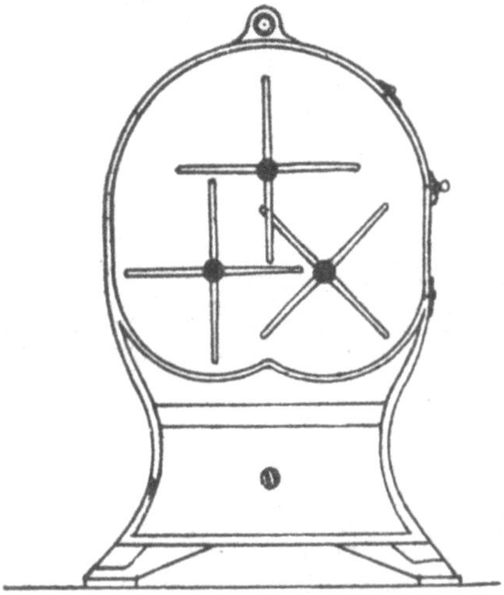

Abb. 59. Misch- oder Melierwolf.

Sterblingswollen, weil sie weder Glanz noch Elastizität besitzen, karbonisierte Wollen, weil sie keine schön weiße Färbung haben, endlich Kämmlinge wegen der vielen in ihnen enthaltenen Knötchen.

Es ist zweckmäßig, schon beim Herrichten des Spinnguts, also beim Zusammenschütten der Wollen, das beabsichtigte Mischungsverhältnis möglichst zu berücksichtigen, d. h. Grundfarbe und Stichfarbe in kleineren Mengen in dem vorgeschriebenen Verhältnis aufeinanderzuschichten. Man muß, wie man zu sagen pflegt, schon auf dem aufgeschütteten Wollhaufen das Mischungsverhältnis annähernd erkennen können. Das Wollgemenge wird sodann auf dem Melierwolf (Abb. 59) bearbeitet. Hierbei ist daran zu denken, daß die Maschine einen starken Luftstrom erzeugt, der die Wolle mitnimmt. Da nun die vorgekrempelte Stichfarbe kürzer und infolgedessen leichter ist als die Grundfarbe, so liegt Gefahr vor, daß der Luftstrom die Stichfarbe weiter mitnimmt, also neuerdings eine Entmischung des Spinnguts bewirkt. Man hat deshalb entweder das weite Herausfliegen der Wolle aus der Maschine zu verhüten oder die herausfliegende Wolle sofort wieder durcheinander zu arbeiten.

Es ist ferner ratsam, die von der Reißkrempel erzeugten Decken in größerer Anzahl bei der folgenden Krempel zu vereinigen und zu kreuzen. Dadurch werden etwa noch vorhandene Ungleichmäßigkeiten beseitigt. Im übrigen bietet das Vor- und Feinspinnen melierter Garne keine Verschiedenheiten gegenüber der gewöhnlichen Streichgarnspinnerei.

Je nach der Wahl der Wolle zu melierten Garnen unterscheidet man zunächst zwischen grobhaarigen und feinhaarigen Melangen und innerhalb jeder Gruppe wieder zwischen solchen aus teurer und minderwertiger Wolle. Grobhaarige Melangen aus besserer Wolle sind Gemische aus verschiedenfarbigen Crossbredwollen, die zu melierten Cheviotstoffen verarbeitet werden. Bei ihnen ist besonders darauf zu achten, daß die Stichfarbe nicht feiner ist als die Grundfarbe. Grobhaarige Melangen aus billiger Wolle werden aus grobhaarigen Shoddies, Kämmlingen und sonstigen Abfällen hergestellt, denen eine größere oder geringere Menge gesunder Wolle zugesetzt wird. Die feinhaarigen Melangen aus billiger Wolle sind die gegenwärtig so außerordentlich verbreiteten Mischungen aus kurzer Kunstwolle und gesunder Wolle. Letztere dient hierbei wesentlich als Bindemittel, da die kurzfaserige Kunstwolle allein sich nicht spinnen läßt. Es ist deshalb zweckmäßig, hierzu eine lange und kräftige Wolle zu nehmen. Tatsächlich aber wird vielfach minderwertige Gerberwolle verwandt, obschon diese wegen ihrer Härte und Sprödigkeit wenig geeignet ist, die kurze Kunstwolle zu umschlingen und festzuhalten.

Bei den feinhaarigen Melangen aus guter Wolle handelt es sich besonders um die Wahl einer geeigneten Stichfarbe. Man benutzt zu ihr feine deutsche, russische, galizische und namentlich australische Wollen. Insbesondere sind die Lammwollen für diesen Zweck wegen ihrer rein weißen Färbung, ihres natürlichen Glanzes und wegen ihrer Elastizität geeignet und gesucht.

Bei der Herstellung melierter Baumwollgarne finden die vorstehenden Bemerkungen sinngemäße Anwendung.

Der Kammgarnspinner muß davon Abstand nehmen, seine Wolle vor dem Spinnen zu färben. Das stundenlange Kochen der Wolle beim Beizen und Ausfärben macht sie in hohem Grade verstrickt und verfilzt. Um sie zu öffnen, ist eine kräftige Bearbeitung auf dem Reißwolf oder Krempelwolf erforderlich. Hierbei wird die Wolle kürzer. Die Länge des Haares aber ist für den Kammgarnspinner die wertvollste Eigenschaft. Er kann deshalb keine melierten Garne aus verschiedenfarbiger Wolle herstellen. Will er melierte Garne spinnen, so färbt er den Kammzug und doubliert und streckt verschiedenfarbige Bänder auf den Streckmaschinen. Das so erzeugte Garn hat indessen niemals das eigentümliche Aussehen, das melierte Streichgarne zeigen. Dagegen gibt es ein seit längerer Zeit in Aufnahme gekommenes Verfahren, durch das melierte Kammgarne hergestellt werden, die genau so aussehen, als seien sie aus gemischtfarbigen Wollen gesponnen. Es besteht dies darin, daß man Kammzugbänder in Abständen farbig bedruckt und diese Bänder nachher auf der Streckmaschine auszieht. Es tritt dabei eine vollständige Farbenmischung ein. Abb. 60 enthält die bildliche Darstellung zweier Kammzugbänder, von denen das eine bedruckt, das zweite bedruckt und etwas gestreckt ist. Die beginnende Farbenmischung ist an letzterem deutlich zu erkennen. Die auf diese Weise hergestellten melierten Kammgarne heißen nach dem Erfinder des Verfahrens Vigoureux-Garne.

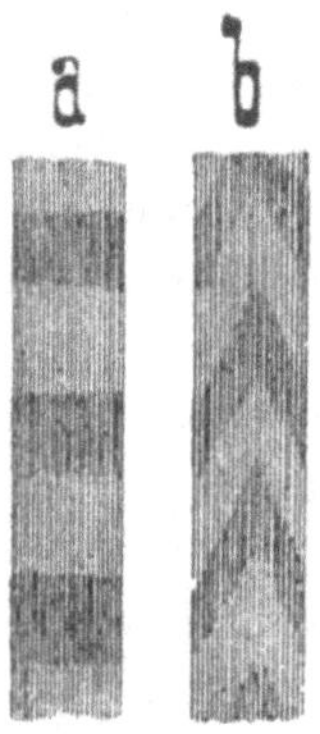

Abb. 60.

2. Das Schmälzen.

Während des Wolfens wird die Streichwolle bereits geölt (gefettet, geschmiert, geschmälzt), damit sie geschmeidig und schlüpfrig für das Krempeln wird.

z. B. mit 30% Schmälze, die auf 1 kg enthält:
330 g Neutralfett und Olein
670 g Wasser mit etwas Seife

Bei dem Ölwolf (Abb. 61) streichen zwei umlaufende Bürsten das aus A entnommene Fett an der Kante von B ab. Zwei ebensolche Bürsten streichen die

Schmelze an der Kante von A ab. Von dort träufelt sie auf darunter hinstreichende Wolle.

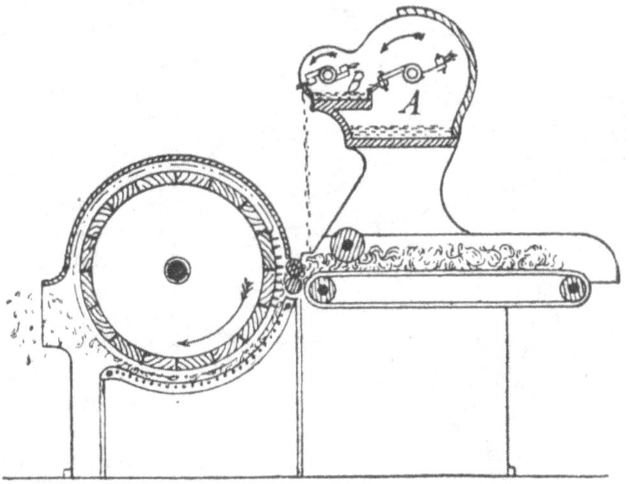

Abb. 61. Ölwolf.

3. Das Krempeln.

Die geölte Wolle gelangt zum Krempeln (Kardätschen, Kratzen, Streichen). Zur Erzeugung eines möglichst gleichmäßigen Fadens wird auf einem Normalkrempelsatz aus gewöhnlich 3 Krempeln: Vor- oder Reißkrempel (Abb. 62), Pelz- oder Vließkrempel und Vorspinnkrempel oder Kontinu gearbeitet.

Die Wolle gelangt aus dem Kasten A auf das endlose Lattentuch b mit den Führungswalzen c (Abb. 62). Der schwingende Kamm d streift die überschüssige Wolle ab. Kammwalze e und Walze f befördern die Wolle in den Behälter g. Hat sich hier eine bestimmte Menge angesammelt, so öffnet sich g unten und läßt die Wolle auf den endlosen Speisetisch h der Reißkrempel fallen. Der Drücker i schwingt hin und her und drückt die Wolle gleichmäßig nieder. Die Speisewalzen k liefern sie zur nochmaligen Auflockerung an die Kratzwalzen l, n, o, p. Die zwei Stahlschneiden bei m, nahe am Kratzenbeschlag von l, sollen etwaige Kletten abstreifen.

Die auf dem Beschlage des Tambours t sich ausbreitende Wolle wird von den fünf Arbeitern a gerade gelegt. Die fünf Wender w nehmen die in den Zähnen der Arbeiter angesammelte Wolle heraus und geben sie wieder an den Tambour i ab. Die Kratzwalze r (Volant) greift mit den Zähnen in den Beschlag des Tambours und holt die Wolle an die Oberfläche. Messer s streift die am Volant hängenbleibende Wolle ab; eine kleine Putzwalze gibt sie dem Tambour zurück Die Kämmwalze u (Peigneur) nimmt die gelockerte Wolle vom Tambour ab; der Hacker v hackt sie in Form eines feinen Flors auf der anderen Seite heraus Die Pelztrommel x wickelt den Flor bis zu einer bestimmten Stärke auf.

Bezeichnet man die Umdrehungsgeschwindigkeit der Trommel mit vt, der Arbeiter mit va, der Wender mit vw und der Kämmwalze mit vk, so gilt vt > vw > va > vk.

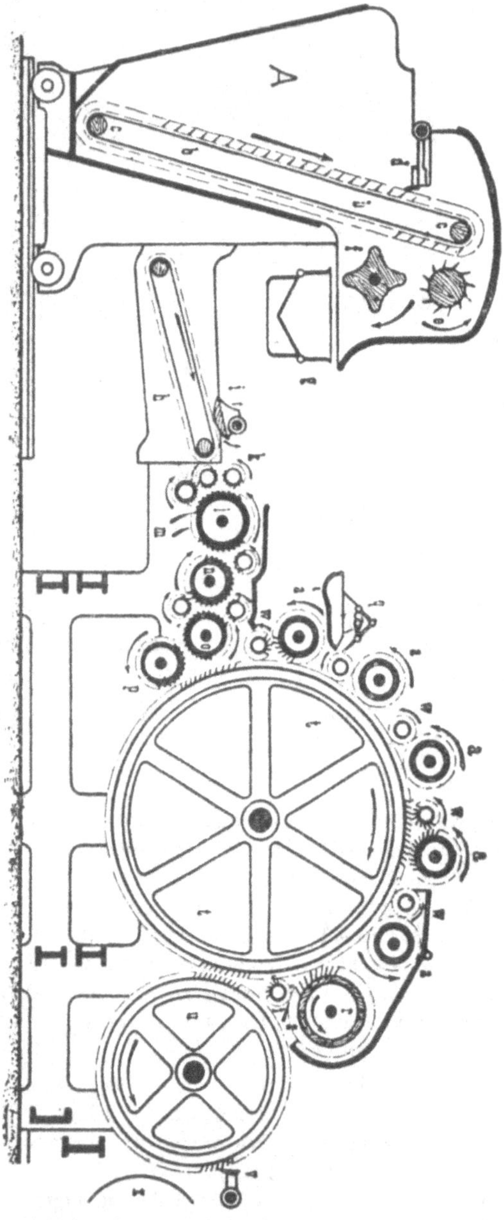

Abb. 62. Reißkrempel.

Hat die Decke auf der Pelztrommel eine bestimmte Dicke erreicht, so wird sie von einem Arbeiter in der Längsrichtung der Trommel aufgerissen und abgenommen. Sie geht alsdann auf den Speisetisch der nächstfolgenden Krempel. Häufig wird die Pelztrommel mit einem selbsttätigen Pelzbrecher, d. h. mit einer Vorrichtung ausgestattet, die nach einer bestimmten Anzahl von Umdrehungen die Trommel öffnet und die Pelzdecke auseinanderreißt.

Der von der Reißkrempel erzeugte Flor ist vielfach ungleichmäßig. Die Ungleichmäßigkeiten gehen in die Pelzdecke über, gleichen sich dort aber naturgemäß um so mehr aus, je länger die Decke ist. Man wendet deshalb vielfach statt der Pelztrommeln endlose Pelztuche an, welche Decken von sehr großer Länge herzustellen gestatten. In Abb. 63 ist ein solches Pelztuch dargestellt. R ist die Beschwerungswalze, die den Flor gegen das Tuch andrückt. Bei V wird die Pelzdecke abgenommen und aufgerollt.

Entweder zwischen der ersten und zweiten Krempel, und zwar hier gewöhnlich, oder zwischen der zweiten und dritten Krempel findet die Deckenkreuzung statt. Die von der vorhergehenden Krempel abgelieferte Pelzdecke wird hierbei der nächsten Krempel nicht in der Richtung, wie sie erzeugt wurde, sondern quer zu dieser vorgelegt. Die neue Maschine muß also die sämtlichen Haare um 90°

drehen. Der Zweck des Deckenkreuzens ist, den Faserstoff vollständig aufzulockern und einen weichen Faden zu erzielen, in dem die einzelnen Haare einen verhältnismäßig großen Spielraum haben. Gewebe aus solchen Garnen walken viel besser, als wenn das Garn hart und fest ist. Kreuzt man zwischen der ersten und zweiten Krempel, so sind noch zwei Maschinen tätig, die Haare nach derselben Richtung gerade und parallel zu legen. Der Faden wird alsdann dichter, als wenn die Kreuzung vor der dritten Krempel vorgenommen wird, somit es dieser Maschine allein überlassen bleibt, die Haare in die neue Richtung zu bringen. Spinnt man ohne Deckenkreuzung, so wird das Garn besonders glatt und dicht, nähert sich in seinem Aussehen dem Kammgarn (Halbkammgarn).

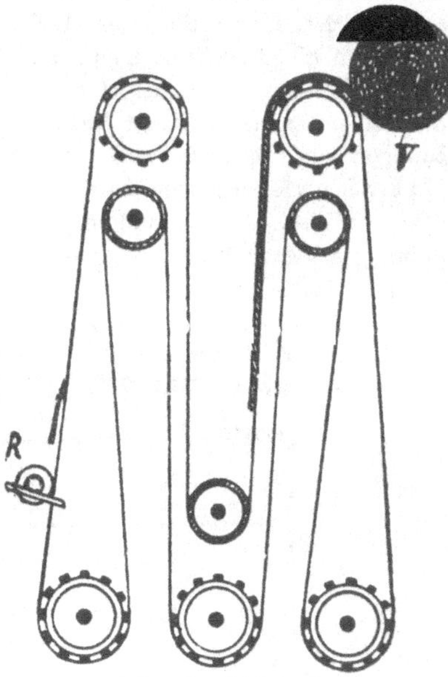

Abb. 63. Pelztuch.

Wo die beiden ersten Krempeln Pelzdecken erzeugen, müssen sie von einem Arbeiter abgenommen und der nächsten Krempel übergeben werden. Neuerdings wird die Übertragung gewöhnlich zwischen der ersten und zweiten Krempel durch eine besondere Vorrichtung selbsttätig vorgenommen. Eine solche Vorrichtung heißt B a n d v o r r i c h t u n g. Abb. 64 stellt eine Art der Ausführung dar. Der vom Peigneur a abgekämmte Flor wird auf zwei endlose Tische b geleitet, deren Latten-

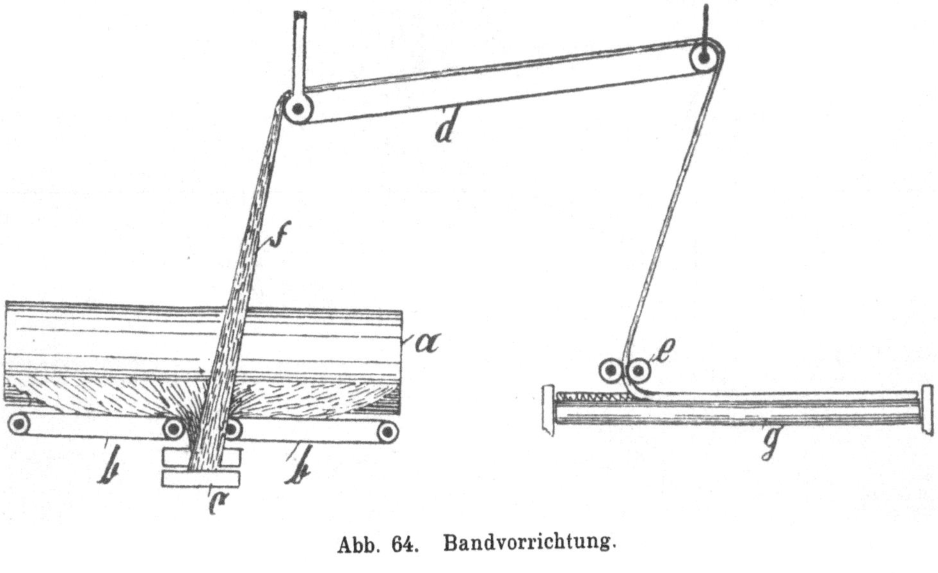

Abb. 64. Bandvorrichtung.

tuche sich einander entgegen bewegen, und dadurch zu einem Band verdichtet. Das Band f unterläuft die obere der Führungswalzen c, kommt zwischen ihnen zum Vorschein und gelangt auf den schwebenden Tisch d. Von dem schwebenden Tisch gelangt es zu den Führungswalzen e, die hin und her gehen und es in gleichmäßigen Lagen auf den in Bewegung befindlichen Speisetisch g der nächstfolgenden Krempel auflegen. Der Tisch d ist links drehbar befestigt, das andere Ende schwingt langsam auf und nieder. Dieses Auf- und Niederbewegen von d ist nötig, weil die Walzen e eine andere Menge Band beanspruchen, je nachdem sie sich vom Tisch d entfernen oder sich ihm nähern. Beim Nähern geht der Tisch d hoch und bringt damit den Überschuß des gelieferten Bandes unter, um diesen beim Entfernen von e durch Senken zu verbrauchen.

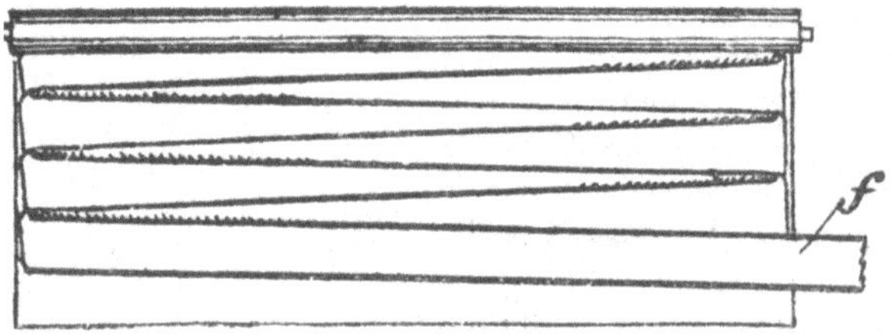

Abb. 65. Gekreuzte Bandauflage.

Bei der Anwendung der Bandvorrichtung findet offenkundig gleichzeitig eine Florkreuzung statt. Abb. 65 zeigt die Anordnung der Bandstücke f auf dem Speisetisch. Zuweilen läßt man bei der Bandvorrichtung den Flor nicht vollständig, sondern nur halb kreuzen. Dadurch entsteht die Schrägauflage (Abb. 66). Hier haben die folgenden Maschinen die Haare nicht um einen vollen rechten Winkel, sondern nur etwa um die Hälfte desselben zu drehen. Der Faden wird dadurch glatter und dichter.

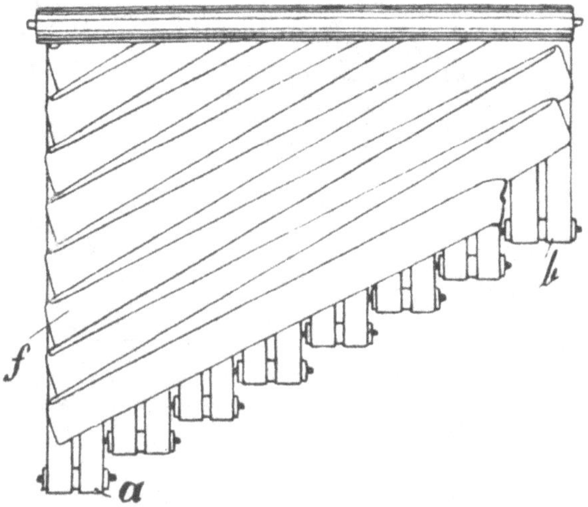

Abb. 66. Schräge Bandauflage.

Besondere Sorgfalt ist nötig, wenn die letzte Maschine des Assortiments, die Continue, mit Pelzdecken gespeist wird, da der von ihr erzeugte Flor nicht mehr zu einer Decke vereinigt, vielmehr unmittelbar zu Vorgarn verarbeitet wird. Man pflegt hier, um jeder Ungleichmäßigkeit im Flor nach Möglichkeit vorzubeugen, zwei Pelzdecken gleichzeitig auf den Speisetisch zu bringen und gemeinsam in die Maschine gehen zu lassen. Abb. 67 zeigt die hierbei beobachtete Einrichtung.

4. Die Florteilung.

Die letzte Krempel ist mit dem Florteiler verbunden. Der Florteiler teilt das von der Krempel abgenommene Vließ in eine größere Anzahl schmaler Bänder und führt sie in einem Würgelzeug sofort in Vorgarn über.

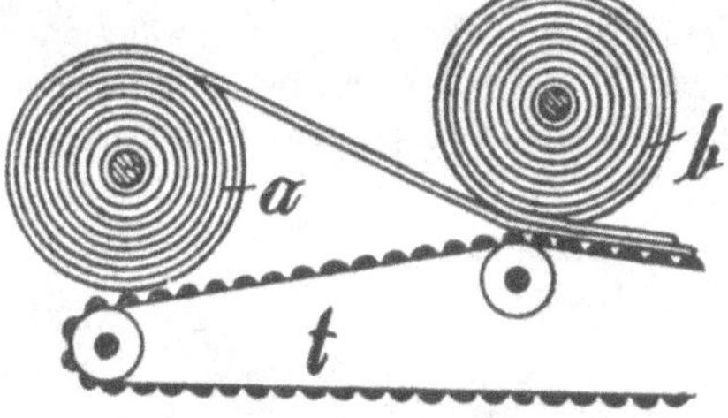

Abb. 67. Auflage für den Continue-Krempel.

Der Florteiler.

Das Zerschneiden des Flors wird entweder durch Stahlbleche oder durch Lederriemen vorgenommen. Hiernach unterscheidet man zwischen Stahl-bandflorteiler und Riemchenflorteiler.

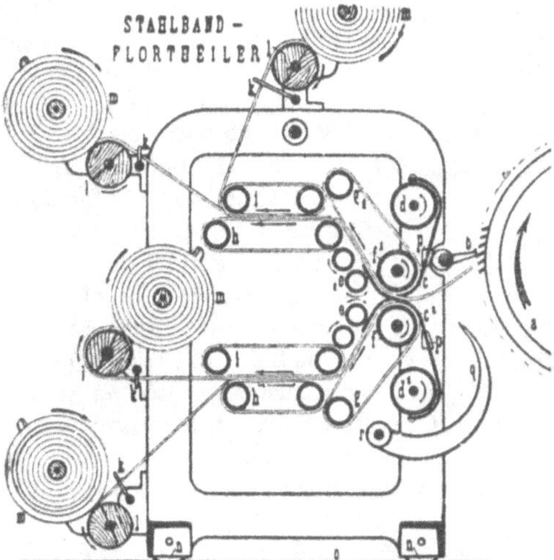

Abb. 68.

Beim Stahlbandflorteiler (Abb. 68) sind an dem Umfang der Walzen d und d_1 Stahlbänder befestigt. Das von der oberen Walze d kommende Band c wird zwischen die Walzen f und f_1 und hinter der Berührungslinie dieser Walzen abwärts geführt. Die Walze e drückt es gegen das um f und g bewegte Führungsleder an. Jedes von der unteren Walze d_1 kommende Stahlband c_1 wird zwischen die Walzen f f_1 und hinter deren Berührungslinie aufwärts geführt. Die Walze e_1 drückt das Ende des Bandes gegen das um f_1 und g_1 bewegte Führungsleder an. Die Walzen f und f_1 werden, weil zwischen ihnen das Zerschneiden des Flores vorgenommen wird, Teilungswalzen genannt. Die Anordnung der Stahlbänder ist so getroffen, daß abwechselnd ein von der oberen Walze d und ein von der unteren Walze d_1 kommendes Band zwischen die Teilungswalzen geführt wird. Infolge dieser Anordnung liegen auf der Berührungslinie der Teilungswalzen die Stahlbänder parallel nebeneinander. Unmittelbar hinter dieser Berührungslinie aber geht von zwei benachbarten Stahlbändern das eine aufwärts, das andere abwärts. Die Folge davon ist, daß an dieser Stelle der Flor in Streifen von der Breite der Stahlbänder zerschnitten oder vielmehr zerrissen wird. Die Florstreifen befinden sich zwischen den um f und g oder um f_1 und g_1 gelegten Führungsledern und den Stahlbändern. Die Führungsleder bewegen sich, die Stahlbänder stehen still. Da aber die Stahlbänder sehr glatt sind, während die Führungsleder verhältnismäßig rauh sind und folglich eine größere Adhäsion zu dem Flor haben, so gleiten die Florstreifen an den glatten Stahlblechen ohne Schädigung vorbei. Infolge der Adhäsion an dem Führungsleder bleibt der Florstreifen auch an ihm haften, nachdem er von dem Stahlband nicht mehr angedrückt wird, und zwar so lange, bis er von der Nitschelvorrichtung h i aufgenommen wird. Die in dieser erzeugten Vorgarnfäden werden weiterhin zwischen Führungsstiften k zu Vorgarnwalzen m geführt und aufgewickelt. Die Walzen l bewirken durch Reibung die Umdrehung der Vorgarnwalzen m.

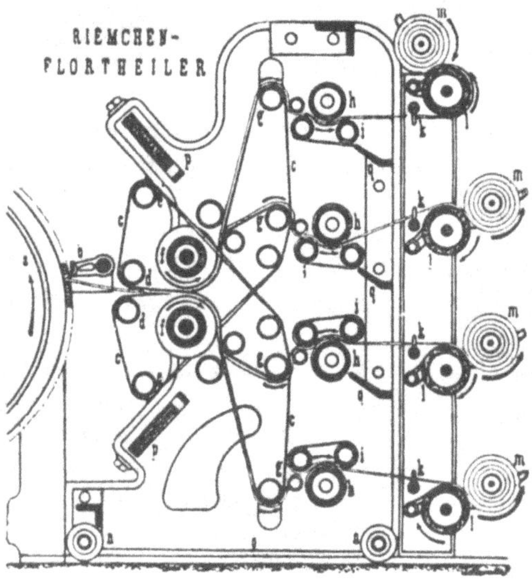

Abb. 69.

Es wurde vorhin gesagt, daß die Stahlbänder stille stehen. Richtig ist dies nur insofern, als die Stahlbänder an der Bewegung der Führungsleder nicht teilnehmen. Tatsächlich machen die Walzen d und d_1 eine hin und hergehende Bewegung, der die an ihnen befestigten Stahlbänder folgen müssen. Es geschieht dies, um die Stahlbänder vor ihrem Eintritt zwischen die Teilungswalzen ständig zu putzen und dadurch das Ansetzen von Staub, Schmutz und Rost zu verhüten. Die Putzvorrichtungen sind in p angebracht. Der Flor wird vom Peigneur a durch den Hacker b abgekämmt. Das untere drehbare Blech q ist bestimmt, um bei Beginn der Arbeit den Flor zwischen die Teilungswalzen zu bringen. n n sind Rollen zum Fortbewegen der Maschine.

Beim Riemchenflorteiler (Abb. 69) wird das Zerschneiden des Flores in derselben Weise durch schmale Lederriemen vorgenommen, wie beim Stahlbandflorteiler durch Stahlbleche. Allein es ist nicht möglich, die Lederriemchen in derselben Weise zu verwenden wie die Stahlbleche. Der zwischen einem Lederriemchen und dem Führungsleder befindliche Florstreifen kann nur dann unbeschädigt fortgeführt werden, wenn der Lederriemen mit derselben Geschwindigkeit sich vorwärts bewegt, wie das Führungsleder. Dies macht es nötig, die Teilungsriemchen in Form von endlosen Riemen zu verwenden und sie stets zu den Teilungswalzen zurückzuführen. Dazu sind natürlich wieder besondere Führungswalzen erforderlich. Die bildliche Darstellung in Abb. 75 aber wird nach dieser Erläuterung leicht verständlich. f f sind die Teilungswalzen. Die endlosen Teilungsriemchen c werden über Führungswalzen e, d, g zwischen denselben durchgeführt und jedes von oben kommende Riemchen geht hinter der Berührungslinie der Teilungswalzen abwärts, jedes von unten kommende aufwärts. Unmittelbar hinter den Führungswalzen g wird der Flor mit Hilfe einer kleinen Abnahmewalze den Nitschelwerken h i zugeführt. Von ihnen gelangt das Vorgarn wieder zwischen Führungsstiften k zu den Vorgarnwalzen m, die von den Walzen l durch Reibung gedreht werden. p sind Stellschrauben, um die Walzen e verstellbar befestigen zu können. Die Lederriemchen werden mit der Zeit etwas gedehnt und müssen durch Verstellen einer Führungswalze e wieder angespannt werden. Die Walzen e heißen deshalb auch Spannwalzen.

Jedes Riemchen, das hinter der Führungswalze g seinen Flor abgegeben hat, begegnet auf seinem Rückwege zu den Teilungswalzen einem benachbarten, noch mit Flor beladenen Riemchen. Hier liegt Gefahr vor, daß das leere Riemchen den Flor auf dem benachbarten schädigt oder ihn gar herunterreißt. Um dies zu verhüten, wird das leere Riemchen auf dem Rückwege von g geschränkt, d. h. um 90° gedreht. Die Schränkung wird durch Rillen bewirkt, die in die Teilungswalzen eingeschnitten sind und die das leer zurückgehende Riemchen durchlaufen muß.

Der Stahlbandflorteiler ist unzweifelhaft die vollkommenere Maschine. Die Bauart ist einfacher, die Stahlbänder sind unverschleißbar, dabei billig, ändern auch ihre Breite niemals. Der Riemchenflorteiler ist in seiner Einrichtung erheblich umständlicher, die Lederriemchen sind teuer, dabei einem starken Verschleiß unterworfen. Dazu kommt, daß sie sich dehnen und dadurch an Breite einbüßen. Leider läßt sich der Stahlbandflorteiler nur beim Verspinnen von kurzen Haaren verwenden. Die Stahlbänder können nicht, wie die Teilungsriemchen, fest gegen die Teilungswalzen angepreßt werden. Ein aus langer Wolle bestehender Flor wird deshalb von den Stahlbändern nicht scharf abgeschnitten, vielmehr liegt stets Gefahr vor, daß Fasern an den Teilungsstellen von einem Florstreifen auf den benachbarten herübergezogen werden.

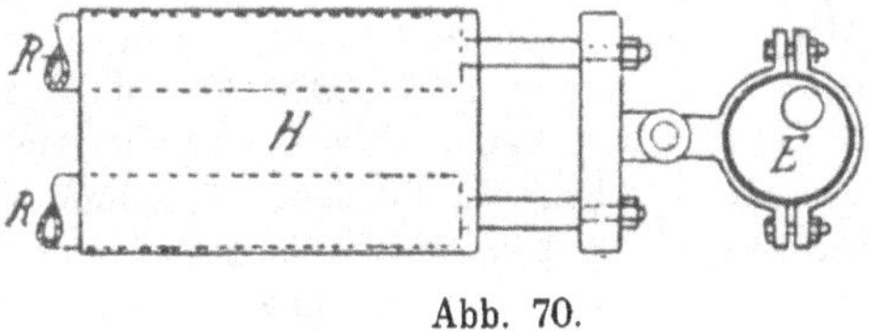

Abb. 70.

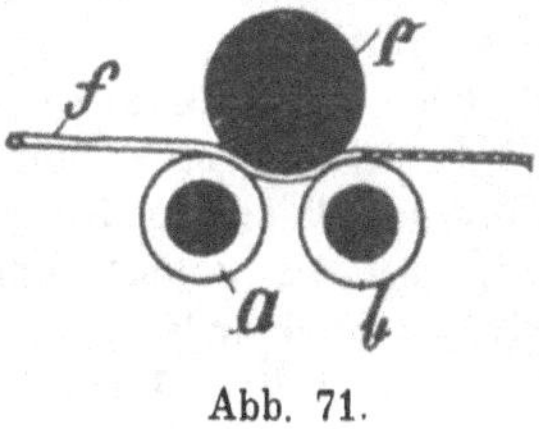

Abb. 71.

Nitschelvorrichtungen.

Die N i t s c h e l v o r r i c h t u n g hat, wie erwähnt, die Aufgabe, die vom Florteiler abgelieferten Streifchen zu zylindrischen Faserbündeln zusammenzurollen. Das Zusammenrollen erfolgt entweder zwischen Nitschelhosen (Abb. 70) oder zwischen Nitschelwalzen (Abb. 71). Die Nitschelhosen sind endlose Lederstücke H, welche über Führungswalzen R laufen. Je zwei solcher Nitschelhosen wirken gegeneinander. In der Lage der Zeichnung gesehen, bewegen sie sich von oben nach unten infolge ihrer Führung um die Walze R. Ferner machen sie noch eine hin- und hergehende, also von rechts nach links und umgekehrt erfolgende Bewegung und zwar so, daß die Bewegungen zweier gegeneinander arbeitenden Hosen entgegengesetzt gerichtet sind. Die hin- und hergehende Bewegung wird bei jeder Nitschelhose durch einen Exzenter E bewirkt.

Bei den Nitschelwalzen (Abb. 71) geht der Florstreifen f zwischen den Walzen a, b und c durch. Die Walzen haben außer ihrer drehenden noch eine hin- und hergehende Bewegung, letztere senkrecht zur Ebene der Zeichnung, und die Bewegungsrichtung ist bei a und b einerseits, c andererseits entgegengesetzt gerichtet.

Die Nitschelhosen arbeiten vollkommener als die Nitschelwalzen; deshalb sind sie auch stärker verbreitet.

D i e K r a t z e n. Die eigentlich arbeitenden Teile sind bei allen Krempelmaschinen die Kratzen, d. h. die Gesamtheit der feineren oder gröberen Metallhaken, die gegeneinander arbeiten und das Auflösen, Geraderichten und Parallellegen der Fasern besorgen. Es erscheint deshalb zweckmäßig, den Kratzen eine besondere kurze Besprechung zu widmen.

Kratzenbänder nennt man in der Spinnerei Bänder aus Leder oder aus einem künstlich bereiteten Stoff, durch welche Zähne aus Stahldraht in bestimmter Ordnung durchgesteckt sind, so daß die Spitzen auf der anderen Seite des Bandes herausragen. Die Gesamtheit der Zähne nennt man den Beschlag der Kratze. Ein Stück Kratzenband mit den durchgeführten Zähnen gleicht äußerlich einer Drahtbürste, jedoch ist die Aufgabe der Kratzen, denen die Bearbeitung der Wolle obliegt, von der einer Bürste grundverschieden.

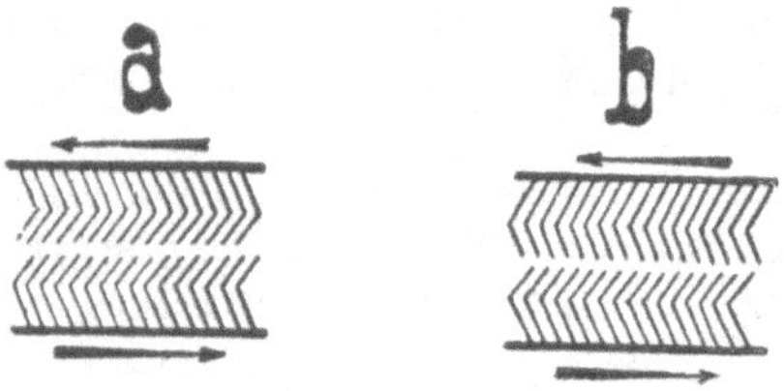

Abb. 72. Kratzenbeschläge.

Die Aufgabe der Arbeitskratzen macht es zunächst nötig, dem einzelnen Zahn eine besondere Form zu geben. Der Zahn muß in einer gewissen Entfernung von der ihn haltenden Unterlage ein Knie erhalten, d. h. in einem stumpfen Winkel umgebogen werden. Ohne diese knieförmige Umbiegung ist eine Bearbeitung des Spinnstoffs unmöglich. Die ganze Zahnlänge beträgt 12 mm. Bei Wollkratzen liegt das Knie 7 mm, bei Baumwollkratzen 5 mm über der Unterlage, senkrechte Zahnstellung vorausgesetzt. In Abb. 72 sind zwei Kratzenbeschläge in den in Betracht kommenden Zahnstellungen aufgezeichnet. Wird bei der Zahnstellung a Spinnstoff zwischen die Beschläge gebracht, so wird er auseinander gezogen, geöffnet, also in der beim Krempeln beabsichtigten Weise bearbeitet. Diese Bearbeitung tritt auch ein, wenn die obere Kratze sich nicht in entgegengesetzter Richtung bewegt, wie die untere, sondern etwa stillsteht, oder auch, wenn sie dieselbe Bewegungsrichtung, aber geringere Geschwindigkeit besitzt als die untere. Das letztere ist beim Gegeneinanderarbeiten der Kratzenbeschläge der Arbeiter und des Tambours an den Krempeln der Fall. Bei der Zahnstellung b wird der auf einem Beschlag befindliche Spinnstoff von dem anderen abgestrichen. Auch hier kann die obere Kratze stillstehen oder sich in derselben Richtung, aber mit anderer Geschwindigkeit als die untere bewegen. Damit ist die Wirkungsweise der Arbeitskratzen erklärt. Die Arbeitsfähigkeit hängt noch von verschiedenen Umständen ab.

Die Zähne werden vor ihrer Verwendung geschliffen. Es geschieht dies, indem man die mit Kratzenbeschlag versehene Walze gegen eine andere mit rauher Oberfläche aus hartem Stoff, gewöhnlich aus Schmirgel, versehene Walze laufen läßt. Letztere heißt Schleifwalze. Infolge der knieförmigen Umbiegung stehen die Zahnspitzen des Beschlages nicht senkrecht, sondern schräg zu der Oberfläche der Schleifwalze, die kreisförmige Endfläche des Zahnes wird somit elliptisch abgeschliffen.

Früher bestanden die Kratzenzähne aus Schmiedeeisen, gegenwärtig aus weichem Stahl. Sie sind nur wenig gehärtet. Infolgedessen besitzen sie hinreichende Elastizität, um die beim Arbeiten durch den Zug der festgehaltenen Wolle erfolgende Zurückbiegung ohne Gefahr eines Bruches, aber auch ohne bleibende Verbiegung auszuführen. Von größter Wichtigkeit ist es, daß der Draht überall gleichmäßig gehärtet ist. Zu harte Stellen verursachen ein Brechen der Zähne.

Die Unterlage der Kratze, d. h. das Band, durch das die Zähne geführt sind, war früher ausschließlich Leder, späterhin und jetzt allgemein wird für Arbeitskratzen eine künstliche Stoffunterlage genommen, die aus dünnen Baumwollgeweben besteht, die in 6—16facher Lage durch Klebstoff übereinander befestigt werden. Solche künstlichen Unterlagen eignen sich besonders für Stahldrahtkratzen, da sie den Zahn nicht so festhalten, wie eine Lederunterlage, ihm vielmehr bei seiner Bewegung einen gewissen Spielraum lassen und ihn dadurch vor dem Bruch schützen. Lederbänder sind dagegen als Unterlagen erforderlich bei den mit starken Zähnen versehenen Reinigungskratzen sowie bei den langen Zähnen des Volantbeschlages. Hier handelt es sich wesentlich darum, den Zahn möglichst festzuhalten.

Der vom Fuße bis zur Spitze freistehende Zahn einer Arbeitskratze würde nicht imstande sein, die Wolle mit hinreichender Kraft zu fassen und festzuhalten. Man unterstützt ihn deshalb in der Weise, daß man ihn bis über das Knie hinaus in eine weiche, nachgiebige Masse aus Wollfilz einhüllt. Dies nennt man das Füttern der Kratzen. Früher geschah das Füttern, indem man zwischen die Zähne der fertigen Kratze möglichst aufgelöste Flockwolle brachte und durch Niederdrücken befestigte. Diese Arbeit lag dem Spinner ob. Heute wird das Füttern allgemein in den Kratzenfabriken bei der Herstellung der Kratzen vorgenommen. Man befestigt zu dem Zwecke auf dem Kratzenband vor dem Durchführen der Zähne eine Schicht aus Wollfilz von der erforderlichen Dicke. Das Füttern der Kratzen hat weiterhin die Wirkung, daß der Krempelausputz sich nicht zu tief zwischen den Zähnen ansetzt.

Die bisher besprochenen Kratzen werden Arbeitskratzen genannt; sie heißen auch Reißkratzen, da sie bestimmt sind, den Spinnstoff auseinanderzuziehen. Mit solchen Kratzen sind versehen der Tambour, die Arbeiter und der Peigneur. Sie bestehen aus Runddraht, d. h. aus Draht mit kreisförmigem Querschnitt. Die Stärke dieses Drahtes wird nach Nummern angegeben, und zwar unterscheidet man eine englische und eine französische Nummer. Bei den höchsten Nummern beträgt der Drahtdurchmesser 0,2 mm, bei den untersten 0,9 mm. Auch der Volant hat Kratzen aus Runddraht, ebenso die zu ihm gehörige Putzwalze.

Neben den Kratzen aus Runddraht benutzt man solche aus Sektoraldraht. Sektoraldraht ist Draht, dessen Querschnitt ein gleichschenkeliges Dreieck ist. Die Zähne sind viel stärker als die aus Runddraht. Bekleidet mit Beschlag aus Sektoraldraht sind die Einführwalzen sowie die Wender, bei der Reißkrempel auch die sämtlichen Vorwalzen, die den eingebrachten Rohstoff auflockern sollen, ehe er an den Tambour gelangt.

Bemerkenswert ist die Art der Verteilung der Kratzenzähne in der Unterlage. Man nennt diese den Stich der Kratze. Die Kratzenzähne werden stets als Doppelzähne eingestochen, also zwei Zähne sind jedesmal durch einen gemeinsamen Zahnrücken gehalten. Die Stichart läßt sich deshalb bequem aus den Linien erkennen, welche die Zahnrücken auf der Rückseite des Kratzenbandes bilden. Es sind vier Sticharten bekannt. Sie sind in den Abbildungen 73—75 dargestellt.

Abb. 73.

Plattstich

Abb. 74.

Köperstich

Kolonnenstich

zweireihig — dreireihig

Abb. 75.

Der Plattstich ist die gewöhnliche Stichart für die Runddrahtkratzen, während die Sektoraldrahtkratzen in den anderen Sticharten ausgeführt werden. Beim Plattstich ist nun der Übelstand vorhanden, daß an jeder Seite des Kratzenbandes die vorletzte Zahnreihe fehlt. Da die Walzen der Krempeln durch Umwickeln mit Kratzenband den erforderlichen Kratzenbeschlag erhalten, so entsteht überall da, wo zwei Bandwindungen aneinanderstoßen, eine doppelte Zahnlücke. Dies ist jedoch nur da bedenklich, wo der Spinnstoff durchaus gleichmäßig verteilt sein muß, also beispielsweise auf dem Peigneur der Continue. Man pflegt deshalb da eine der anderen Sticharten anzuwenden.

Die Dichtstellung der Kratzenzähne eines Beschlages richtet sich nach der Nummer, also nach der Drahtstärke. Je gröber die Kratze, desto weiter stehen die Zähne voneinander. Es ist dies nötig, weil der gröbere Spinnstoff, der die Verwendung stärkerer Kratzen erfordert, auch einen größeren Spielraum zwischen den einzelnen Zähnen nötig hat.

5. Das Feinspinnen.

Das Vorgarn wird auf Mulemaschinen (Selfaktor), neuerdings auch auf Flügel- und Ringspindelbänken versponnen.

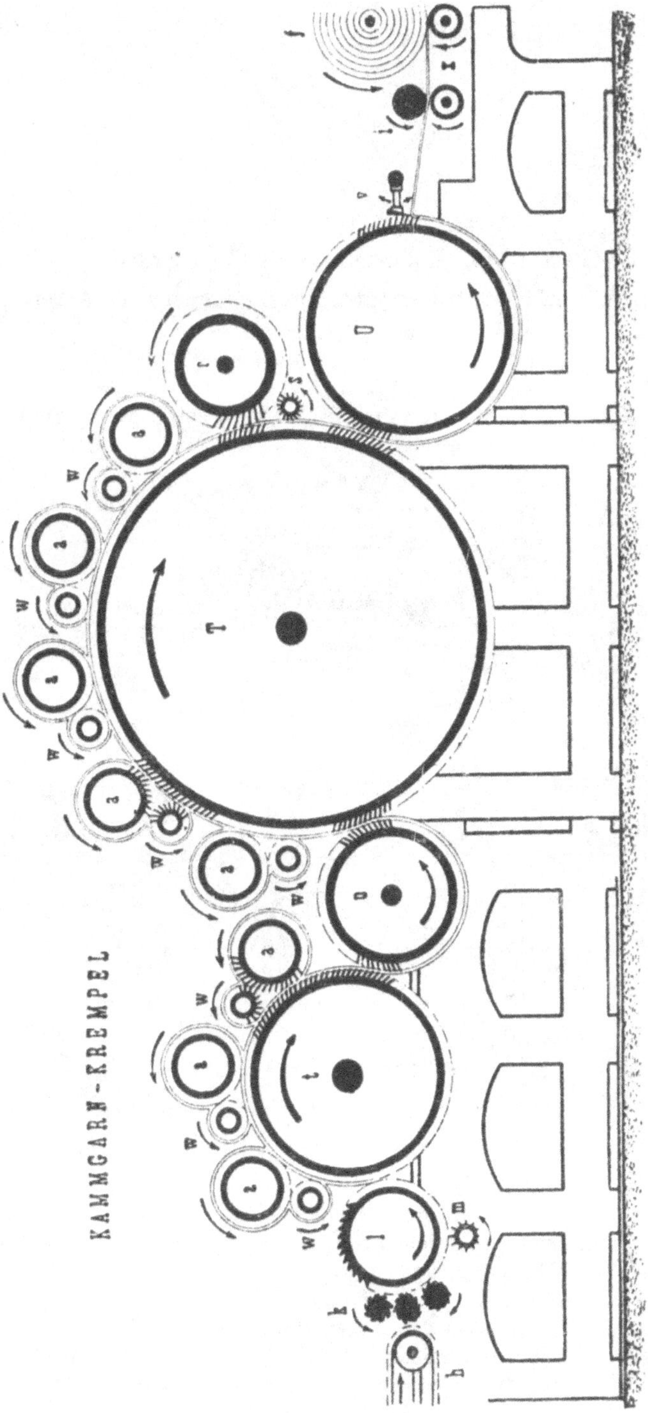

Abb. 76.

β) Kammgarnspinnerei.

Der eigentlichen Kammgarnspinnerei gehen die Arbeiten 1—6 der Wollkämmerei voraus:

1. Einfetten.
2. Krempeln (auf einer Doppelkrempel) (Abb. 76).

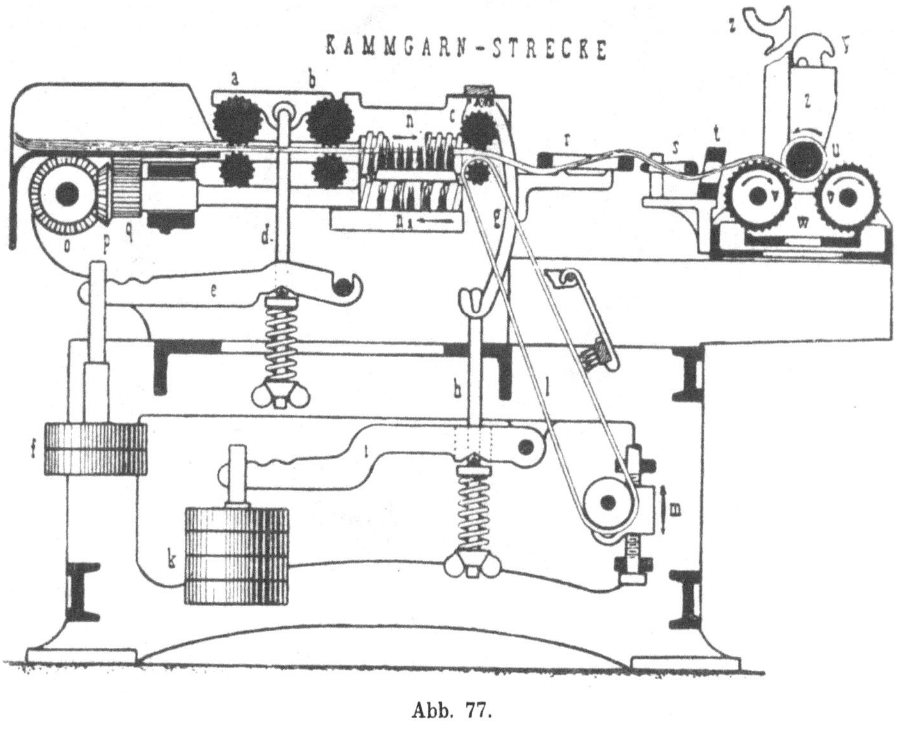

Abb. 77.

Der Tambour t ist mit drei Arbeitern a und Wendern w umgeben und bildet damit eine Krempel für sich. Der Peigneur u nimmt die vorgekrempelte Wolle von dem Vortambour t ab und überliefert sie dem Haupttambour T. Dieser hat, wie üblich, fünf Arbeiter a und Wender w, den Volant r mit der Putzwalze s, den Peigneur U, von dem der Hacker v die Wolle als Flor abnimmt. Der Flor wird zu einem Band verdichtet, durch Führungswalzen i geleitet und auf y aufgewickelt. Die Walze x nimmt y durch Reibungsantrieb mit. Im übrigen bietet die Maschine keine Unterschiede gegenüber der S. 107 besprochenen Streichgarnkrempel, insbesondere sind auch die Kratzenbeschläge der einzelnen Walzen dieselben.

3. Strecken und zu zylindrischen Kreuzwickeln aufwinden.

Die Bänder (Abb. 77) werden zwischen geriffelten Walzenpaaren a und b eingeführt. Die Oberwalzen werden durch Bügel, Zugstange d, Hebel e und Gewicht f stark belastet. Zwischen den Walzenpaaren b und c erfolgt in bekannter Weise das Strecken, indem das Walzenpaar c schneller läuft als b. Die Belastung der Oberwalze von c erfolgt durch den Bügel g, die Zugstange h, den Hebel i und das Gewicht k. Um die untere Streckwalze von c ist eine Lederhose l geführt, die durch die Stellschraube der Führungswalze bei m angespannt werden kann. Die Lederhose bildet eine elastische Unterlage für die belastete Oberwalze von c und sichert ein Mitnehmen der durchgeführten Bänder. Zwischen den Walzenpaaren b und c ist eine Hechelkette oder eine Kämmvorrichtung n angebracht, die aus Nadelstäben oder aus einer Stachelwalze besteht, im übrigen genau wie die früher besprochenen Hechelkämme arbeitet. r. s. t. sind Führungen in Gestalt von Ringen oder Trichtern. Bei u wickelt sich das Band in gekreuzten Lagen auf. Die geriffelten Walzen v dienen als Antrieb und Führung für u. Das Gewicht x belastet die Zapfen von u und ist mit einem Haken y ausgerüstet, der bei z angehakt wird, wenn u entlastet und ausgewechselt werden soll. Zur Ermöglichung der gekreuzten Aufwicklung auf den Wickel u muß die ganze Wickelvorrichtung, die auf dem Wagen w aufgebaut ist, eine hin- und hergehende Bewegung in der Achsenrichtung, also senkrecht zur Ebene der Zeichnung, ausführen.

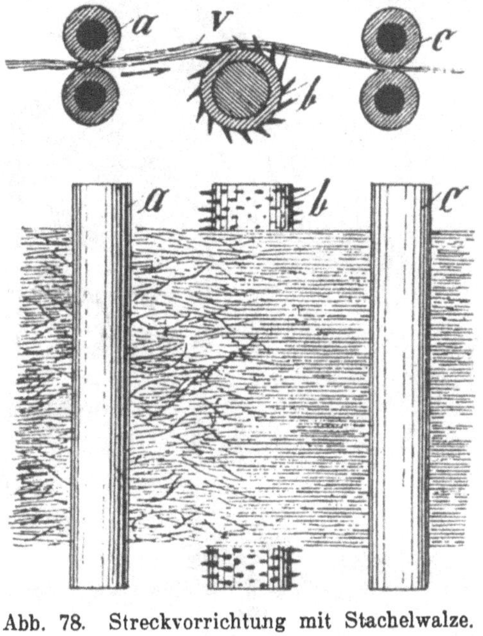

Abb. 78. Streckvorrichtung mit Stachelwalze.

In Abb. 78 sind die Streckwalzen mit den zwischengeführten Bändern und einer Stachelwalze statt der vorhin erwähnten Nadelstäbe dargestellt. Man beachte die gleichmäßige Lagerung der Haare nach Durchlaufen der Hechelvorrichtung.

Über das Strecken verschieden gefärbter Kammzüge s. S. 106.

4. Kämmen.

Das Kämmen soll die kurzen Haare (Kämmlinge) ausscheiden und aus den längeren ein Band (Kammzug) bilden. Im Kleinen benutzt man dazu ein paar heißgemachte Handkämme. Man schlägt ein wenig Wolle in den einen Kamm ein, kämmt mit dem andern, zieht mit der Hand ein kurzes Band aus und vereinigt es mit anderen.

Die Kämmaschinen werden in der Regel nach Lister als Rund- oder nach Heilmann als Flachkämmer gebaut. Bei ersterem werden die von oben eingeschlagenen Fasern durch aufrecht stehende

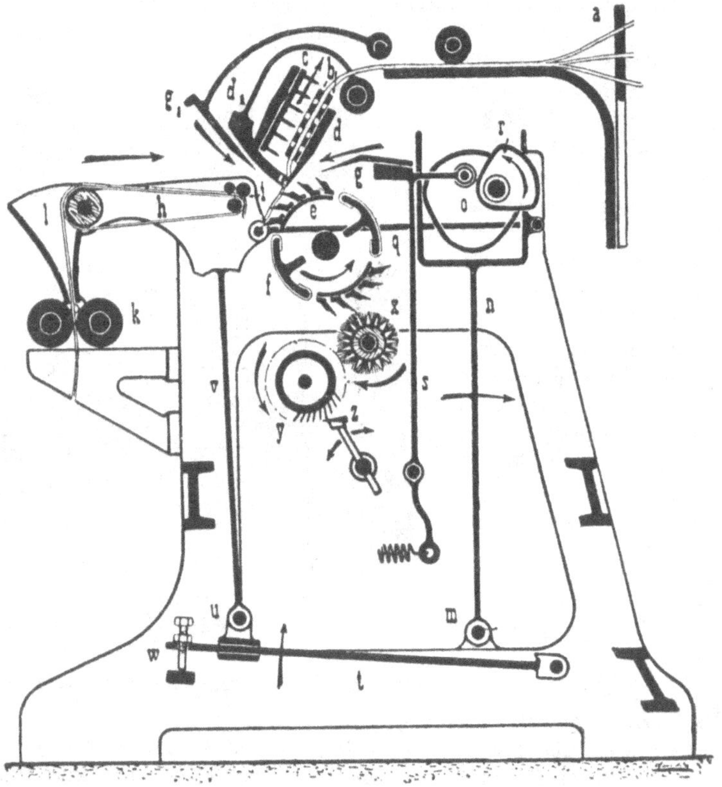

Abb. 79. Heilmannsche Kämm-Maschine.

Kammspitzen eines sich drehenden wagrechten Rings (Ringkamm) hindurchgezogen. Bei letzterem befinden sich die Kammzähne auf der Oberfläche einer sich drehenden Walze (Walzenkamm) (Abb. 79).

Gewöhnlich 16 Kratzenbänder gelangen durch die Öffnungen in der Wand a zwischen den Rost b, der in Schlitten verschiebbar ist, unter die Speiseplatte c, deren Unterseite mit Nadeln besetzt ist. In der in der Abbildung gezeigten Stellung werden die Bänder von dem Zangenpaar d, d_1 festgehalten, während die Speisevorrichtung b c in der Pfeilrichtung an den Bändern entlangstreicht. Oben angekommen geht die Platte c nieder und durchsticht die Bänder, die so festgehalten werden Die Zange d, d_1 öffnet sich, und durch die Öffnung wird eine bestimmte Länge Band hindurchgeschoben. Darauf schließt sich die Zange d, d_1 wieder und hält den Faserbart zum Auskämmen durch die Kammtrommel e hin. Die zwischen den Nadelstabreihen liegenden Teile f des Trommelumfangs sind mit

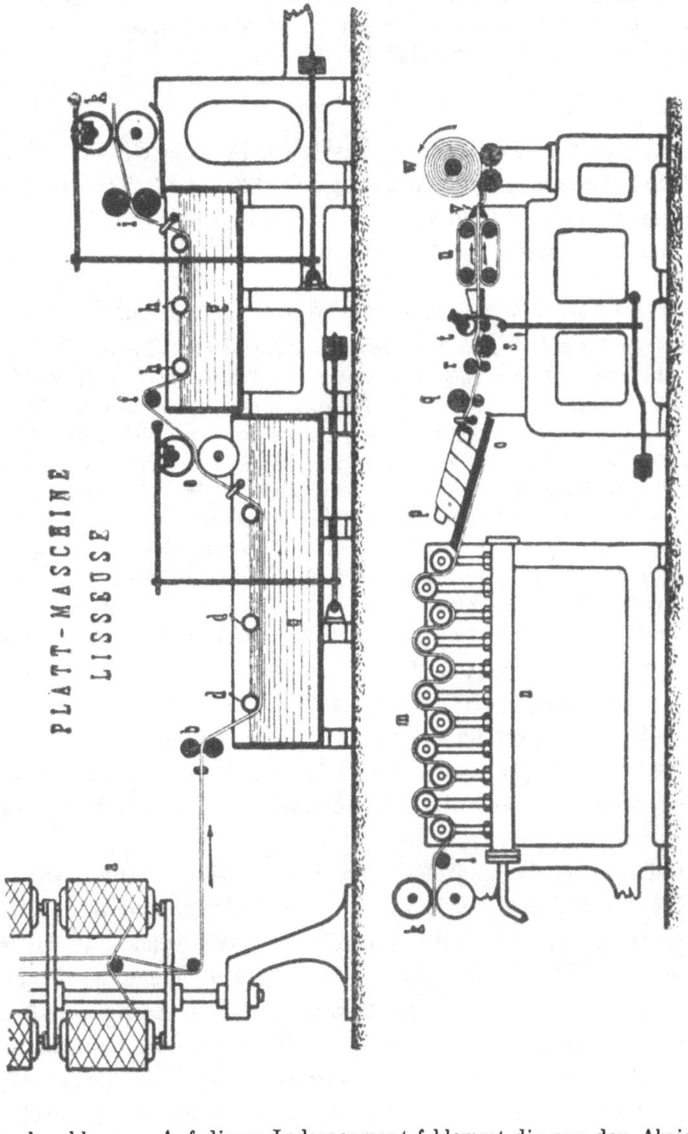

Abb. 80. Plättmaschine.

Leder beschlagen. Auf dieses Ledersegment f klemmt die aus den Abziehwalzen i, dem Ledertuch h und dem Trichter l bestehende Abziehvorrichtung das ausgekämmte Bandstück. Die Abziehvorrichtung ruht auf der Stelze v und kann vom Exzenter o aus durch die Querstange q um u gedreht werden. Die Querstange q sitzt an den von der Stelze n getragenen Rahmen, von o. n ist um m drehbar.

Während der ausgekämmte Faserbart abgezogen wird, greifen die Kämme g und g_1 in das neu aus der Zange heraustretende Band ein und kämmen es vor. Der Vorstechkamm g wird durch den Exzenter r bewegt.

Das Walzenpaar k führt das gekämmte Band ab.

Die Kämmlinge werden von den Nadelstäben der Kämmtrommel durch die Bürstwalze x abgenommen, an die Kratzenwalze y weitergegeben und von dieser durch den Hacker Z in Bandform abgekämmt.

5. Igelstrecken.

Das aus einzelnen kurzen Zügen gebildete Band erhält Gleichförmigkeit durch Strecken und Duplieren auf Igelstrecken. Zwischen zwei Streckwalzenpaaren befindet sich eine Nadelwalze (Igelwalze) zum Tragen, Auskämmen und Verstrecken des Faserbandes.

6. Entkräuselung und Entölung (Abb. 80).

Die von den Wickeln a und Zuführwalzen b kommenden Bänder durchlaufen auf der Plättmaschine (Lisseuse) unter den Walzen d eine warme Seifenlösung c, die Quetschwalzen e, über die Führungsrolle f unter den Kupferwalzen h, den Spülbottich g, und anschließend die Quetschwalzen i und k und über die Führungsrolle l eine Reihe heißer Walzen m. Die Kupferwalzen m werden von Innen durch das Dampfrohr n auf 150° erhitzt. Jede folgende dreht sich schneller als die vorhergehende; die 8 Bänder werden also gestreckt. Sie werden weiter durch zwei schräg verlaufende Schlitze des Tisches o geteilt. Je vier Bänder laufen über die beiden schrägen Walzen p, dann zu je zweien doubliert zwischen die Walzenpaare q und r, über die Stachelwalze s, durch das Streckwalzenpaar t, das Nitschelwerk u und den Trichter v auf den Wickel w.

Bis zur Behandlung auf der Plättmaschine geht das eigentliche Vorbereitungsverfahren der Kammgarnspinnerei. Man nennt es auch wohl Wollkämmerei im Gegensatz zu dem weiteren Verfahren, das aus den Bändern fertige Garne herstellt und Kammgarnspinnerei genannt wird. Das Erzeugnis der Wollkämmerei kommt als Kammzug in den Handel.

Die weitere Bearbeitung des Kammzuges besteht nun darin, daß man die Bänder auf 5—10 Streckmaschinen doubliert und auszieht, und dieses Doublieren und Strecken so regelt, daß das Band, das die letzte Streckmaschine abliefert, annähernd die Feinheit eines gewöhnlichen Vorgarnfadens besitzt. Sämtliche Streckmaschinen besitzen Nitschelvorrichtungen. Die erste Maschine ist in der Regel mit Hechelkämmen ausgerüstet, die übrigen besitzen Stachelwalzen. Die drei letzten der in Rede stehenden Streckmaschinen werden Finisseurstrecken genannt, weil sie die Streckarbeit vollenden.

Infolge des fortgesetzten Doublierens und Streckens wird der Kammgarnfaden außerordentlich glatt und regelmäßig. Da die zu Kammgarnen benutzte Wolle ohnehin möglichst schlicht sein soll, eine vorhandene

Kräuselung aber ihr während des Spinnereiverfahrens durch das fortgesetzte Strecken, sodann durch die Bearbeitung auf der Plättmaschine genommen wird, so ist das Kammgarn stets härter als Streichgarn und nähert sich in dieser Beziehung dem Garn aus pflanzlichen Gespinstfasern. Die Härte der Garne überträgt sich auch auf das Gewebe. Deshalb sind Kammgarnstoffe schon durch das Gefühl von Streichgarnstoffen zu unterscheiden.

7. Vorspinnen (Präparation).

Die Streckbänder werden auf dem Flyer (deutsches Verfahren) oder auf der Flügelspinnmaschine (englisches Verfahren) oder auf einer Strecke mit Würgelzeug (französisches Verfahren) in Vorgarn verwandelt.

8. Feinspinnen.

Das Feingarn stellt man auf dem Selfaktor, der Flügel- oder der Ringspinnmaschine her.

8. Verwendung der Wollgarne.

Kammgarn wird als solches zu Zwecken der Strickerei und Stickerei verwendet (Zephirgarn, mehrfach gezwirnt, aber schwach gedreht und weich, Kastorgarn, etwas gröber, Smyrnagarn, sehr dick, für die Knüpfteppiche). Halbkammgarn, aus kürzeren und nichtgekämmten Wollen, rauher wie Kammgarn, aber glatter wie Streichgarn dient ebenfalls für Strick- und Strumpfwaren.

Die Streichgarne werden zu Streichgarnstoffen verwebt. Wird das Gewebe durch starkes Walken fest geschlossen, so erhält man die Tuche für Uniformen der Armee, Marine, Eisenbahn, Post, Zoll, Steuer usw., für Möbelstoffe und Billards. Weniger eingewalkte Streichgarnstoffe sind die Buckskinstoffe, die Moltons, die Flanelle und die aus feinem Garn locker gewebten Kaschmirstoffe.

Die Kammgarne können nicht gewalkt werden; sie erhalten je nach Bindungsart verschiedene Musterung; Tuchbindung gibt Kamelot und Musselin, Köperbindung Merino und Atlasbindung, Zanella. Serge hat eine atlasartige Köperbindung. Diese Stoffe werden für Bekleidungszwecke, aber auch für Möbelstoffe, Vorhänge und Decken verwendet.

Vigognegarn ist Streichgarn mit bis zu 45% Baumwolle.

Merinogarn ist ein halbwollenes Strickgarn.

Imitatgarn ist Streichgarn aus reiner Baumwolle.

Eine eigenartige Verwendung ist die Herstellung von Filz aus dem auf den Krempeln erzeugten Vließ auf den Filz- und Walkmaschinen, auf ersteren mittels Dampf, auf letzteren mittels Seife oder Säure. Der Filz ist ein tuchartiges Gebilde und wird wie Tuch gerauht, geschoren und gepreßt. Aus derartigem Filz werden auch die Hüte und die Fez gemacht, indem zum sog. „Stumpen“ gewalkt und auf geeigneten Formen Kopf und Rand des Hutes gebildet wird.

Die beim Scheren der Tuche abfallenden Scherhaare dienen zur Herstellung von „Velour“-Tapeten, indem sie auf die mit Leim bestrichene Tapete aufgestreut werden. Neuerdings wird auch gefärbte Wolle eigens für diesen Zweck gepulvert.

II. Sonstige Haare.

Die Haare sind länger, schlichter, gerader, glatter und glänzender als die Wollen.

1. Die Haare der europäischen Ziege werden mit Schafwolle versponnen und zu groben Stoffen, Loden und Havelocks, verwebt.

2. Mohair ist das Haar der in der Gegend von Angora in Kleinasien heimischen Ziege, Capra hircus angorensis (Abb. 81). Es ist

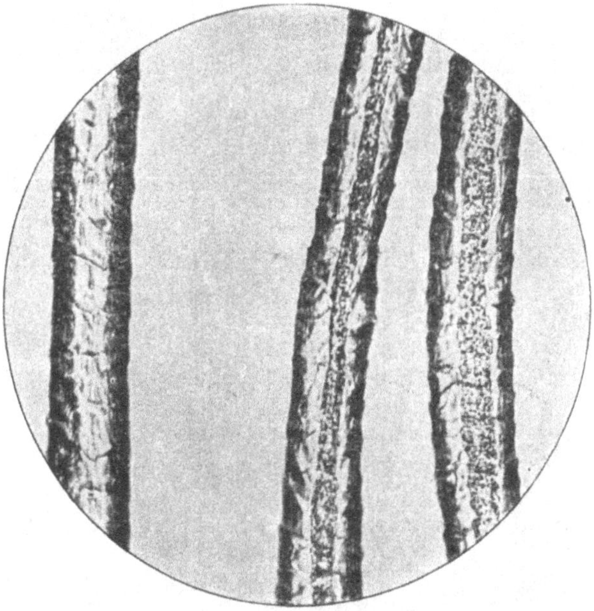

Abb. 81. Angorahaar. Weniger dichte, aber scharf gezahnte Schuppen. Starker Markstrang. (300fach vergrößert.)

15—20 cm lang, 15—40 μ breit, weiß, weich und glänzend, ein echtes Wollhaar, fein gewellt und mit Schuppenepithel. Gröbere Sorten können bis 100 μ breit werden und sind dann gelblich bis braun, mehr grannenartig und von einem Markzylinder durchzogen. Die Angoraziege hat sich außer nach der Kapkolonie und gewissen Gegenden der Vereinigten Staaten nicht verpflanzen lassen. Fast die ganze Erzeugung geht nach England, wird in Bradford zu Garn versponnen und so ausgeführt. Man fertigt daraus, besonders auch in Deutschland, Plüsche und andere Glanzwollgewebe.

3. Das Haar der Kaschmirziege (Abb. 82) aus dem Kaschmirgebirge in Asien ist grauweiß.

4. Kamelhaare sind die vom Kamel von Zeit zu Zeit abgeworfenen Flaumhaare. Sie sind über 10 cm lang, sehr fein und weich, nur 10—25 μ breit, markfrei und regelmäßig gekräuselt mit derben Schuppen. Sie sind häufig mit den dunkelbraunen bis schwarzen, 5—6 cm langen und 70—80 μ breiten, stark markhaltigen Grannen- oder Stichelhaaren durchsetzt (Abb. 83). Kamelhaare werden meist am Ursprungsort, Afrika,

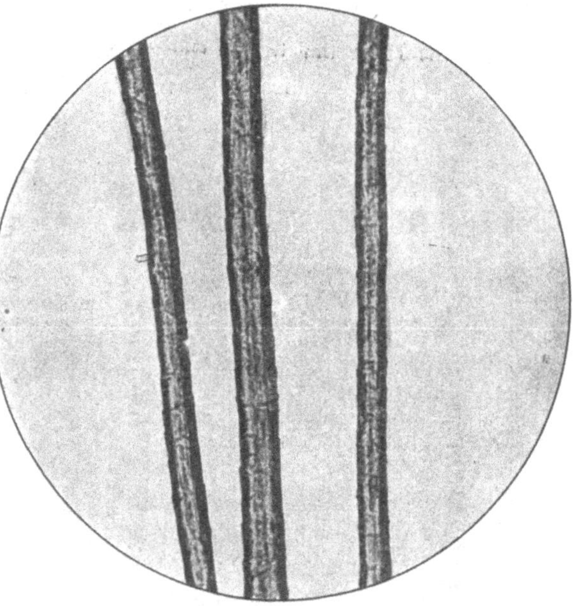

Abb. 82. Kaschmirhaar. Feine, schwache Schuppenbildung. (300fach vergrößert.)

Kleinasien, Kaukasus, zu Teppichen und Decken verarbeitet. In Europa mischt man sie gern mit Wolle zu Kamelhaargarnen und fertigt daraus schmiegsame Tuche (echte Loden), denen man die naturbraune Farbe beläßt.

5. Alpako ist das Haar des in den Hochebenen Südamerikas gezüchteten Schafkamels Auchenia Pako.

6. Vicogne ist das Haar des in Südamerika wild lebenden Schafkamels, Auchenia Vicuña (Abb. 84).

7. Kuh- und Kälberhaare

werden durch Äscherung der Häute geschlachteter Tiere in den Gerbereien gewonnen. Sie dienen zur Herstellung grober Decken und Filze (Abb. 85).

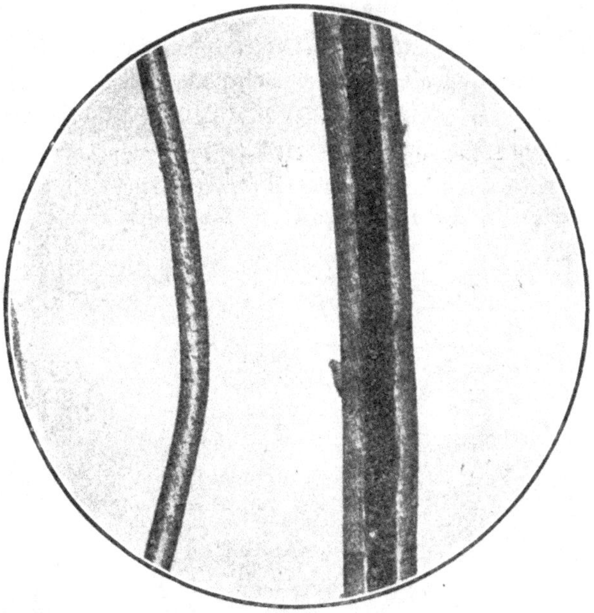

Abb. 83. Kamelhaare; links Flaum-, rechts Grannenhaar.

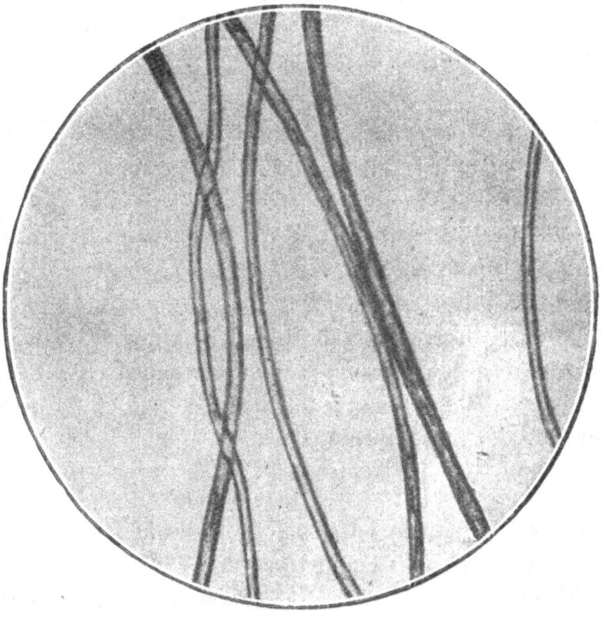

Abb. 84. Vicuñahaar.

8. Roßhaare

werden direkt verwebt, indem ein Greifer das einzelne Haar aus einem Bündel herausfaßt und als Schuß einzieht. Sie stammen aus Mähne und Schweif des Pferdes, sind 100—250 μ dick und 40—80 cm lang. Die weißen und schwarzen sind am wertvollsten. Wegen ihrer Steifheit und Elastizität benutzt man sie als Futter-Einlage in Kleidern, als Polster, für Litzen und Bänder, für Haarsiebe und Flechtwerk.

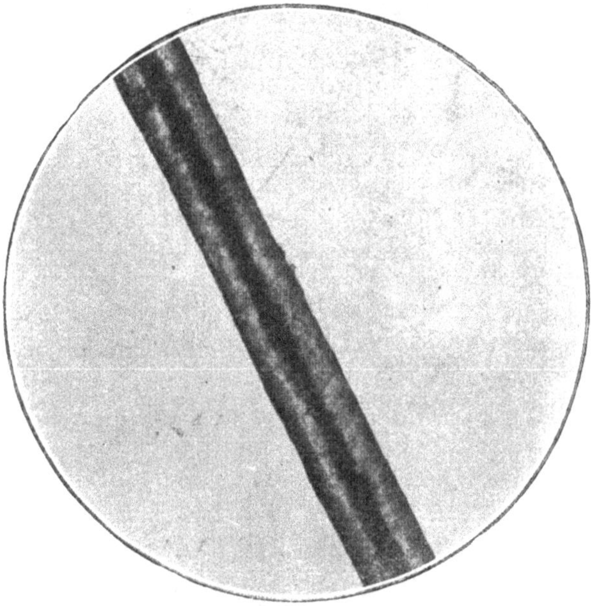

Abb. 85. Kuhhaar.

9. Hunde-, Katzen-, Hasen- und Kaninchenhaare

werden zuweilen mit Baumwolle und Wolle versponnen, zumeist aber in der Hutfabrikation verfilzt.

Das Haar des Seiden- oder Angorakaninchens (Z. f. d. ges. Text **1919**, 176) hat während des Krieges Bedeutung erlangt. Es ist 8 cm lang und wird durch Scheren oder Rupfen gewonnen. Die Ernte erstreckt sich auf 12 Jahre und beträgt jährlich 250—450 g. In Neusorg im Fichtelgebirge besteht eine Zuchtanstalt.

10. Menschenhaar.

Auch das Menschenhaar ist besonders während des Krieges verwertet worden. Man unterscheidet Schnitthaar für die Filzerzeugung und ausgekämmtes Haar zum Verspinnen und Verweben zu Filtertüchern für Öle. Das Haar ist 50—100 μ dick und zeigt zarte Schuppenbildung.

III. Kunstwolle.

Die Kunstwolle wird keineswegs künstlich erzeugt, sondern nur künstlich aus fertigen rein- oder halbwollenen Waren zurückgewonnen. Die Franzosen nennen sie daher auch richtiger „renaissance“. Diese Rückgewinnung ist volkswirtschaftlich um so höher zu bewerten, weil man Wollabfälle nicht wie Baumwoll- und Leinenabfälle in der Papierfabrikation verwenden kann. Außerdem wird die Wolle auch für die Bekleidung des armen Mannes zugänglich; die Kunstwolle macht heute 50% des gesamten Wollverbrauchs aus.

Geschichte. 1813 wurden zuerst in England Versuche gemacht, aus Wollumpen wieder verspinnbare Fasern herzustellen. 1845 kam solche Kunstwolle unter dem Namen Shoddy in den Handel. Sie wurde aus reinen ungewalkten Geweben, wie Flanellen, Decken, Teppichen, ferner Wirk- und Strickwaren hergestellt. Dabei wurde die Faser so schonend behandelt, daß sie ihre ursprüngliche Länge, 1½—3 cm, behielt.

Später zerriß man auch Lumpen aus Tuchen, also gewalkten Stoffen, und brachte sie unter der Bezeichnung Mungo (aus it must go = es muß gehen) in den Handel. Die Mungofaser ist nur noch ½—2 cm lang und weniger wert.

1852 schuf Gustav Köber in Cannstatt die Karbonisation (S. 173) und dadurch die Möglichkeit, auch aus ungewalkten Halbwollumpen die Wolle wiederzugewinnen, indem sie unter Zerstörung der Baumwolle durch Säuren „extrahiert“ wird. Derartige Erzeugnisse kommen als Extrakt oder Alpaka in den Handel und stellen die geringwertigste Kunstwolle dar.

Die Erzeugung der Kunstwolle ist einfach. Die Hauptsache ist, daß die Lumpen zunächst nach den erwähnten drei Klassen gesondert werden, ferner nach Farbe, Reinheit und Abgetragenheit. Hierauf wird in einem Wolf entstäubt, wobei die herausgeschlagenen Staubteile (40—70%) durch einen Ventilator abgesaugt werden.

Shoddy wird nun häufig noch auf der üblichen Wollwaschmaschine gewaschen.

Alpaka wird karbonisiert.

Mungo wird unmittelbar nach dem Entstäuben gerissen. Das Reißen geschieht auf dem Lumpenwolf, der die Lumpen zwischen einen mit Sägezähnen besetzten Tambour und ebensolche Arbeitswalzen hindurchführt und in einzelne Wollhaare auflöst. Da der Extrakt hierbei den wenigsten, der Mungo den meisten Widerstand entgegensetzt, wählt man den Zahnbeschlag des Wolfes dementsprechend aus. Die gebildeten Wollhaare werden durch Bürsten aus den Zähnen des Tambours herausgeschlagen oder durch Abnehmerwalzen als zusammenhängender Flor abgestreift. Shoddy- und Mungolumpen werden vor dem Zerreißen mit einer Oleinemulsion eingesprengt, die etwa 8% später wieder leicht auswaschbares Olein enthält. Dadurch werden die Haare geschmeidiger und zerreißen auf dem Wolf nicht so leicht.

In der Kammgarnspinnerei läßt sich Kunstwolle zwar wegen ihres kurzen Stapels nicht verwenden, wohl aber in der Streichgarnspinnerei, und die meisten billigen Tuche enthalten 70% und noch mehr davon. Gute Tuche, z. B. für die Heeresverwaltungen, sollen keine Kunstwolle enthalten. Ihr Nachweis ist äußerst schwierig und kann nur auf Grund reicher Erfahrung geführt werden. Das wichtigste Merkmal ist die Vielfarbigkeit der einzelnen Kunstwollfasern, unter dem Mikroskop betrachtet. Auch läßt die Anwesenheit von Baumwollfasern die Verwendung von Alpaka vermuten.

b) Die Seiden.

Seide ist der erhärtete, spinnfähige Faden, der sich durch tierische Ausscheidung bildet.

Die meiste Seide wird von den Raupen verschiedener Nachtschmetterlinge erzeugt, bevor sie sich verpuppen, d. h. die Übergangsform zum Schmetterling annehmen. Die Raupe umgibt sich mit einer Hülle von Seidenfäden, dem sogenannten Kokon, zum Schutz gegen Witterungseinflüsse und Feinde. Besonders wertvoll sind die Kokons des deshalb auch künstlich gezüchteten Maulbeerspinners, Bombyx mori, weil sie aus einem zusammenhängenden Faden bestehen, der sich fortlaufend wieder abhaspeln läßt. Solche Seide heißt echte oder edle oder Maulbeerseide. Im Gegensatz dazu setzen viele wild lebende Raupen bei der Fadenerzeugung öfters ab, so daß man den Kokon nicht einfach wieder abwickeln kann. Derartige Seide, die nur durch mechanische Zerfaserung des ganzen Kokons und Verspinnung nach Art loser Baumwolle gewonnen werden kann, heißt wilde Seide.

Als Seide bezeichnet man weiter die Ausscheidungen gewisser großer Spinnen und einer Art Muschel. Doch spielt diese Spinnenseide und Muschelseide gegenüber der eigentlichen Seide eine ganz untergeordnete Bedeutung.

Wir haben mithin zu unterscheiden:

1. Die edle Seide.
2. Die wilde Seide.
3. Die Spinnenseide.
4. Die Muschelseide.

I. Edle Seide.

1. Geschichte.

Der Name Seide stammt von dem chinesischen Si. In der Tat ist China die Heimat des Maulbeerspinners. Schon vor 3000 v. Chr. bereiteten die Chinesen Angelschnüre und Saiten für Musikinstrumente, indem sie aus den Spinndrüsen der Raupe Fäden ausdrückten und auszogen. 2698 v. Chr. soll die Kaiserin Si-Lung-Shi das Abwinden und Verweben des Fadens erfunden haben. Dafür versetzte sie das dankbare Volk unter die chinesischen Gottheiten. 552 n. Chr. sollen zwei persische Mönche Seidenraupeneier in hohlen Stöcken dem Kaiser Justinian nach Byzanz gebracht haben. Justinian führte die Seidenraupenzucht in Europa ein; sie breitete sich namentlich in den Mittelmeerländern aus. Seitdem hat die Seide auf Grund ihrer vorzüglichen Eigenschaften auch unter den Gespinstfasern des Abendlandes sich die erste Stelle erobert und bis heute unbestritten behauptet.

2. Seidenzucht.

Die Zucht des Maulbeerspinners (Abb. 86) kann nur in den Ländern mit Erfolg betrieben werden, in denen auch der seine Nahrung liefernde Maulbeerbaum gedeiht. Versuche, den an Maulbeerblätter gewöhnten Spinner anders, z. B. mit Schwarzwurzel, zu ernähren, sind nach anfänglichen Erfolgen immer wieder gescheitert.*) Darum wird auch heute noch außer in China, Japan und Ostindien Seide fast ausschließlich in den Mittelmeerländern: Kleinasien, Griechenland, Italien und Südfrankreich erzeugt. Die Maulbeerbäume werden aus Schößlingen gezogen, die in Reihen gepflanzt sind. Vom 10. bis zum 20. Jahr ihres Wachstums liefern sie die meisten

Abb. 86. Seidenschmetterling (Bombyx mori).

*) In Leipzig besteht die deutsche Lehranstalt für Seidenraupenzucht der Deutschen Seidenbau-Gesellschaft (L. Wochenschr. f. Textilind. **1922**, 760).

Blätter. Nach Witt liefert ein elfjähriger Maulbeerbaum 458 g Blätter zur Fütterung von 14 Raupen, die 1½—2 g Seide erzeugen.

Die Eier zur Aufzucht werden von den europäischen Züchtern meist aus Japan bezogen, wo die Raupen weniger Krankheiten ausgesetzt sind. Frisch gelegt sehen die Eier gelb, nach der Überwinterung blaugrau aus. Ein Ei wiegt durchschnittlich 0,7 mg. Das Ausbrüten geschieht auf Hürden in den sogenannten Bruträumen, deren Temperatur täglich um 2° bis auf 25° gesteigert wird. Nach 12—14 Tagen kriechen die 2,5 mm langen schwärzlich beharrten Räupchen aus.

Die Raupen werden nun mit den Maulbeerzweigen, auf denen sie sitzen, auf Hürdengestelle in den sogenannten Fütterungsräumen der Raupereien oder Magnanerien gebracht (Abb. 87). Hier wird auf gleichmäßige Temperatur — nicht über 37° — und Feuchtigkeit, gute Durchlüftung und

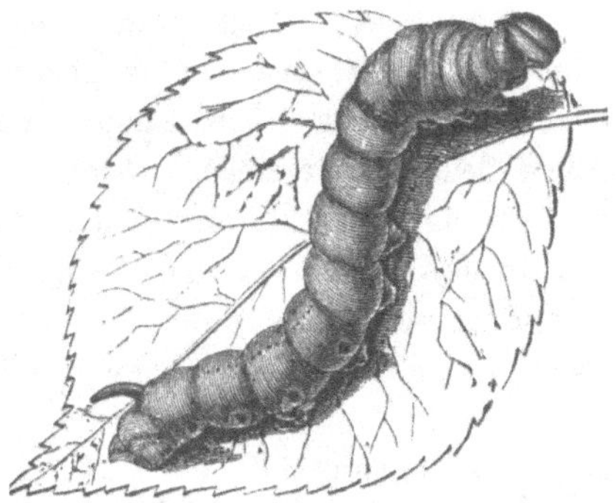

Abb. 87. Seidenraupe auf Maulbeerblatt.

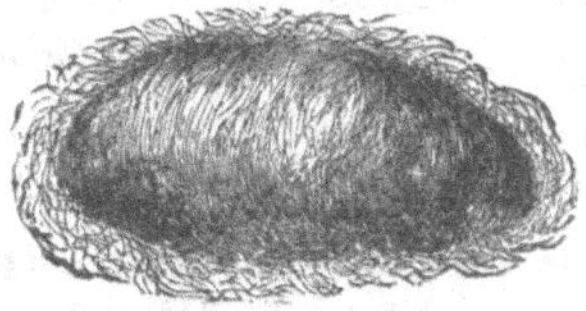

Abb. 88. Kokon.

peinlichste Sauberkeit gehalten. Nur so erzielt man gesunde Raupen und gute Seide. Der Chinese wäscht sich und kleidet sich um, bevor er die Rauperei betritt. Die Raupen wachsen rasch, werden bis zu 8 cm lang und 5 g schwer und sind dann weiß und unbehaart. Am 5., 10., 16. und 22. Tage häuten sie sich und werden dann jedesmal auf frische Hürden gebracht. Während des Wachstums erzeugen sie in zwei an der Unterseite ihres Körpers liegenden Drüsen die später zu Seide erhärtende Spinnflüssigkeit. Zwischen dem 30. und 35. Tage vor der fünften Häutung schreiten sie zur Verpuppung.

Die Verpuppung kündigt sich durch Unruhe, Farbenwechsel und Aufhören der Nahrungsaufnahme bei der Raupe an. Sie sucht nach einem geeigneten Platz zum Einspinnen. Zunächst verbindet sie einige Zweige durch wirre Fäden und bildet eine Art Hängematte als Unterlage für den Kokon. Dann spinnt sie in ununterbrochenen 8förmigen Windungen den eigentlichen Kokon. Dabei tritt die Spinnflüssigkeit aus zwei feinen Öffnungen der Unterlippe und erhärtet sofort zu einem Doppelfaden. Nach 3½—4 Tagen ist die Raupe fertig, häutet sich zum letzten Male und wird zur Puppe.

Die Kokons (Abb. 88) sind eiförmig, 33—36 mm lang und 20—25 mm dick, 1,3—1,8 g schwer. Die männlichen Kokons sind in der Mittet etwas eingeschnürt. Die besten Kokons werden nach 8—10 Tagen für die Fortzucht ausgelesen, die übrigen an die Seidenhaspelei abgeliefert.

3. Seidengewinnung.

Zur Gewinnung der Seide in den Seidenhaspeleien (Filatorien) werden zunächst die Puppen im Innern der Kokons getötet, um das Auskriechen des Schmetterlings zu verhindern. Dies geschieht entweder durch trockene Hitze im Backofen bei 75° während 2—3 Stunden oder vermittels Wasserdampf innerhalb 10—12 Minuten. Danach muß das von den Puppen verursachte Geräusch verstummt sein. Gedämpfte Kokons müssen gleich weiter verarbeitet werden, damit sie nicht schimmeln.

Die getöteten Kokons werden sorgfältig nach Farbe und Gestalt ausgelesen, um eine gleichmäßige Seide zu erzielen. Nicht abhaspelbare (z. B. durchlöcherte, fleckige oder durch Zusammenspinnen zweier Raupen entstandene „Doppelkokons") werden in den Abfall gegeben, der später zur Schappe versponnen wird. Die schönsten benutzt man zur Herstellung von Kettseide oder Organzin, die geringeren für Schußseide oder Tram.

Das eigentliche Abhaspeln der Kokons beginnt mit dem Einlegen in heißes Wasser bei b (Abb. 89), um den die Fäden verklebenden Seidenleim etwas aufzuweichen. Dampfrohr d in dem äußeren Behälter a erhitzt das Wasser. Durch c fließt das überschüssige Wasser ab. Die Räder f vermitteln die Drehung der Bürste e. Nach einiger Zeit hebt man die Bürste mit den Anfängen der Kokonfäden aus dem Behälter heraus. Von hier gelangen die Kokons zu je 4—18 alsbald in ein Becken g mit Wasser von 28°. Die Zahl hängt von der gewünschten Dicke des Rohseidenfadens ab. Durch Quirlen mit einem kleinen Reisigbesen findet die Arbeiterin leicht den Anfang des Fadens.

Die Anfänge der nicht gleich ablaufenden Fäden befestigt sie an dem Dorn l. Unter dem siebartigen Zwischenboden h sammelt sich der Schmutz und kann bei i abgelassen werden. Durch m fließt frisches Wasser zu.

Die Fäden laufen zu mehreren nebeneinander durch Glasaugen k, o und p und erfahren durch Rückführung auf einer kleinen Strecke eine mehrfache Umschlingung. Dies trägt zur Rundung und Gleichmäßigkeit des Fadens bei, indem die einzelnen Kokonfäden von Schlingen befreit und fester miteinander verbunden werden. Der Faden läuft weiter über q und den hin und her bewegten Fadenführer r auf den Haspel s auf. Durch den Fadenführer r wird bewirkt, daß wohl die einzelnen Kokonfäden beim gemeinsamen Auflaufen durch den erweichten Seidenleim miteinander verklebt werden, nicht aber die aus ihrer Vereinigung entstandenen Rohseidenfäden. Der Haspel wird durch Reibungsräder t und u angetrieben und kann durch einen Tritt auf x, vermittels Hebel y und z und Gabel v außer Antrieb gesetzt werden; dabei wirkt die Feder w bremsend. Der Haspel macht 800—900 Umdrehungen in der Minute und befindet sich in dem geheizten Raum, damit die Seide gleich trocknet. Ist ein Kokonfaden abgelaufen, so muß sofort ein neuer zugefügt werden, damit der entstehende Rohseidenfaden immer die gleiche Stärke zeigt. Die Bedienung des Haspels stellt daher große Anforderungen an die Aufmerksamkeit und Geschicklichkeit der Arbeiterin.

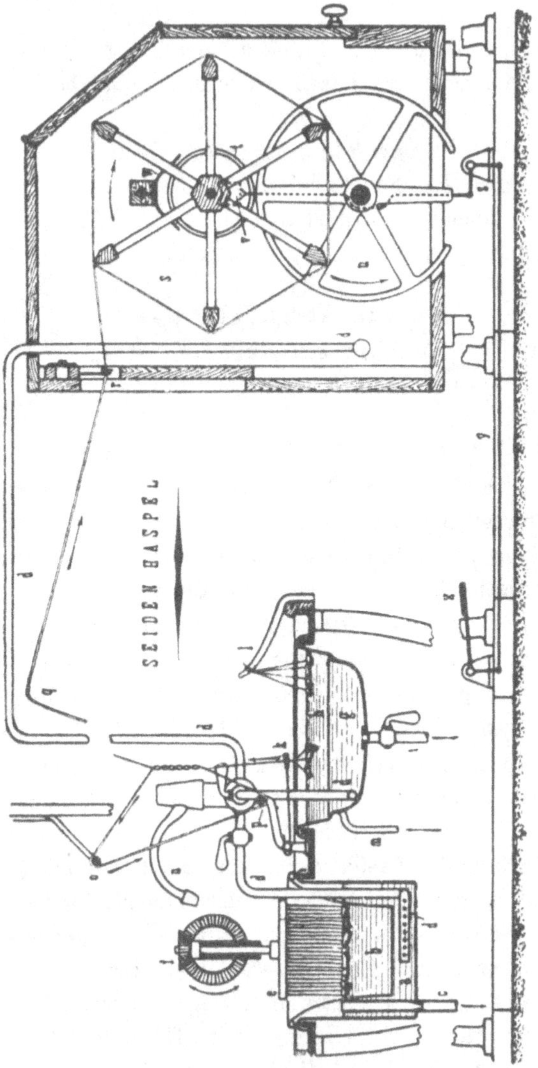

Abb. 89.

Die **Länge eines Kokonfadens** kann von 350—3000 m wechseln, doch sind zur Verarbeitung selten mehr als 350—900 m zu verwerten. Bei Beginn des Einspinnens scheidet die Raupe zunächst einen dickeren Faden ab, der erst allmählich gleichmäßig wird. Man kann am Kokon unterscheiden:

1. eine lose Umhüllung, die sogenannte Watt- oder Flockseide, die nicht abgehaspelt werden kann und daher gewöhnlich gleich bei der Ernte in den Abfall gegeben wird;

2. die abhaspelbare Schicht von der Dicke eines Kartenblattes;

3. ein pergamentähnliches Innenhäutchen, das wegen des festen Zusammenklebens der Fäden wiederum nicht abgehaspelt werden kann.

Der Kokon besteht ungefähr aus 14,3% Seide, 0,7% Seidenabfall, 16,8% Puppe und 68,2% Feuchtigkeit.

Die gehaspelte Seide heißt Rohseide (seda cruda oder Grège). Aus 100 g Kokon erhält man nur etwa 9 g Rohseide.

4. Wirtschaftliches.

Nach Kertész (Textilindustrie **1917**, 74) betrug die Welterzeugung an Rohseide 1912—1913 33778 t.

5. Physikalische Eigenschaften.

Die physikalischen Eigenschaften der edlen Seide sind zum Teil so ausgezeichnet, daß die Seide ihnen den ersten Platz unter den Gespinstfasern verdankt. Sie besitzt hohen Glanz, hervorragende Festigkeit und unvergleichliche Dehnbarkeit und Elastizität.

Die Farbe der Rohseide ist weiß — besonders bei der chinesischen und japanischen —, grünlichweiß bis grünlichgelb — bei der kleinasiatischen — und hochgelb — bei der italienischen. Der Farbstoff befindet sich in der äußeren Schicht, dem Seidenleim oder Bast.

Unter dem Mikroskop erkennt man doch den von den beiden Spinndrüsen der Raupe gebildeten Doppelfaden, ferner die die Fäden umgebende körnigrauhe Hülle, den Bast (Abb. 90).

Nach Entfernung des Bastes, z. B. durch heiße Seifenlösung oder kalte Normalnatronlauge, tritt der glatte, durchscheinende Seidenfaden zutage (Abb. 91). Er besteht aber wahrscheinlich aus einem ganzen Bündel von Einzelfädchen, sogenannten Fibrillen. Denn bei unvorsichtigem Behandeln der Seide in heißen, namentlich alkalischen Bädern wird der Kokonfaden rauh, indem sich einige dieser Fibrillen loslösen, eine Erscheinung, die man als das Auftreten von „Seidenläusen" bezeichnet (Abb. 92).

Wegen ihres geringen Durchmessers von 17—40 μ ist Seide unter dem Mikroskop nicht mit mercerisierter Baumwolle zu verwechseln. Nach v. Höhnel beträgt der Durchmesser des einzelnen Kokonfadens durchschnittlich nur 13 μ. Für die äußere Lage ist er größer.

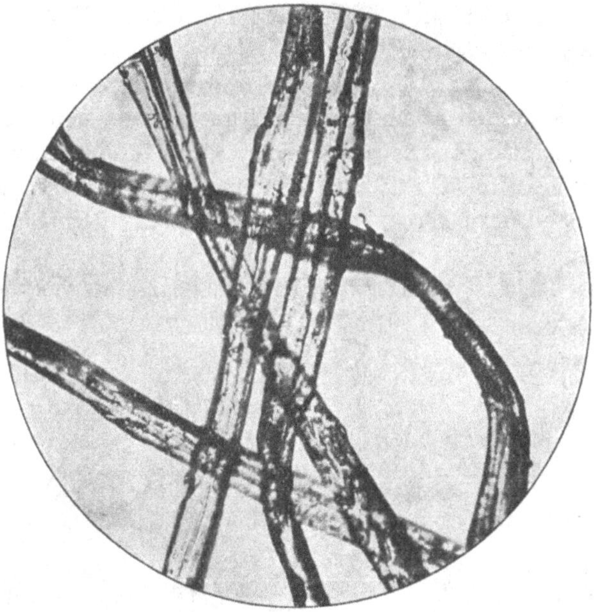

Abb. 90. Italienische Rohseide mit in Serizin eingebetteten Doppelfäden. (300fach vergrößert.)

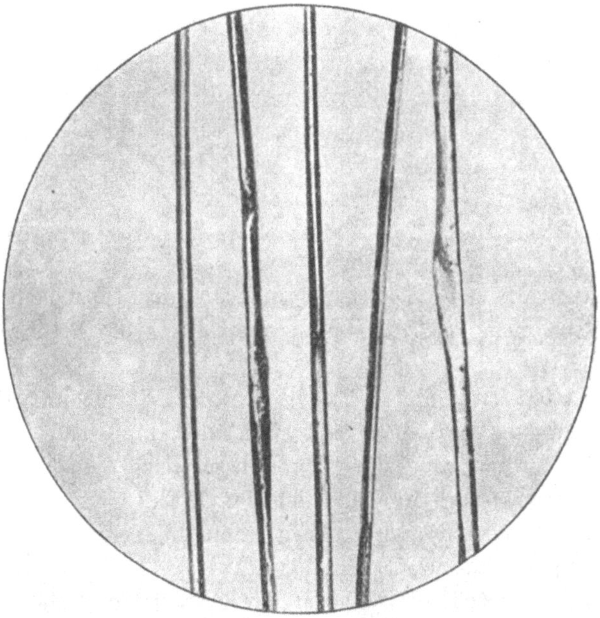

Abb. 91. Entbastete Seide. (300fach vergrößert.)

Die Festigkeit steht im Verhältnis zum Titer. Für 1 den. rechnet man etwa 3 g Reißbelastung.

Die Dehnbarkeit beträgt 8—20%, d. h. ein Seidenfaden kann ein Achtel bis ein Fünftel seiner Länge gedehnt werden, ohne zu zerreißen. Diese hohe Dehnbarkeit ermöglicht verschiedene Veredlungsarbeiten, z. B. das „Chevillieren" oder Pflöcken, um einem Seidenstrahn ein gleichmäßiges Aussehen zu geben, und das „Lüstrieren" oder Glänzen durch Ausstrecken.

Feuchte Seide ist weniger fest, aber dehnbarer als trockene. Durch

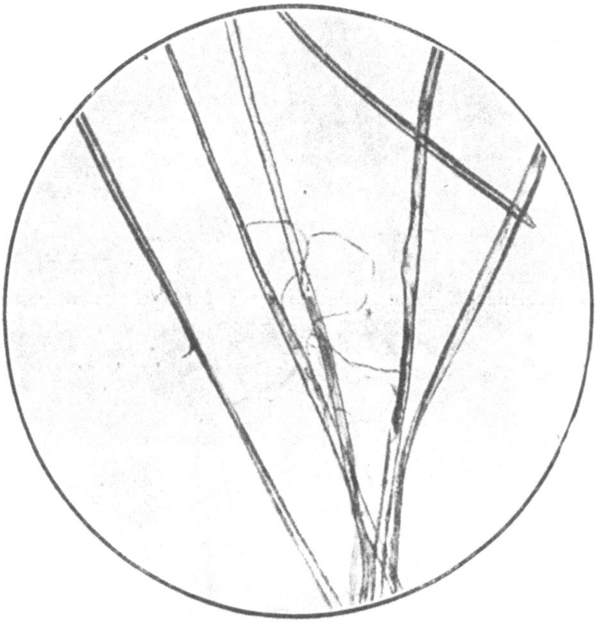

Abb. 92. Entschälte Seide. Mikroskopische Aufnahme nach der Natur.

das Entbasten verliert die Seide etwa ein Drittel ihrer Festigkeit und Dehnbarkeit. Noch mehr wird die Dehnbarkeit durch die Beschwerung verringert.

Seide ist ein vorzüglicher Isolator für Wärme und Elektrizität. Damit sie nicht durch Reibung elektrisch wird, muß man die Spinnsäle genügend feucht halten. Gefärbte und beschwerte Seide ist leitfähiger.

Ganz eigentümlich für Seide ist das Krachen, Knistern und Rauschen beim Winden und Pressen, wenn die Seide vorher entbastet, gesäuert und getrocknet war.

Das spezifische Gewicht der entbasteten Seide ist nur 1,35 bis 1,37; es ist geringer als dasjenige der Rohseide.

6. Chemisches Verhalten.

Das chemische Verhalten der Seide ist durch ihre Zusammensetzung aus zwei Stoffen bestimmt: der eigentlichen Seidenfaser aus Fibroin und dem umhüllenden Baste aus Sericin. Ersteres ist mit etwa 63%, letzteres mit 22,5% im Durchschnitt vertreten. Daneben finden sich noch etwa 0,1% Fett, 0,5% Harz, 1,1% Mineralstoffe und 12,5% Wasser.

Das Sericin ist im Gegensatz zum Fibroin in verschiedenen Mitteln löslich. In kaltem Wasser löst es sich zwar nur wenig, in kochendem aber nach mehreren Stunden fast vollkommen und beim Kochen unter Druck ziemlich schnell. Von der größten Bedeutung ist das Verhalten des Sericins gegenüber Alkalien und Seifenlösungen. In kalten Laugen und heißen Seifenlösungen löst sich das Sericin glatt auf, während das Fibroin kaum angegriffen wird. Man verwendet deshalb im allgemeinen kochend heiße Seifenlösung zum Entbasten.

Seide vermag bis zu 30% ihres Gewichtes Feuchtigkeit aus der Luft anzuziehen, ohne sich feucht anzufühlen. Im Handel wird sie daher „konditioniert", d. h. durch Trocknen bei 140° wird das Trocken- und durch Hinzurechnen von 11% das Handelsgewicht ermittelt (S. 97).

Diese hohe Trocknungstemperatur lehrt, daß die Seide gegen Wärme ziemlich unempfindlich ist. In der Tat kann sie, wenn sie rein ist, auf 160—170° erhitzt werden, ohne Zersetzung zu erleiden.

Gegen Licht ist Seide empfindlich (E. Ristenpart, Z. angew. Ch. **1909**, 18; P. Heermann u. H. Sommer, L. M. f. Textilind. **1925**, 161, Z. f. d. ges. Textilind. **1927**, 465; K. Homolka, T. **1925**, 584).

Ganz eigentümlich ist der Verbrennungsvorgang bei Seide. Sie gibt eine flackernde, leuchtende Flamme und hinterläßt, ähnlich wie Wolle, eine kokartige Masse. Der Geruch nach verbrannten Haaren verrät auch hier den Stickstoffgehalt. Ist die Seide aber mineralisch beschwert, so bildet sich keine Flamme, sondern der Faden verglüht zu einem anfänglich schwarzen, schließlich weißen Skelett.

Wasser vermag die Seide nicht zu verändern. Nur bei längerem Kochen leidet Glanz und Stärke; es kann zur Erscheinung der oben erwähnten „Seidenläuse" kommen.

Verdünnte Säuren sind gleichfalls ohne Einfluß; konzentrierte aber lösen das Fibroin auf.

Gegen Alkalien ist die Seide nicht so empfindlich wie die Wolle. Eine kurze Einwirkung von Normalnatronlauge vermag das Fibroin gut auszuhalten, während das Sericin davon glatt gelöst wird. Stärkere und insbesondere wärmere Laugen greifen aber auch das Fibroin an, machen die Seide rauh und lösen sie schließlich auf. Milder wirken die Alkalicarbonate; von den Alkalisilicaten und -boraten wird fast nur der Bast angegriffen. Ammoniak ist so gut wie unschädlich.

Gegen Reduktionsmittel und schwache Oxydationsmittel ist die Seide vollständig unempfindlich und kann mit ihrer Hilfe gebleicht werden. Starke Oxydationsmittel, z. B. starke Lösungen von Hypochlorit, Kaliumpermanganat und Chromsäure, zerstören.

Abb. 93. Zwirnvorrichtung für Rohseide.

Metallsalzen gegenüber zeigt die Seide eine noch stärkere Aufnahmefähigkeit wie Wolle. Sie läßt sich leicht mit Aluminium-, Chrom- und Eisen-, aber auch mit Blei-, Kupfer- und ganz besonders Zinnsalzen beizen. Je basischer die Lösungen sind, um so mehr nimmt die Seide basisches Salz auf. Im Falle des Zinnchlorides ist die dabei stattfindende Gewichtszunahme so groß, daß sie die Grundlage der üblichen Seidenbeschwerung bildet.

Farbstoffen gegenüber verhält sich Seide ähnlich wie Wolle.

Für Schirmstoffe und andere Gewebearten, wo es auf Fülle und dichten Fadenschluß ankommt, verwendet man gern Seide, der man durch ein bestimmtes Verfahren nur 6—8% ihres Bastes genommen hat, sogenannten Souple — souple = geschmeidig.

7. Seidenzwirnerei.

Zu den meisten Verwendungen muß die Seide noch gezwirnt (filiert, mouliniert) werden. 2, 3 oder mehrere Rohseidenfäden werden zusammengedreht. Dabei erhält oft im voraus jeder Einzelfaden Drehung für sich (Filato); diese muß der Drehung beim Zwirnen (Torto) entgegengesetzt sein.

In Abb. 93 läuft der doublierte Faden von der auf der angetriebenen Spindel e sitzenden Spule a durch den mitgenommenen Drahtflügel c und den hin und her gehenden Führer d auf die mittels Kammrad f angetriebene Spule b.

Für Organzin werden 2 oder 3 Fäden nach rechts gezwirnt, von denen jeder einzelne Faden aus 3—8 Kokonfäden besteht und nach links gedreht ist.

Für Tram werden 2—4 Fäden nach rechts gezwirnt, die ihrerseits aus 3—12 Kokonfäden bestehen und nicht gedreht sind. Dadurch und durch den geringeren Draht beim Zwirnen wird die Tram weicher und offener.

2—3 nicht oder wenig vorgedrehte Rohseidefäden, scharf gezwirnt, ergeben die peitschenschnurartige „Marabu“-Seide.

„Pêle“-Seide nennt man den einfachen, schwach gedrehten Rohseidefaden aus geringwertigen Kokons, der für das Innere von Gold- und Silberflachdraht, sogenannten „Lahn“, zur Herstellung von prunkvollen Stickereien und Brokatgeweben bestimmt ist.

Als „Crêpe de Chine“ bezeichnet man 6—8 links gedrehte Rohseidefäden, die scharf rechts gezwirnt sind.

„Platt“-Seide (Trama vaga) aus 2—25 wenig gedrehten Rohseidefäden wird als Stickseide benutzt.

„Floche“ ist eine geringere Seide, nach links gezwirnt, aus zwei dicken, rechtsgedrehten Rohseidefäden.

„Filet“ ist Floche aus dünnerer Rohseide.

„Cusir“ oder Nähseide wird aus 3—24 Kokonfäden enthaltenden Rohseidefäden hergestellt, indem diese zunächst links oder rechts gedreht und zweifach entgegengesetzt gezwirnt werden. Je nach Feinheit des Fadens wird abermals zweifach entgegengesetzt gezwirnt.

„Strick“-Seide wird aus 2—6 derartig leichtgezwirnten Rohseidefäden hergestellt, die zu zwei oder drei abermals leicht gezwirnt werden.

„Kordonnet“ enthält 4—6 aus 12—24 Kokonfäden gedrehte Rohseidefäden, die zunächst rechts und dann zu drei abermals links gezwirnt werden.

„Grenadin“ ist eine sehr hart gedrehte Organzin; der Draht (Filierung) auf 10 cm beträgt 100—250, der Zwirn (Moulinierung) ebensoviel.

Die Feinheit von Seidengarnen wird entgegengesetzt dem bei anderen Gespinsten üblichen Verfahren ermittelt. Sie wird durch das Gewicht einer bestimmten Länge gemessen und als Titer bezeichnet. Der Titer der Seide in „deniers“ gibt an, wieviel Gramm 9000 (neuerdings 10 000) m wiegen. Fadendicke und Titer stehen also zueinander im Verhältnis. Der 10 000er Titer entspricht dem alten internationalen Titer.

Die handelsübliche Bezeichnung trägt der unvermeidlichen Ungleichmäßigkeit des Rohseidefadens Rechnung, indem sie den Titer in zwei Grenzwerte einschließt. So bedeutet 20/22 den., daß 9000 m der betreffenden Rohseide nicht weniger als 20 und nicht mehr als 22 g wiegen. Da ein Kokonfaden durchschnittlich den Titer 1,2 den. hat, braucht man nur die Anzahl der Kokonfäden mit 1,2 zu vervielfältigen, um den Titer des Rohseidenfadens zu erhalten. Die genaue Bestimmung geschieht auf Titriermaschinen, indem man mittels genau abgezählten Haspelumdrehungen eine bestimmte Fadenlänge auflaufen läßt und diese wiegt.

Aus vielen Bestimmungen (L. Färb.-Ztg. **1907**, 298) ergeben sich im Durchschnitt für

Mailänder Organzin 1,44, Japan Org. 1,40, Kanton Org. 0,92, Mailänder Tram 1,40, Japan Tram 1,33, Kanton Tram 0, 79 und China Organzin 1,00 den.

8. Abfallspinnerei.

Die reichlichen Abfälle beim Auslesen, Haspeln und Zwirnen der Rohseide werden nach der Erfindung von John Lister in Bradford durch wirkliches Verspinnen in Fäden übergeführt, die als Schappe — (chaper = Faulen) — oder Florettseide bezeichnet werden. (S. a. Zeising, Schappespinnerei, Dissertation Braunschweig, 1910.)

Man unterscheidet die Ausgangsstoffe für die Schappespinnerei in „Strusi" und „Galetta".

Zu den Strusi (Frisons) rechnet man die Flockseide, d. h. die beim Schlagen der Kokons an den Besen hängen bleibende äußere Hülle, ferner die „Ricotti" (Telette), d. h. das nach dem Abhaspeln zurückbleibende Innenhäutchen, und schließlich die „Strazza", d. h. die Abfälle beim Haspeln und Moulinieren. Sie machen zusammen etwa ein Drittel des Kokons aus.

Unter Galetta versteht man die ganzen, aus irgendeinem Grunde nicht abhaspelbaren Kokons.

Die Strusi läßt man faulen, um den verklebenden Seidenleim zu entfernen, wäscht mit kaltem oder heißem Wasser, trocknet und sprengt mit Seifenwasser ein, um wieder geschmeidig zu machen.

Die Galetta läßt man entweder ebenfalls faulen oder besser in 45° warmem Seifenwasser stampfen und waschen; darauf folgt Waschen in kaltem Wasser, Trocknen, Einsprengen, Dreschen auf der Klopfmaschine und Zerfasern auf dem Kokonöffner.

Das Schlagen (Abb. 94).

Der Faserstoff wird 4—6 cm hoch auf dem drehbaren Tisch a aufgeschichtet und durch Leisten b mit Hilfe von Haken c und anhängendem Gewicht festgehalten. Der Tisch ist siebartig durchlöchert. Um die Führungstrommeln d und f läuft ein Riemen e, an dem auf der Außenseite Lederpeitschen g mit Hilfe von Blechstreifen befestgt sind. Die Peitschen sind 20 cm lang, 2 cm breit. In der Minute erfolgen 800—900 Schläge. Der Tisch a macht während dieser Zeit eine Umdrehung. Man läßt den Faserstoff zweimal unter den Peitschen durchgehen, wendet ihn dann, um die andere Seite ebenfalls zweimal bearbeiten zu lassen. Das verstellbare Lederkissen h dient dazu, den Peitschenschlag nach Bedarf etwas zu mildern. i und k sind Schutzhüllen.

Die kräftige Bearbeitung durch die Schläger trennt die Fasern vollständig voneinander. Gröbere Verunreinigungen fallen durch die Löcher des Tisches a, die feineren werden als Staub herausgeschlagen. Die Staubentwicklung ist in den Schlagräumen außerordentlich groß und macht die Arbeit sehr gesundheitsschädlich.

Von hier ab ist die Verarbeitung für Strusi und Galetta die gleiche.

Die Deckenbereitung.

Die Deckenmaschine oder Wattmaschine (Abb. 95) ist nach ihrer Bauart und Wirkungsweise eine Krempel. Der Faserstoff wird auf dem endlosen Speisetisch a etwa 4 cm hoch gleichmäßig aufgeschichtet, gelangt an die mit Kratzenbeschlag versehene Speisewalze b c und von diesen an den Tamobur e. Der Tambour bewegt sich von den Speisewalzen abwärts, was den Vorteil hat, daß gröbere Verunreinigungen, insbesondere Puppenreste, unter die Maschine fallen können. f ist ein Arbeiter. Die Bearbeitung des Faserstoffes findet, wie aus der Betrachtung der Zeichnung, insbesondere der Kratzenstellung der verschiedenen Walzen ersichtlich ist, zwischen dem Tambour e einerseits, den Walzen h und f andererseits statt. d und g sind Bürstwalzen, die die Walzen b bzw. f von zurückgehaltenen Fasern reinigen und letztere auf den Tambour bringen sollen. Der die Maschine bedienende Arbeiter legt eine abgewogene Menge von Faserstoff auf den Speisetisch auf. Ist diese auf den Tambour gebracht, so hebt er den Deckel, welcher den oberen Teil des Tambours einschließt, hoch, reißt bei h die auf dem Beschlage des Tambours liegende Faserdecke in der Achsenrichtung des Tambours auf, bringt das eine Ende zwischen die Abnahmewalzen h und befördert so bei weiterer Drehung des Tambours die erzeugte Decke mit Hilfe des endlosen Tisches i aus der Maschine. Alsdann wird eine neue Menge Faserstoff auf den Speisetisch a gebracht, die Maschine wieder in Gang gesetzt usw. Der Kratzenbeschlag der Maschine besteht aus Runddraht und ist ähnlich demjenigen der Reißkrempel der Streichgarnspinnerei. Die Kratzenbänder bestehen aus Leder, auch wohl aus Kautschuk. Da die Bearbeitung der

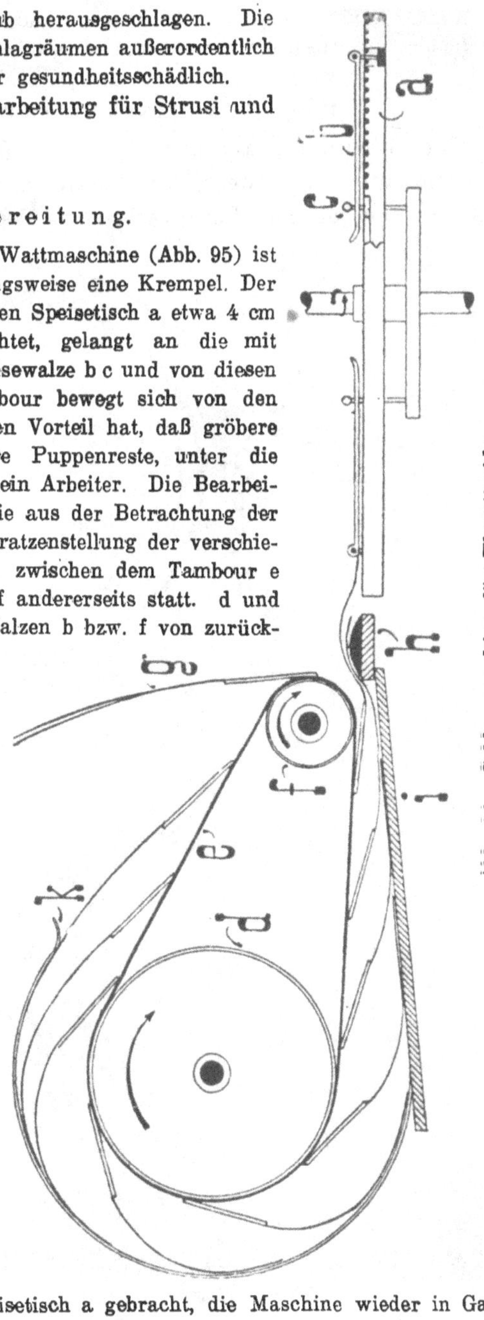

Abb. 94. Schlagmaschine für Florettseide.

Seide viel Staub erzeugt, ist die Maschine allseitig geschlossen und mit einem Ventilator zum Absaugen des Staubes versehen.

Die Vorbereitung zum Kämmen.

Die Bearbeitung auf der in Abb. 95 dargestellten Deckenmaschine hat wesentlich den Zweck, den Faserstoff aufzulockern und gerade zu richten. Die von der Maschine erzeugte Decke ist aber zur Bearbeitung

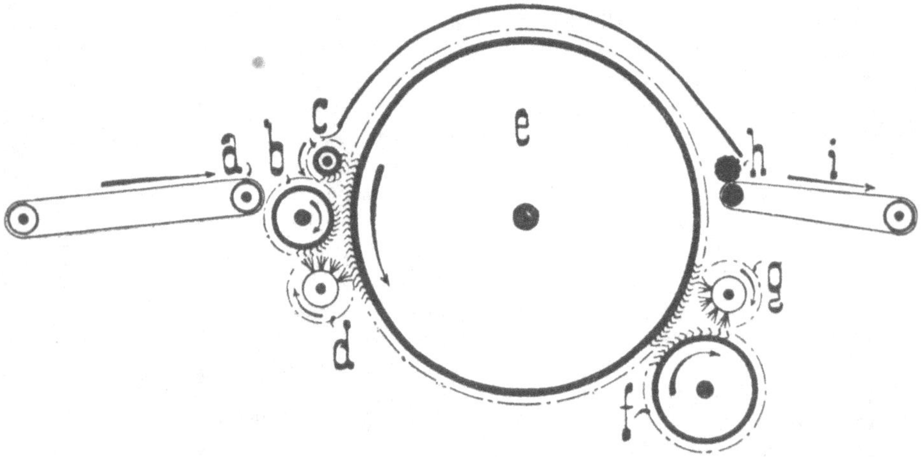

Abb. 95. Wattmaschine für Florettseide.

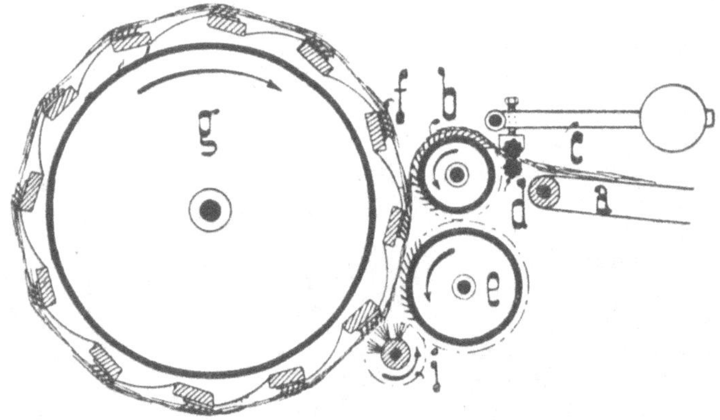

Abb. 96. Filling.

auf der Kämmaschine noch nicht geeignet. Man übergibt deshalb weiterhin den Faserstoff einer Maschine, die Filling (Abb. 96) genannt wird.

Die von der Deckenmaschine abgelieferte Decke wird auf den Speisetisch a gebracht und gelangt von ihm an die geriffelten Einführwalzen d, deren obere durch Hebel c mit aufgestecktem Gewicht belastet ist. Von den Speisewalzen d gelangt der Faserstoff auf die Zwischenwalze b und von ihr auf den Tambour g. Letzterer ist auf seinem Umfange mit 12 Kämmen besetzt. e ist eine Arbeitswalze, die den von den Kämmen des Tambours aufgenommenen Rohstoff gleichmäßig verteilt. Die Bürstwalze i reinigt den Kratzenbeschlag von e von zurück-

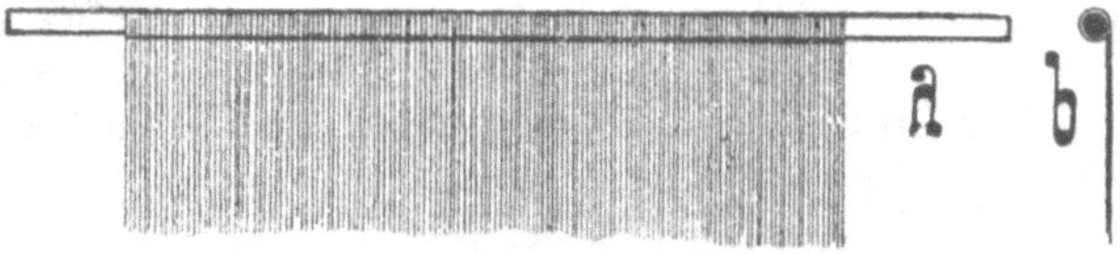

Abb. 97. Faserbart vom Filling.

gehaltenen Fasern und bringt letztere auf den Tambour. Der Speisetisch a wird stets mit einer abgewogenen Menge Rohstoff beschickt. Ist dieser vom Tambour aufgenommen, so wird die Maschine abgestellt. Der Rohstoff hängt jetzt als zusammenhängende Schicht auf dem Umfang des Tambours. Die Arbeiterin, die die Maschine bedient, reißt sie dicht oberhalb eines Kammes in der Achsenrichtung des Tambours auf, hält an den unteren Saum der herabhängenden Schicht einen mit Seifenwasser benetzten Stock und bewirkt durch Drehen des Stockes das Aufwickeln des zu einem Kamm gehörigen Faserbartes. In gleicher Weise wird mit sämtlichen 12 Kämmen verfahren. Man erhält so die in Abb. 97 dargestellten Faserbärte, die weiterhin der Kämm-Maschine übergeben werden.

Das Kämmen.

Nach der Bearbeitung auf dem Filling besteht die Seide aus glatten, schlichten Fasern, die hinreichend freigelegt und gleichgerichtet sind. Sie können leicht gekämmt werden. Man benutzt heute zwei Arten von Kämmaschinen: die Langkämmaschine und die Rundkämmaschine.

Die Langkämmaschine (Abb. 98) ist die ältere und weitaus verbreitetste, trotzdem ihre Einrichtung schwerfällig ist, ihre Arbeit viele Pausen und verhältnismäßig viele Arbeitskräfte erfordert. Dafür liefert sie tadellose Ware.

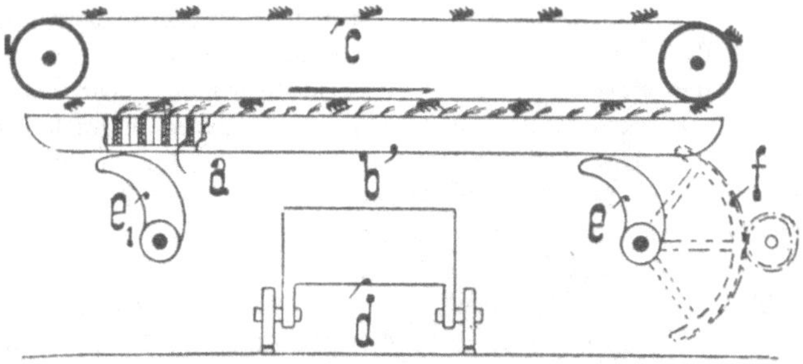

Abb. 98. Langkämmaschine für Florettseide.

Das endlose Tuch c ist um zwei Walzen geführt und trägt in gleichen Abständen Stäbe, die mit Kratzenbeschlag versehen sind. Die Faserbärte werden in Zangen a eingespannt und auf einem Tisch b vereinigt. Der mit Zangen gefüllte Tisch wird von einem Arbeiter auf einem Wagen d in die Maschine eingefahren und daselbst durch die Hebedaumen e e_1 soweit gehoben, daß die herausstehenden Teile der Faserbärte in den Arbeitsbereich der Kämme auf der Unterseite des Führungstuches c gelangen. Die Kämme laufen daselbst in festen Führungen, weil sie sich sonst nach der Mitte des Tuches hin senken würden. Nachdem sämtliche Kämme durch die Faserbärte gegangen sind, wird der Tisch b

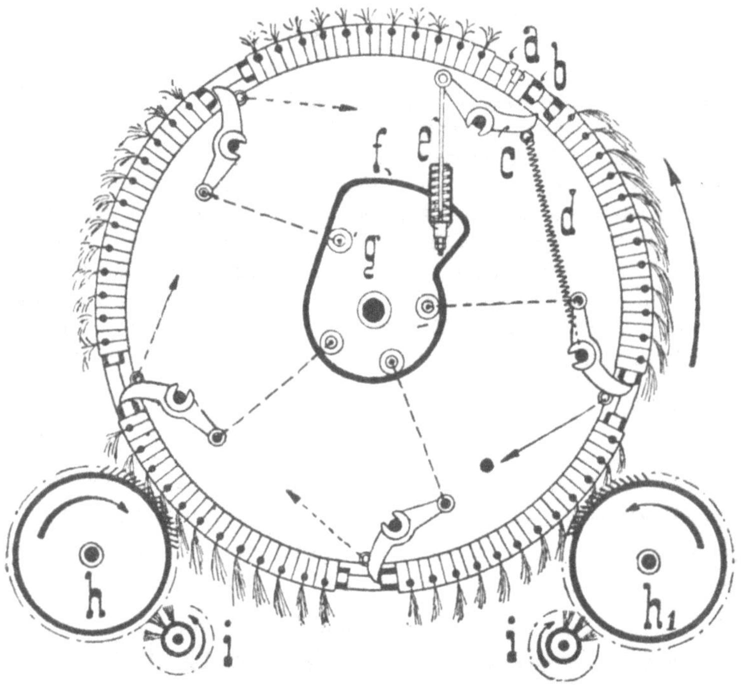

Abb. 99. Rundkämmaschine für Florettseide.

wieder auf den Wagen d gesenkt, der Wagen aus der Maschine gezogen, der Tisch wagerecht um 180° gedreht, so daß das vorhin rechtsstehende Ende jetzt links liegt und die Faserbärte umgelegt werden. Der Wagen mit dem Tisch geht wieder in die Maschine und die Faserbärte werden abermals gekämmt, wobei, wie man leicht einsieht, die vorhin nach unten liegende Seite jetzt oben liegt. Danach werden die Bärte umgespannt, so daß die vorhin in den Zangen eingeklemmten Teile jetzt die freien Enden bilden, und nun wird in der vorhin angegebenen Weise wiederum gekämmt.

Die beim Kämmen abfallenden Kämmlinge bleiben zunächst an den Kämmen des Führungstuches c hängen. Nach jedem Kämmen nimmt man sie genau wie beim Filling (Abb. 96) ab und spannt die von je zwei Kämmen erhaltenen als Faserbart in eine Zange. Die gefüllten Zangen werden wieder auf einem Tisch b vereinigt und die Faserbärte werden wie vorhin ausgekämmt.

Mit den dabei abfallenden Kämmlingen verfährt man in derselben Weise. Die ausgekämmten Faserbärte werden Zug genannt. Man stellt bis zu sechs Zügen her, die als 1.—6. Zug unterschieden werden. Sie zeigen natürlich einen immer kürzer werdenden Faserstoff. Beim ersten Zug ist die durchschnittliche Faserlänge 15 cm, beim zweiten 10 cm, beim dritten 7,5 cm usf. Die beim letzten Zug abfallenden Kämmlinge bilden den Rohstoff für die Bourettegarne.

Die Rundkämmaschine (Abb. 99) hat die Zangen a mit den Faserbärten auf dem Umfang einer Trommel, und zwar in fünf Abteilungen, angeordnet.

Die Zangen werden durch Holzklötze b zu beiden Seiten einer Zangenabteilung befestigt. Der eine Klotz ist fest, der andere wird durch den Arm eines Winkelhebels c gegen die Zangen angedrückt. Die Pressung durch den Winkelhebel vermittelt die in einer Stellschraube befestigte Zugstange e. Beim Öffnen einer Zangenabteilung zieht die Feder d den Arm des Winkelhebels in dem Maße zurück, wie die Zugstange e ihm Freiheit gibt. Der Tambour dreht sich in der Pfeilrichtung. Gegen ihn arbeiten zwei Kämmwalzen h und h_1, welche mit

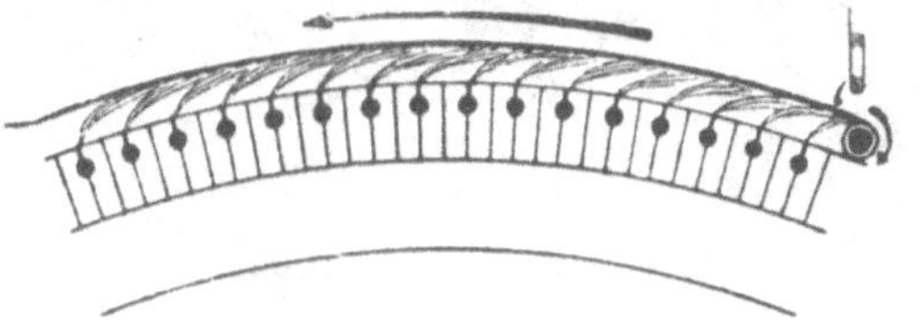

Abb. 100. Fahne.

Kratzenbeschlag versehen sind und in entgegengesetzter Richtung laufen. Durch letzteres wird erreicht, daß jeder Faserbart von beiden Seiten ausgekämmt wird. Die von den Kämmwalzen h und h_1 zurückgehaltenen Kämmlinge werden von Bürstwalzen i entfernt.

Nach dem ersten Auskämmen werden die Faserbärte, wie bei der Langkämmaschine, gekehrt oder umgespannt, so daß das vorhin in den Zangen befindliche Ende jetzt frei heraushängt und ausgekämmt wird.

Man sieht leicht, wie die Rundkämmaschine der Langkämmaschine in bezug auf Leistungsfähigkeit überlegen ist.

Das Schließen und Öffnen der Pressen durch die Winkelhebel c geschieht selbsttätig, und zwar schließt sich die Presse, ehe sie an den ersten Peigneur h gelangt, und öffnet sich, wenn sie am zweiten Peigneur h_1 vorbeigegangen ist. Es wird dies dadurch ermöglicht, daß die Enden der Zugstangen e an Exzentern f befestigt sind.

Besondere Beachtung verdient das Abnehmen der ausgekämmten Faserbärte aus den Zangen. Bei langen Bärten, etwa beim 1. und 2. Zug, nimmt man sie mit der Hand heraus, bei den folgenden Zügen geschieht das Abnehmen mit Hilfe der Fahne.

Es wird ein an einem Stocke fahnenartig befestigtes Tuch b (Abb. 100) über die sämtlichen Bärte einer Presse gelegt, sodann wird der Stock in der gekrümmten Pfeilrichtung langsam gedreht und gleichzeitig in der Richtung des großen Pfeiles vorwärts bewegt. Dadurch werden die Fahne und mit ihr die Faserbärte um den Stock gewickelt. Wickelt man nachher das Tuch vorsichtig von dem Stock ab, so bilden die abgenommenen Bärte auf ihm eine gleichmäßige Decke oder Watte.

Die von der Rundkämmaschine abfallenden Kämmlinge werden neuerdings zu Faserbärten verarbeitet und diese wiederum gekämmt. Man stellt so, wie bei der Langkämmaschine, 4—6 Züge dar. Die Verarbeitung der Kämmlinge zu auskämmbaren Faserbärten geschieht auf einer Maschine, die kleiner Filling, auch kleine Mise en pointes genannt wird (Abb. 101). Man benutzt sie in neuerer Zeit auch zur Herstellung der Faserbärte aus dem von der Deckenmaschine abgelieferten Rohstoff an Stelle des in Abb. 96 dargestellten großen Fillings.

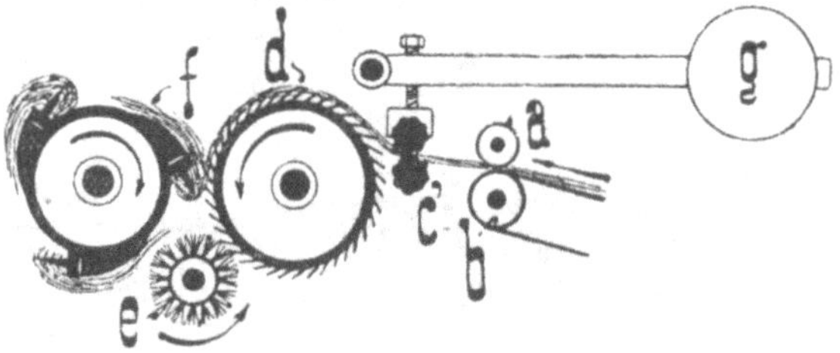

Abb. 101. Kleiner Filling.

Der Faserstoff gelangt auf einem endlosen Zuführtisch zuerst an die glatten Einführwalzen a und b, sodann an die geriffelten Walzen c. Die obere der beiden geriffelten Walzen c ist durch Hebel und Gewicht belastet, um den durchgeführten Faserstoff festzuhalten und der weiterhin folgenden Walze d zur Bearbeitung darzubieten. Die Kämme der Walze f greifen in das auf dem Beschlage von d liegende Fasermaterial und formen daraus Bärte. Diese werden wie bei dem großen Filling abgenommen und auf Stöcke gewickelt. Die Bürstwalze e reinigt den Beschlag von d.

Die Anlegemaschine (Abb. 102).

Zur weiteren Bearbeitung müssen zunächst aus den von der Kämmmaschine abgelieferten Faserbärten zusammenhängende Decken hergestellt werden. Die dazu benutzte Maschine wird passend Anlegemaschine genannt. In der Praxis ist die englische Bezeichnung spreader sowie die französische étaleur nappeur üblich.

Der Faserstoff gelangt von dem endlosen Zuführtisch a zwischen die glatten Speisewalzen b und d und von diesen an geriffelte Streckwalzen bei f. Zwischen b und d und den Streckwalzen befinden sich drei Stachelwalzen c. Das Kautschukband e ist um die obere Speisewalze d und weiterhin um zwei Führungswalzen geleitet. Es soll dem eingebrachten Faserstoff als Führung dienen und ihn gleichzeitig in die Stacheln der Walzen c hineindrücken. Von den drei geriffelten Streckwalzen dient die obere als Druckwalze. Sie ist durch Hebel und Gewicht g belastet. Die eine der unteren Riffelwalzen ist mit einem endlosen Lederband i versehen. Gegen sie drückt die Druckwalze besonders an, und hier findet insbesondere die Streckung des durch die Stachelwalzen gehenden Rohstoffs statt. Das endlose Lederband i_1 ist über verschiedene Führungswalzen geleitet und umgibt den Tambour k auf seiner unteren Hälfte. Mit Hilfe dieses Bandes wird der aus den Streckwalzen austretende und zusammenhängende Faserstoff auf den Tambour k gewickelt. Die Walze n verhindert ein Mitnehmen des Rohstoffs durch das Lederband i_1. Die verschiedenen Bürstwalzen dienen, wie üblich, zur Reinigung. Hat sich eine Decke von bestimmter Dicke auf dem Umfang des Tambours k angesammelt, so wird sie aufgerissen und abgenommen.

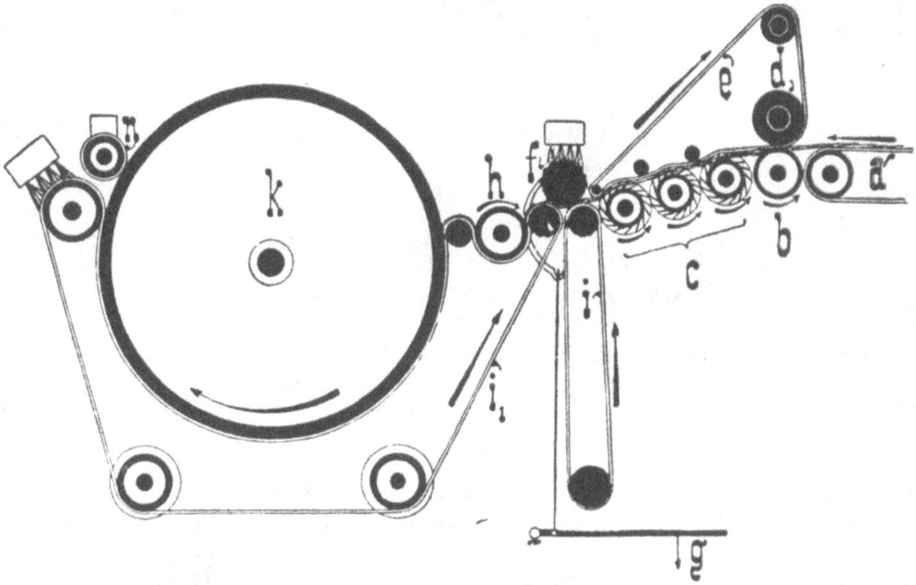

Abb. 102. Anlegemaschine (Spreader) für Florettseide.

Bemerkt sei noch, daß, wo verschiedenartiger Rohstoff zusammen verarbeitet werden soll, die Mischung, wie bei der Flachsspinnerei, auf dem Speisetisch der Anlegemaschine vorgenommen wird.

Die Wattenmaschine (Abb. 103).

Die von der Anlegemaschine erzeugten Decken werden auf besonderen Maschinen weiter verzogen und in fortlaufende Bänder verwandelt.

Im ersten Teil, von den glatten Speisewalzen a und b bis zu den geriffelten Streckwalzen e, stimmt die Maschine in Bauart und Wirkungsweise mit der vorhin erklärten Anlegemaschine ziemlich überein. Der Speisetisch besteht nicht mehr aus einem bewegten endlosen Tuch, sondern ist fest, da die aufgelegten Decken Halt genug besitzen, um durch die Speisewalzen a und b vorgezogen werden zu können. Die Stachelwalzen c arbeiten wie vorhin, die Walzen d drücken den Faserstoff in die Stacheln. Die unteren Streckzylinder sind beide mit Lederband g bzw. i umgeben. Das Band i befördert den Rohstoff als Flor unter der Walze h, die es fest gegen das Band drückt, zu einem Trichter o, in dem es zu einem Band verdichtet wird. Die Walzen k und l ziehen das Band

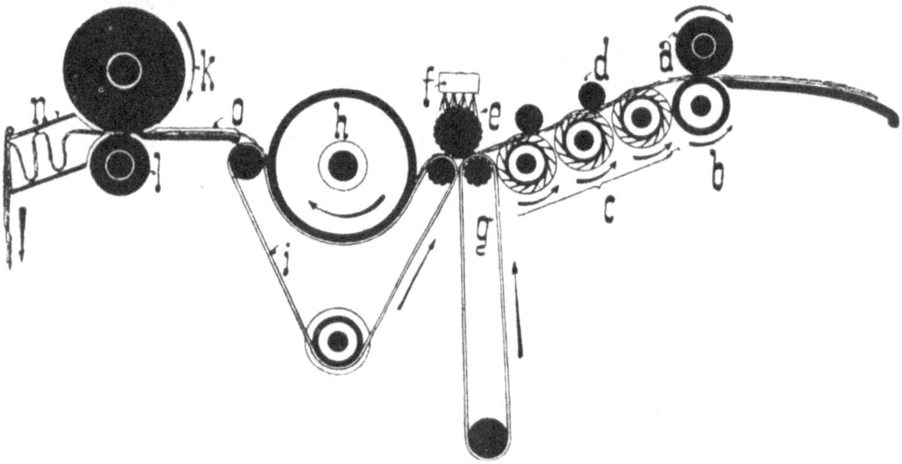

Abb. 103. Wattenmaschine für Florettseide.

vor und befördern es in die Röhre n, aus welcher es hervortritt, um abwärts in Kannen, ähnlich den in der Baumwollspinnerei gebrauchten, geleitet zu werden.

Das Strecken.

Die von der Wattenmaschine abgelieferten Bänder werden auf verschiedenen Streckmaschinen, auch Bandmaschinen genannt, ausgezogen.

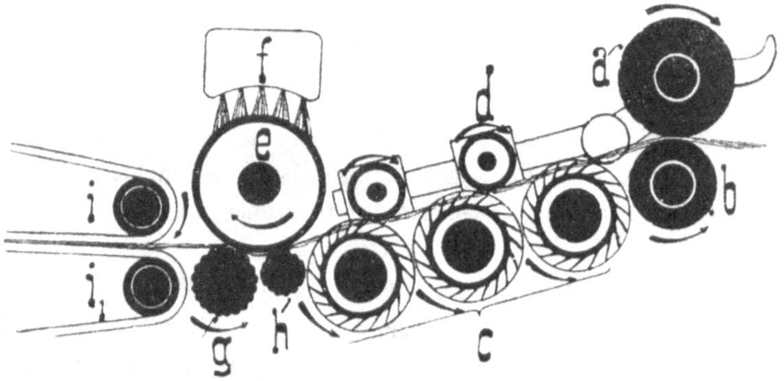

Abb. 104. Streckmaschine für Florettseide.

Die Bearbeitung ist im wesentlichen dieselbe wie bei den sonstigen Streckmaschinen (Abb. 104). Der Abbildung ist die letzte Strecke zugrunde gelegt, die am Ausgange einen Nitschelapparat besitzt, der das Faserband zu einem zylindrischen Bündel zusammenrollen soll.

a und b sind glatte Speisewalzen, g, h und e Streckwalzen, g und h sind geriffelt, die Druckwalze e ist glatt. c sind Stachelwalzen, d Druckwalzen, die das Faserband zwischen die Stacheln drücken sollen. i i_1 sind die in bekannter Weise arbeitenden Nitschelwerke. Bei den Band- und Streckmaschinen werden, ähnlich wie bei den Streckmaschinen der Kammgarnspinnerei, statt der Stachelwalzen auch Hechelkämme (Abb. 77) angewandt, namentlich geschieht dies beim Verarbeiten von kürzerem Faserstoff. Die Hechelkämme sind in diesem Falle Doppelkämme, d. h. es greift abwechselnd ein Kamm von oben und von unten in den Faserstoff.

Bänder aus längeren Fasern werden 2—3mal, aus kürzeren 4—5mal gestreckt. Es werden 8—10 Bänder vorgelegt, der Verzug beläuft sich auf 10—12.

Das Vor- und Feinspinnen.

Das Vorspinnen der Florettseide geschieht auf dem Flyer (S. 21). Hier wie dort besitzt die Maschine noch Streckwerke mit Hechelvorrichtungen. Der Verzug beträgt 12—16.

Als Feinspinnmaschine für Florettseide dienen die Flügelspinnmaschine (Abb. 19), die Ringspinnmaschine (Abb. 20), ferner die Mulejennymaschine (Abb. 21) und der Selfaktor (Abb 22). Bei jeder Maschine wird der Faden nochmals durch ein Streckwerk geleitet.

Die Bourettegarne.

Die bei der Herstellung der Florettseidengarne sich ergebenden Abfälle, vorzüglich die von der Kämmaschine abgesonderten Kämmlinge, führen den Namen Seidenwerg, Stumba und Bourette. Sie bilden den Rohstoff zu einer dritten Sorte von Seidengarnen, dem Bourettegarn. Arbeitsverfahren und Maschinen sind teils der Baumwoll-, teils der Woll-, teils der Florettspinnerei entlehnt.

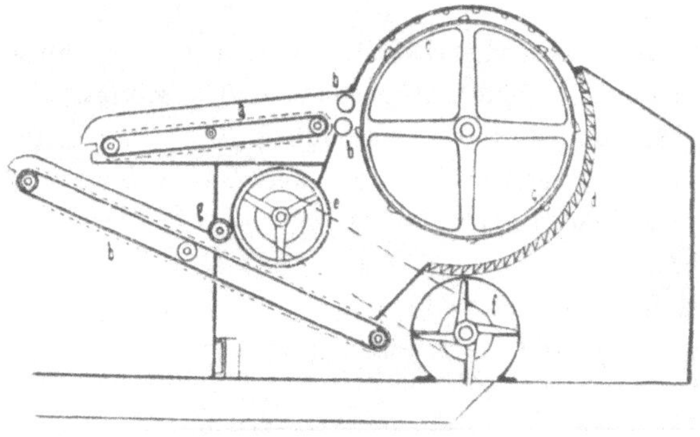

Abb. 105. Öffner von Taylor.

Die der Bourettespinnerei überwiesenen Abfälle sind 4—6 cm lang, sehr verwirrt und stark verunreinigt. Sie werden zunächst auf dem Öffner von Taylor, Lang & Cie. geöffnet, häufig auch auf einer Schlag- und Wickelmaschine (Abb. 11) bearbeitet und in zusammenhängende Decken verwandelt.

Der Öffner von Taylor, Lang & Co., Abb. 105, wird auch in der Baumwollspinnerei gebraucht und ist nach Art eines Reißwolfes (S. 102) gebaut. Die Fasern gelangen von dem endlosen Speisetisch a durch die Walzen b b an die Trommel c mit Messern und Schlägern. Die obere Hälfte der Trommel umgibt ein Mantel mit stumpfen Zähnen. Er ist bei d durchlöchert, damit die Verunreinigungen hier hindurchfallen können. Die Siebtrommel e steht mit dem Ventilator f in Verbindung. Der Luftstrom saugt den Staub durch die Trommel ab und legt die Fasern auf den endlosen Abführtisch h. Die Walze g verhütet, daß die Siebtrommel Fasern mitnimmt.

Darauf folgt das Bearbeiten auf zwei Krempeln. Die eine heißt Reißkrempel, die andere Vorgarnkrempel. Beide Maschinen haben 6 Arbeiter und Wender und arbeiten genau wie die Wollkrempeln. Der vom Peigneur der Vorgarnkrempel abgekämmte Flor wird von einem Riemchenflorteiler zerschnitten und in einem Nitschelapparat zusammengerollt. Das Vorgarn wird auf Ringspinnmaschinen oder auf der Mulejennymaschine oder dem Selfaktor fertig gesponnen. Dies ist die einfachere Art der Herstellung von Bourettegarnen. In anderen Fällen wird der von der Krempel abgelieferte Flor zu einem Band verdichtet und dieses weiterhin nach der Art der Florettspinnerei verarbeitet, also 2—3mal gestreckt, darauf gekämmt. Auf der Anlegemaschine formt man wieder zusammenhängende Decken aus diesen Bändern. Sie werden wiederum gestreckt. Schließlich folgt das Vorspinnen auf Flyern und das Feinspinnen auf den Maschinen der Florettspinnerei.

Wegen der großen Menge der in den Stumba enthaltenen Verunreinigungen ist die Ausbeute an Bourettegarn gering. 100 kg Stumba liefern 20—25 kg Garn.

Die aus Abfallseide hergestellten Garne werden ähnlich wie die Garne aus gehaspelter Seide nachgesehen und gereinigt. Soll der Faden vollkommen glatt sein, so wird er gesengt, d. h. der Wirkung kleiner Gasflammen soweit ausgesetzt, daß die aus dem Fadenkörper seitlich hervortretenden feinen Fasern verbrannt werden, der Faden selbst aber keinen Schaden leidet.

Die Benummerung geschieht metrisch wie bei Wolle: Die Nummer gibt an, wieviel Meter auf 1 g gehen.

II. Wilde Seide.

Die wichtigste ist die Tussah, von der aber 1912/13 doch nur 1000 t im Wert von 17 Millionen Mark erzeugt wurden. Sie tritt also an Bedeutung weit gegen die edle Seide zurück.

Der Name Tussah stammt von dem hindostanischen Tusuru = Weberschiffchen. Der in Indien und Südchina verbreitete Schmetterling Antheraea mylitta ist wie die übrigen wilden Seidenspinner lebhaft gefärbt und gezeichnet (Abb. 106).

Abb. 106. Tussahspinner.

Die Gewinnung der Tussah ließe sich vielleicht ganz gut durch Abhaspeln bewirken, wenn man sich die Mühe nähme, die verkittende Substanz vorher durch alkalische Mittel genügend aufzuweichen. In der Tat werden die Kokons nach der Tötung mittels Wasserdampf von den Eingeborenen vielfach mit Soda- oder Aschenlauge behandelt und gehaspelt. Die meiste Tussah wird aber nach dem Listerschen Verfahren ähnlich wie Schappe versponnen.

Die physikalischen Eigenschaften der Tussah weichen von denen der edlen Seide erheblich ab.

Die braune Farbe läßt sich nur durch kräftiges Bleichen aufhellen.

Unter dem Mikroskop erkennt man (Abb. 107), daß die Fäden nicht von einer Bastschicht umhüllt, sondern von ihr ganz und gar und außerdem unregelmäßig durchdrungen sind. Bei genügend starker Vergrößerung erkennt man in der Längsrichtung eine durch das Zutagetreten von Fibrillen hervorgerufene parallele Streifung (Abb. 108).

Weiterhin ist die große Dicke der Fäden eigentümlich. Der Durchmesser beträgt 40—70 μ, je nachdem, ob der länglich viereckige Faden die schmale oder breite Seite zeigt.

In ihrem chemischen Verhalten erweist sich die Tussah noch viel widerstandsfähiger als die edle Seide.

Farbstoffen gegenüber zeigt die Tussah wenig Verwandtschaft.

Die rohe Tussah hat 5—6% Asche.

Verwendung. Den Vorzügen der wilden Seide: größere Dauerhaftigkeit und Wohlfeilheit stehen als Nachteile für die Verwendung ge-

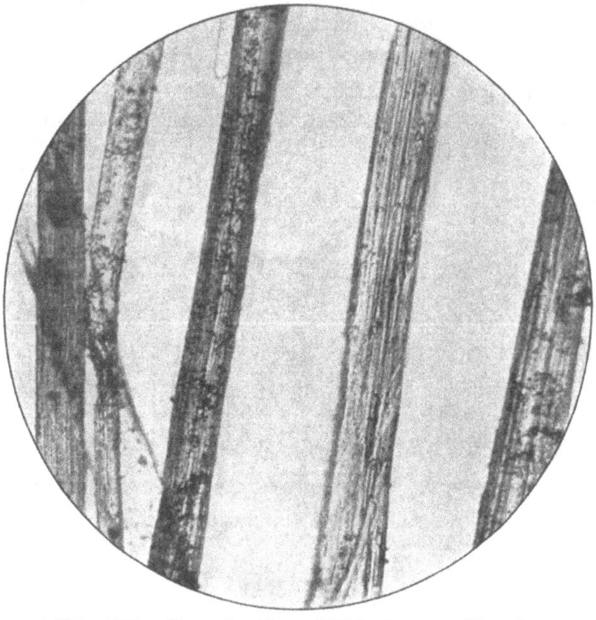

Abb. 107. Tussahseide. (300fach vergrößert.)

ringerer Glanz und vor allem die braune Naturfarbe gegenüber. Tussah muß daher für viele Zwecke gebleicht werden (Bd. IV, S. 280). Die Tussah lenkte die Aufmerksamkeit der Seidenfabrikanten um 1860 herum auf sich, als die Gewinnung der edlen Seide durch Krankheiten des Spinners erheblich beeinträchtigt wurde. Seit 1880 stellt man in England Tussahplüsche, sogenannte Seal cloths, her. Außer für langhaarige Plüsche hat sich die Tussah auch für den kurzhaarigen Samt und Fellnachahmungen bewährt.

Von anderen wilden Spinnern seien noch erwähnt:

Antheraea Pernyi, der chinesische Eichenspinner, dessen Seide der Tussah sehr nahe steht, nur etwas feiner, brauner und glanzloser ist und auch als Tussah bezeichnet wird.

Antheraea assama, der indische Spinner der Mugaseide.

Antheraea Yamamai, der japanische Eichenspinner, dessen Seide der edlen Seide am ähnlichsten ist. Der Kokon ist regelmäßig gesponnen, abhaspelbar und blaßgrün gefärbt.

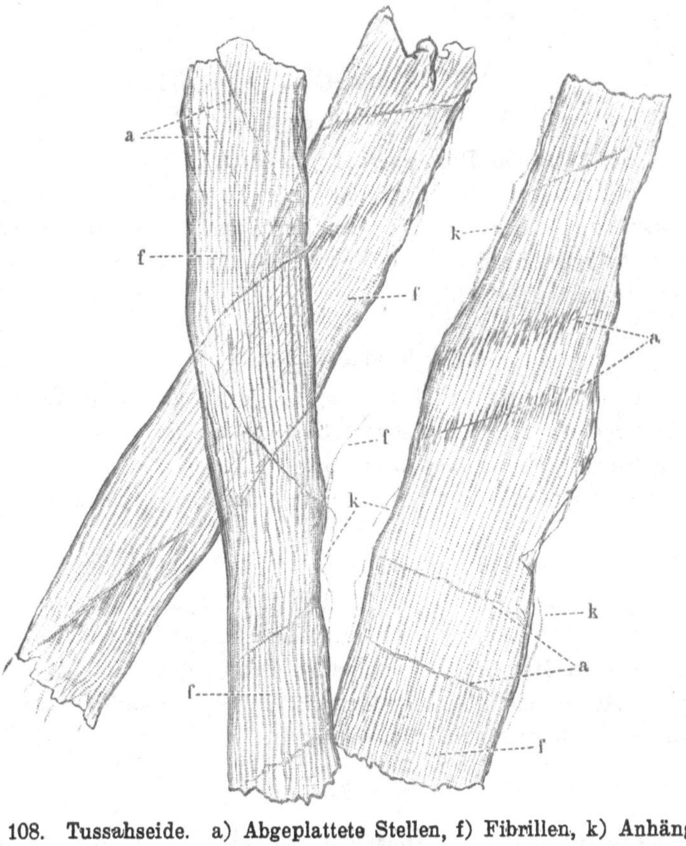

Abb. 108. Tussahseide. a) Abgeplattete Stellen, f) Fibrillen, k) Anhängsel verkittenden Leimes.

Attacus ricini, der indische Ricinusspinner der Eriaseide.

Attacus atlas, der chinesische Spinner der Fagaraseide, der größte aller Schmetterlinge.

Die ganze Erzeugung dieser wilden Spinner wird fast ausschließlich im Ursprungslande verbraucht.

C. Mineralische Fasern.

a) Asbest.

Der Asbest ist ein Doppelsilikat von Magnesium und Kalzium. Er läßt sich leicht auf einem Kollergang zerfasern und dann mit Bastfasernwerg verspinnen. Man verfertigt daraus Asbestplatten für die chemische Industrie, Asbestdichtungen für Dampfrohre, Theatervorhänge und Dekorationen, Feuerwehrbekleidung.

b) Metallfäden.

Echter Silberdraht wird aus vorgewalzten dünnen Stangen gezogen; vergoldet liefert er den echten Golddraht.

Kupferdraht mit Silber- oder Gold plattiert oder galvanisch überzogen liefert die unechten Metallfäden (leonische Gespinste).

Durch Stahlwalzen flach gedrückter Draht heißt Lahn.

Da man die Metallfäden bis 29 μ fein ausziehen kann, so lassen sie sich zu Gobelins, Brokaten, Gold- und Silbertressen verwenden.

Die unedlen Metallfäden werden zu Drahtnetzen für die chemische Industrie und zu Metallsieben für die Papierfabrikation, für letztere namentlich aus Phosphorbronze, verwandt.

c) Glas.

Durch Hitze erweichtes Glas läßt sich bis zur Feinheit des Kokonfadens, etwa 2 denier, ausziehen. Die Sprödigkeit erlaubt aber kaum eine andere Verwendung als zu Glaswolle für die chemische Industrie.

D. Kunstseiden.

Kunstseide ist der erhärtete Faden, der sich durch künstliche Ausscheidung bildet. Die meiste Kunstseide wird durch Ausscheidung aus Celluloselösungen erzeugt. Derartige Lösungen kann man auf verschiedenen Wegen erhalten. Dementsprechend ergeben sich verschiedene Arten Kunstseide. Bis heute sind hauptsächlich vier Kunstseidearten im Großbetrieb erzeugt worden:

1. Nitratseide (Nitratcellulose oder Cellulosenitratseide),
2. Kupferseide (Kupferoxydammoniakseide, „Glanzstoff"),
3. Viscose,
4. Acetatseide.

Kunstseiden aus anderen Stoffen (z. B. Vanduraseide u. a.) haben zur Zeit keine technische Bedeutung.

1. Herstellung der Kunstseide.

Die Herstellung der Kunstseide läßt sich in drei Abschnitte zerlegen: Die Bereitung der Spinnlösung, das eigentliche Spinnen und die Nachbehandlung.

I. Die Bereitung der Spinnlösung.

Die Spinnlösung muß zähflüssig und cellulosehaltig genug sein, um einen zusammenhängenden Faden zu liefern. Selbstverständlich muß sie frei von allen Verunreinigungen, auch Luftbläschen sein, die den Faden beim Austreten aus der Düse zum Abreißen bringen würden.

a) Für Nitratseide wird Baumwolle zunächst mit 2%iger Natronlauge unter Druck gekocht, gebleicht, gewaschen, scharf getrocknet und mit dem 25—30fachen Gemisch aus gleichen Teilen Salpetersäure (75% HNO_3) und Schwefelsäure (96% H_2SO_4) 1—1½ Stunden bei 40° behandelt. Darauf wird geschleudert, erst mit kaltem, dann mit heißem Wasser vorgewaschen, im Holländer gemahlen und erst heiß, dann kalt fertig gewaschen. Nach dem Abschleudern wird bei 40° oder im Vakuum getrocknet. Der Stickstoffgehalt betrage nunmehr 11,3—12,5%. Nun wird in der sechsfachen (Naß-) bzw. dreifachen (Trockenspinnverfahren) Menge eines Gemisches aus 4 Teilen Alkohol und 6 Teilen Äther gelöst.

Die Kollodiumlösung wird gefiltert und entlüftet. Sie ist unbegrenzt haltbar und wird beim Stehen etwas dünnflüssiger.

b) Für Kupferseide wird die Baumwolle zweckmäßig als Linters (S. 7) angewandt; sie wird zunächst staubfrei gemacht. Dann wird in 3% Soda und 5% Ätznatron enthaltender Lauge 3—3½ Stunden gekocht, gebleicht, im Holländer gewaschen, im Mahlholländer zerkleinert und in Kupferoxydammoniak zu einer mindestens 5%, besser 8—10% Cellulose enthaltenden Lösung gelöst.

Heute läßt man das Kupferoxydammoniak in unmittelbarer Berührung mit der Cellulose entstehen und gleich zur Wirkung kommen. Man löst das Gemisch von Cellulose und fein verteiltem Kupferhydroxyd in wasserfreiem Ammoniak auf. Die Masse wird dann geschlagen und geknetet, bis sie von richtiger und überall gleichmäßiger Viskosität geworden ist.

Dann wird durch Filterpressen geschickt, im Vakuumkessel der Ammoniakgehalt bis auf 5—6½% heruntergebracht, wieder durch die Filterpresse geschickt und vom Spinnkessel aus auf die einzelnen Spinnmaschinen verteilt.

Das beim Entlüften entweichende Ammoniak wird am besten durch einen Wäscher geschickt und so zurückgewonnen (T. **1926**, 41). Die Lösung hält sich nur beschränkte Zeit und muß sorgfältig gekühlt werden; sie unterliegt der „Reifung“, d. h. unter Zunahme der Zähflüssigkeit bilden sich immer größere molekulare Haufen, bis schließlich die ganze Lösung steif wird.

c) Für Viscose dient als Ausgangsstoff der größtenteils in Deutschland selbst hergestellte Sulfit-Zellstoff aus Fichtenholz. Er kostet nur etwa 25 Pfg. das kg.

Man verwendet zu einer Partie 130 kg Zellstoffpappe, wovon nach Abzug von Hemicellulose, Feuchtigkeit und Asche 100 kg als reine Cellulose verbleiben.

α) Herstellung von Natroncellulose.

Das Laugen mit 19%iger Natronlauge geschieht in durchlochten Blechbehältern, die zwei Stunden eingetaucht werden.

Nach dem Laugen wird abgepreßt bis auf das dreifache des Cellulosegewichtes.

Wenn nicht schon während des Laugens zerfasert wurde, so geschieht dieses nunmehr in 2—2½ Stunden bei 18—24°.

Darauf läßt man die „Krumen“ 48—92 Stunden in Blechtrommeln bei 20—25° „reifen“. Die Reifung bewirkt eine dispersoide Verfeinerung der Cellulose und braucht in der Kälte mehr, in der Wärme weniger Zeit.

β) Sulfidierung.

Die gebildete Alkalicellulose wird nun sulfidiert. Aus der Natroncellulose wird durch Einschiebung von Schwefelkohlenstoff in die Molekel Viskose, aus

$$C_6H_7O_2 \begin{matrix} .OH \\ .ONa \\ .ONa \end{matrix} \text{ wird } C_6H_7O_2 \begin{matrix} .OH \\ .ONa \\ .OCS_2Na \end{matrix} \text{, Cellulosexanthogenat.}$$

Auf 100 Teile Trockencellulose, entsprechend 320 Teilen Natroncellulose, verwendet man 30—32 Teile Schwefelkohlenstoff und läßt drei Stunden bei 16° gehen (E. Wurtz, Faserstoffe **1922**, 100). Zum Schluß werden etwa zwei Teile unverbrauchter Schwefelkohlenstoff mit Luft abgeblasen und die dunkelgelbe Masse in den Reifekessel übergeführt.

γ) Das Reifen.

Hier wird sie bis auf einen Gehalt von etwa 7% Cellulose und 8% Ätznatron verdünnt und „reifen" gelassen. Temperaturerhöhung beschleunigt die Reifung.

Das Reifen besteht in der langsamen Zurückverwandlung des Xanthogenats in Cellulose. Dabei wird Schwefelkohlenstoff abgespalten, der mit dem überschüssigen Ätznatron reagiert. Diese nebenher entstehenden Schwefelverbindungen (Dithiokohlensäure) verursachen das Auftreten von Schwefelwasserstoff beim späteren Zusammentritt der Spinnlösung mit dem sauren Fällbad

$$O.C\begin{matrix} \diagup SH \\ \diagdown SNa \end{matrix} + H_2SO_4 + H_2O \longrightarrow CO_2 + 2H_2S + NaHSO_4.$$

Die gereifte Viscose gelangt dann in den Spinnkessel, wo sie noch entlüftet wird.

II. Das Spinnen.

Das eigentliche Spinnen ist grundsätzlich nicht von dem bei der Entstehung der natürlichen Seide sich abspielenden Vorgang verschieden. Der Saft wird aus feinen Öffnungen in ein koagulierendes Mittel gepreßt, ausgezogen und aufgewickelt. Während des Erstarrens gleitet der äußere bereits erhärtete Zylinder fernrohrartig über den noch weichen inneren Kern hinweg (O. N. Witt, Die künstlichen Seiden, Berlin, **1909**, S. 6).

Bevor die Spinnlösung zur Düse gelangt, hat sie noch die „Filterkerze" von Topham (D. R. P. 125947) (Abb. 109) zu durchlaufen.

Der Filterkörper wird durch die Schraube s bei c gegen den an die Zuführungsleitung angeschlossenen Teil angepreßt und ist um diesen Punkt ausschwingbar. Die Spinnlösung tritt durch Kanal c bei k in die Filterkerze und durch

einen seitlichen Kanal an ihre Oberfläche. Die Kerze ist mit zahlreichen Quer- und einigen Längsrillen versehen und mit Batist b umwickelt, der bei b_3 fest verschnürt ist. Die in den vielen Rillen verteilte Spinnlösung tritt durch den Batist b und gelangt durch Rohr r zur Düse d.

Um gleichmäßige Fäden zu erhalten, muß man dafür sorgen,

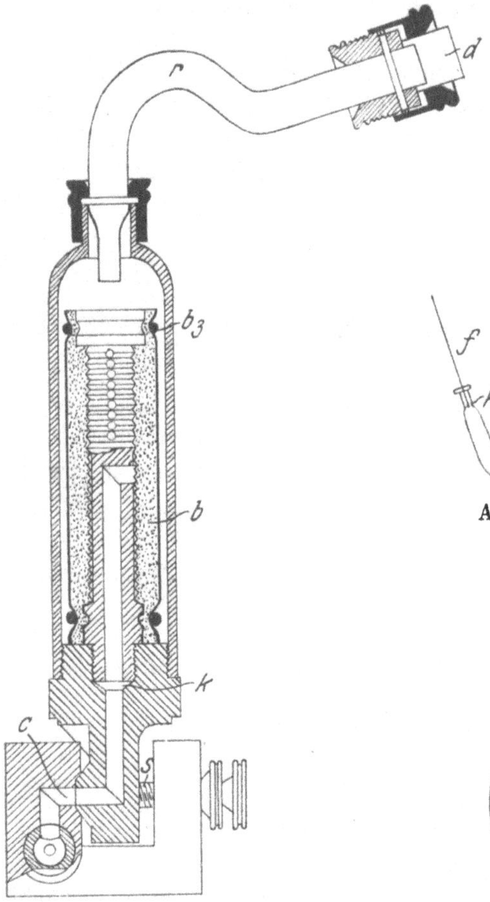

Abb. 109. Filterkerze.

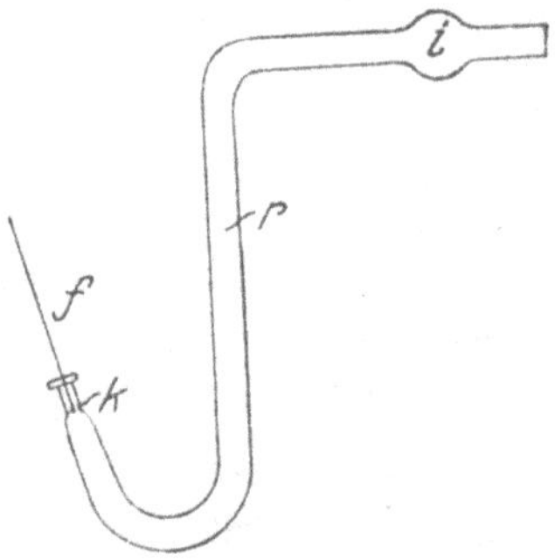

Abb. 110. Spinndüse.

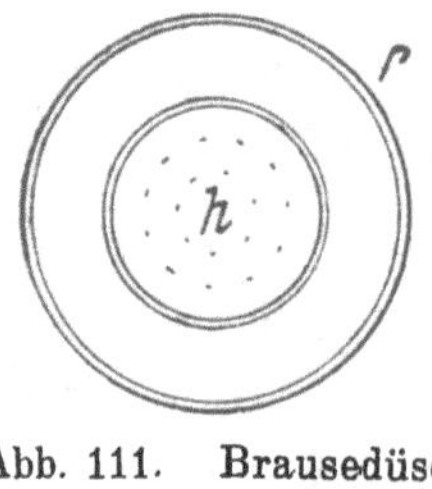

Abb. 111. Brausedüse.

daß die Spinnflüssigkeit immer mit gleicher Geschwindigkeit aus der Düse heraustritt. Am besten hat sich die Zahnradpumpe von Karl Hamel in Schönau bei Chemnitz und die Mehrkolbenpumpe von E. Gerberich in Mannheim bewährt.

Die Düsen sind entweder einzeln an einem gemeinsamen Rohr mit seitlichen Ansätzen, einem sogenannten Spinnkamm, mittels Gummischlauch befestigt oder zu Gruppen vereinigt, auch Brausedüsen genannt. Im ersteren Falle sind sie aus Glas (Abb. 110), im letzteren aus Metall (Platin) (Abb. 111). Eine Gruppendüse erzeugt in 24 Stunden 600 g Seide 120 den.

Abb. 112. Topfspinnmaschine von C. G. Haubold A.-G. in Chemnitz.

Das Düsenrohr r ist bei i verdickt zum Festhalten der Schlauchverbindung; bei k befindet sich die Kapillare, aus der der Faden f heraustritt. Die Gruppendüse besteht aus dem Düsenhütchen h mit 18 Löchern und dem Verschraubungsring r zur Befestigung des Hütchens.

Der Durchmesser der Düse beträgt 80—200 μ, ja sogar 500 μ, wenn stark gestreckt wird.

Je nach der Aufwicklung des Fadens unterscheidet man Spulen- und Spinntopfmaschinen (Abb. 112).

Die Trockenspinnmaschinen sind durch den Fortfall des Spinnbadbehälters mit den zugehörigen Rohrleitungen vereinfacht; dafür müssen sie in ein Gehäuse eingeschlossen werden, damit die verdunstenden Lösungsmittel nicht in den Arbeitsraum entweichen können.

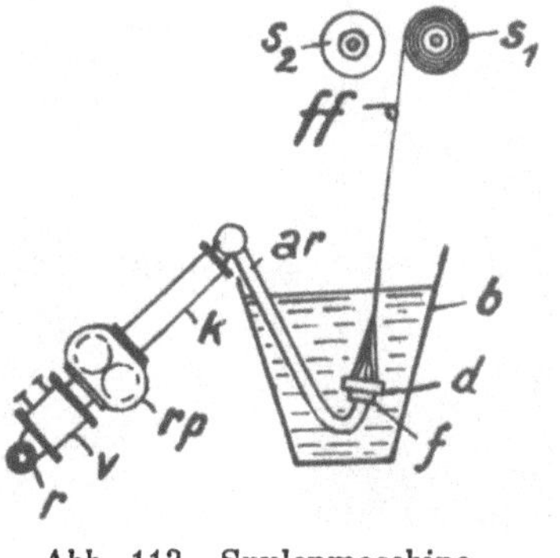

Abb. 113. Spulenmaschine.

Bei der Spulenmaschine (Abb. 113) gelangt die Spinnlösung aus dem Zuleitungsrohr r in den Verteiler v und wird von der Räderpumpe rp in das Kerzenfilter k und in das ausschwenkbare Rohr ar mit Filter f und Düse d gedrückt. Die ausgepreßten 18—24 Fäden werden, zu einem einzigen vereinigt, durch das Fällbad b hochgeführt und durch den Fadenführer ff auf die ganze Länge der Spule s_1 verteilt. Ist s_1

gefüllt, so wird der Faden abgerissen und an s_2 angelegt. s_1 wird durch eine leere Spule ersetzt usw.

Die Spulen der Spulenmaschinen sind aus Aluminium, Glas, Celluloid, Pappe u. a. und durchlöchert, um den nachfolgenden Behandlungsbädern ungehinderten Zutritt zu gewähren.

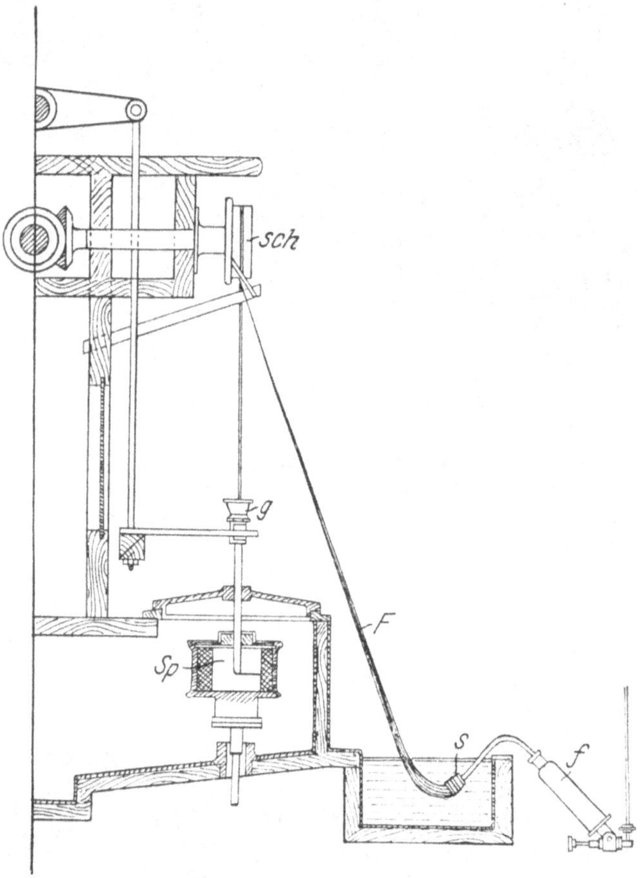

Abb. 114. Spinnzentrifuge.

Die Topfspinnmaschinen (Spinnzentrifugen) erteilen dem Faden neben der Aufwicklung zu einem runden „Kuchen" zugleich eine gewisse Vordrehung. Denn beim Einlaufen in die kleine Schleuder weicht der Faden von seiner Zuführungsvorrichtung um etwa 90° ab.

Die Topfspinnmaschinen nach C. Topham suchen Spinnen und Zwirnen in einen Arbeitsgang zu vereinigen (Abb. 114). Der von der Filterkerze f und Spinndüse s kommende Faden F wird über eine sich drehende und den Abzug regelnde Glasscheibe sch in eine kleine Schleuder Sp mit 80 Umdrehungen in der Sekunde (Spinntopf) geleitet. Ein Glasrohr g mit trichterförmiger Erweiterung oben hebt und

Abb. 115. Kunstseiden-Haspel von C. G. Haubold A.-G., Chemnitz.

senkt sich als Fadenführer und bildet so an der Wand der Schleuder den regelmäßig nach Art einer Kreuzspule geformten Fadenkuchen.

Die aus dem Spinntopf herausgestülpten Spinnkuchen werden auf Haspelmaschinen (Abb. 115) zu Strähnen umgeformt; hierbei werden Fadenzahl, Fadenlänge usw. genau bestimmt.

Dieser Arbeitsvorgang fordert größte Aufmerksamkeit, da der Kunstseidenfaden noch feucht und somit überaus empfindlich ist. Es ist deshalb bei den in der Regel anzutreffenden Haspelmaschinen mit Windekronen für 6 und mehr Fäden nicht zu vermeiden, daß beim Abstreifen der Strähnen Reibung entsteht, viele Einzelfäden zerreißen und die Seide das mit „flusig" bezeichnete Aussehen erhält. Die Abnahme der Strähne von der Hauboldschen Winde (Abb. 116 und 117) geschieht höchst einfach und völlig reibungslos. Es genügt ein kleiner Druck mit dem Daumen, die Winde klappt schirmartig zusammen und der Strähn fällt leicht und ohne jede Nachhilfe von Hand über den Arm. Der Faden wird also in jeder Hinsicht geschont. Bei Fadenbrüchen wird die betreffende Winde selbsttätig stillgesetzt. Während bei Maschinen mit Weifen für 6 und mehr Strähne diese bei Bruch eines Fadens sämtlich stillgesetzt werden müssen. Auch nach vollendeter Fadenzahl rückt jede Winde selbsttätig aus. Ein Zählwerk zeigt jederzeit die Zahl der fertiggestellten Strähne an und ermöglicht dadurch eine genaue Akkordberechnung.

Abb. 116. Hauboldsche Winde mit Kunstseidesträhnen.

Die Zusammensetzung des Fällbades hängt natürlich von der Kunstseidenart ab.

a) Für Nitratseide benutzt man entweder das Trockenspinnverfahren nach Chardonnet, D. R. P. 81 599, oder das Naßspinnverfahren nach Lehner, D. R. P. 58 508. Das erstere

Abb. 117. Hauboldsche Winde. Abnahme der Strähne.

arbeitet mit 25%iger Kollodiumlösung, Düsenöffnungen von nur 100 μ, aber mit 50 Atm. Druck, das letztere mit 15%iger Lösung, Düsenöffnungen von 500 μ, entsprechend geringerem Druck und mit Wasser als Flüssigkeit. Damit sind Vor- und Nachteile beider Verfahren gegeben. Sie dürften sich ungefähr die Wage halten.

b) Für Kupferseide benutzt man entweder 43—50%ige Schwefelsäure nach D. R. P. 125 310 oder starke Natronlauge nach D. R. P. 186 387, 186 766 und 190 217. Im letzteren Falle entsteht nicht gleich Cellulosehydrat, sondern zunächst grüne Kupfernatroncellulose, die erst beim

Waschen zu Kupfercellulose hydrolysiert und schließlich mit Säuren zu Cellulosehydrat zersetzt wird. Eine 2%ige Schwefelsäure genügt zur Entkupferung und gestattet die leichte Rückgewinnung des Kupfers elektrolytisch.

Einen wichtigen Fortschritt in der Erzeugung feinfaseriger Kupferseide brachten die D. R. P. 220 051, 303 047 und 421 426 von I. P. Bemberg in Barmen nach dem Streckspinnverfahren.

Nach W. Koske (T. **1926**, 40) genügt ein gußeisernes Rahmengestell für 20 Spinnstellen mit Spinnröhrchen von 7 mm Durchmesser. An diese Röhrchen setzt sich eine Glasröhre von 4 mm Durchmesser mittels Hartgummiverbindung an. Am Ende sitzt der Brausenkopf aus Hartgummi. Auf ihn läßt sich ein Ring aufschrauben, der die Nickelbrause von 40 mm Durchmesser festhält. Die Öffnungen sind 0,5 mm breite und 1 mm lange Ellipsen; ihre Anzahl ist $^5/_8$ des verlangten Titers in den. Die Brause b (Abb. 118) taucht in einen oben offenen Glastrichter t, dessen Durchmesser oben 70 mm, in der Mitte 40 mm und an der Ausflußspitze 3 mm und dessen Länge 250 mm ist. Durch den Trichter fließt enthärtetes Wasser und streckt den Faden. Unter dem Trichter befindet sich eine 100 mm breite Rinne r für den Wasserablauf, davor mit 20 mm Abstand ein 300 mm breites und 100 mm tiefes Becken s_1 mit der Koagulierflüssigkeit (2%ige Schwefelsäure). Von hier wird der halbkoagulierte grüne Faden auf Hartgummiringe h von 45 cm Durchmesser geleitet mit einer Abzugsgeschwindigkeit von 32—36 m in der Minute. Die Ringe laufen in 12% iger Schwefelsäure s_2.

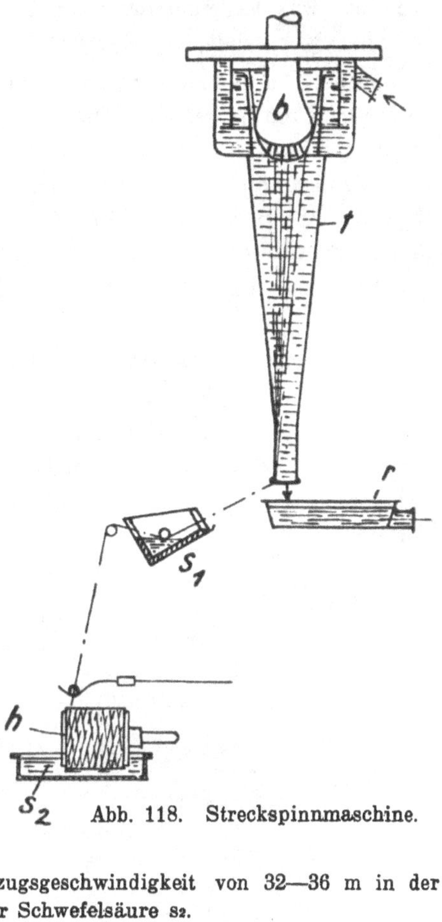

Abb. 118. Streckspinnmaschine.

Die kupferhaltigen Schwefelsäurebäder der Spinnerei und Wäscherei laufen fortgesetzt durch einen Elektrolyser und kehren entkupfert in den Betrieb zurück.

c) Für Viscose verwendet man Bäder aus Bisulfat. Salz- und Säuregehalt des Fällbades müssen so hoch gewählt werden, daß zunächst noch unzersetztes Xanthogenat sich ausscheidet, das erst nach dem Aufwickeln auf die Spulen mit verdünnter Schwefelsäure zu Cellulosehydrat zersetzt wird.

E. Bronnert von den Vereinigten Glanzstoffabriken hat das Streckspinnverfahren auch auf Viscose angewendet, indem er bestimmte Bedingungen des Fällbades, z. B. höhere Säurekonzentration, anwandte.

M. Müller (D. R. P. 187 947) verwendet als Fällbad eine Lösung von 40 kg Natriumbisulfat und 7 kg Schwefelsäure 66° Bé in 60 kg Wasser. Das Fadenbündel wird direkt ohne Zwirnung aufgespult, auf der Spule gewaschen, auf Zwirnspulen getrocknet, vorgezwirnt und geweift.

d) Acetatseide wird ähnlich der Nitratseide nach dem Trockenspinnverfahren hergestellt. Die aus der Düse austretenden Fäden werden abwärts einem aufsteigenden warmen Luftstrom entgegengeführt, wobei das Lösungsmittel Aceton verdunstet, um weiterhin zurückgewonnen zu werden. Am Boden der Röhre, durch welche die Fäden hinabfallen, befindet sich eine Spule zum Aufwickeln. Die Spulen werden entfernt und den Fäden ein Drall von etwa 1 auf 1 cm gegeben.

III. Die Nachbehandlung.

Die Nachbehandlung der aufgewickelten Kunstseide besteht zunächst im gründlichen Waschen. Nach dem D. R. P. 111 409 von Fremery und Urban werden die bewickelten Glasspulen S_1, S_2 und S_3 (Abb. 119—120) in das Gestell G gelegt und mit Wasser 4—6 Stunden berieselt.

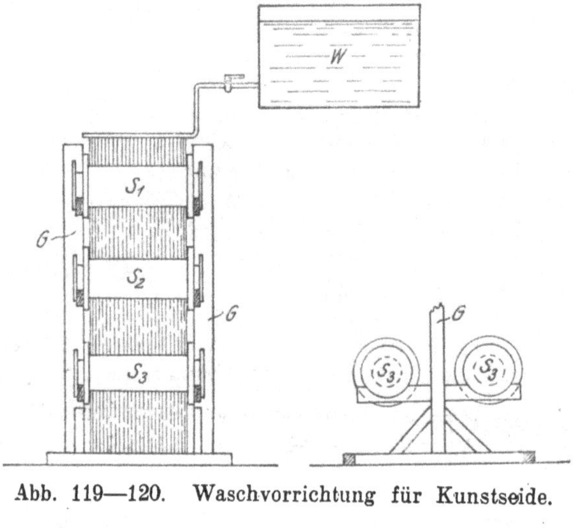

Abb. 119—120. Waschvorrichtung für Kunstseide.

Nach dem Waschen wird getrocknet durch Einstellen der Spulen in Trockenkammern. Darauf wird in einem feuchten Raum abgelegt.

Danach wird von den größeren Spinnspulen auf die kleineren Zwirnspulen umgespult.

Es folgt das Drallen, fälschlich „Zwirnen" genannt. Der in der Längsrichtung der schnell umlaufenden Zwirnspule abgezogene Faden läuft auf eine sich langsam drehende Spule mittels Fadenführer auf (Abb. 93). Er erhält 100 Drehungen auf den Meter Schußgarn, 200 auf den Meter Kettgarn.

Für die späteren Veredlungen durch das Bleichen und Färben wird die Seide gehaspelt, d. h. in Strahnform übergeführt.

Die weitere Nachbehandlung richtet sich nach der Art der Kunstseide.

a) Nitratseide wird entestert, „denitriert", um ihr die Entflammbarkeit zu nehmen. Zu diesem Zweck wird sie in Strähnform einige Stunden mit einer 5%igen Lösung von Natriumhydrosulfid bei 30—40° C behandelt, bis sie sich nicht mehr strohig, sondern weich anfühlt.

Nach der Denitrierung soll die Seide nur noch 0,3%, neuerdings 0,05%, Stickstoff enthalten. Sie wird gewaschen, mit verdünnter Salzsäure vom Eisensulfür befreit, gewaschen, gebleicht und getrocknet.

Ist die Seide zu hart, so kann der Griff durch Nachbehandeln mit einer ½—1%igen Lösung von Marseiller Seife verbessert werden.

b) Kupferseide wird nach dem schon S. 254 beschriebenen Verfahren entkupfert. Häufig wird zweimal gewaschen und getrocknet. Dadurch wird das Garn weicher.

Die Strähne werden auf Aluminiumstäben gewaschen und getrocknet. Beides geschieht auf Maschinen, um unnötiger Beschädigung beim Anfassen vorzubeugen.

c) Die Viscosesträhne kommen hart und stumpf heraus, weil sich aus dem Fällbad etwas Schwefel oberflächlich auf der Faser niedergeschlagen hat. Der Schwefel muß daher durch ein 40—50° C heißes 1%iges Natriumsulfidbad heruntergelöst werden. Nach etwa ½ Stunde wird gewaschen, gebleicht, geschleudert und getrocknet. Die vorher gelbe Seide sieht nach dem Entschwefeln graugrün aus.

Für Strick- und Wirkwaren wird nach dem letzten Waschen noch mit Öl — in Seife zur Milch verteilt — weich gemacht.

d) Im Gegensatz zur Nitratseide braucht die Acetatseide nicht entestert zu werden. Sie würde dabei nicht nur die wertvolle Gewichtszunahme von etwa 60%, sondern auch Glanz und Weichheit einbüßen. Die Fäden werden zum Schluß nur noch leicht geölt.

Auch das Sortieren entfällt hier, da die Fäden infolge der einfachen Entstehungsweise alle von gleicher Güte sind.

Abfälle beim Winden werden einfach wieder in Aceton gelöst und von neuem gesponnen.

Das Sortieren der gehaspelten Seide macht den Schluß. Es geschieht einerseits nach der guten Beschaffenheit mit Bezug auf Glanz, Reinheit und Abwesenheit von Knoten (Prima, Sekunda usw.), andrerseits nach dem Titer, d. h. der Fadenstärke.

2. Wirtschaftliches.

Wie wenig die Kunstseide bis jetzt die Naturseidenerzeugung unterbindet, ergibt sich aus folgenden Zahlen (D. Färb.-Ztg. **1926**, 118):

	1909	1923
Naturseide	24 500 t	34 000 t
Kunstseide	7 500 t	44 000 t

Erzeugte Tonnen Kunstseide:

	1913	1923	1924	1927
Amerika	770	14 000	16 245	37 000
England	3 300	7 000	10 885	13 750
Deutschland	3 850	6 000	10 700	14 850
Italien	165	4 600	8 400	19 800
Frankreich	1 650	3 500	5 606	9 900
Belgien	1 430	2 800	4 034	8 250
Schweiz		1 700	1 820	
Holland		1 200	1 530	7 150
Zusammen:	11 165	40 800	59 220	110 700

Die gesamte Erzeugung verteilt sich auf die vier Kunstseidegattungen wie folgt:

Nitratseide 4900 t, Kupferseide 900 t, Viscose 55 100 t und Acetatseide 1800 t.

3. Physikalische Eigenschaften.

Der Glanz ist der höchste unter allen Gespinstfasern.

Die Farbe ist um so weißer, je reiner die Kunstseide und ihr Ausgangsstoff ist. Kupferseide ist auffallend bräunlich.

Der Griff ist bei reiner Kunstseide weich. Er hängt von der Feinheit des Einzelfadens und von dem Grade der Zwirnung ab.

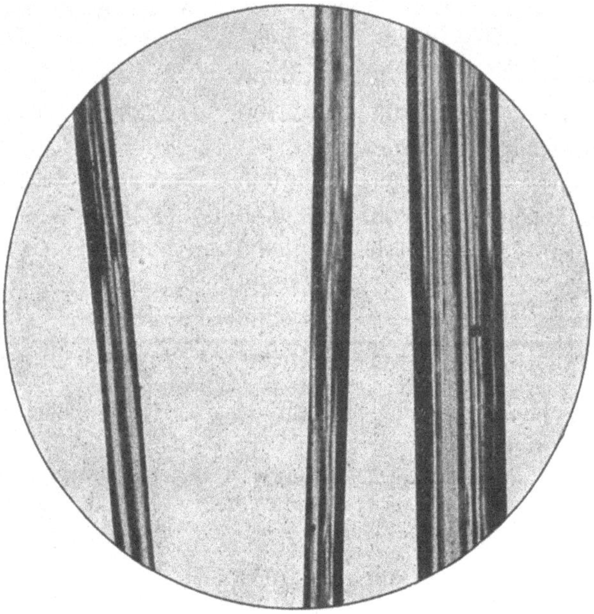

Abb. 121. Kunstseide (nach Chardonnets Verfahren). (300fach vergrößert.)

Die Dicke des Einzelfadens beträgt 29—35 μ, also mehr als bei Naturseide, bei Kupferseide nach dem Streckspinnverfahren nur 13 μ, also ebensoviel.

Das spez. Gewicht ist 1,5—1,53, also ebenfalls mehr wie bei Naturseide; bei Acetatseide nur 1,25.

Unter dem Mikroskop fällt das gerade glasstabartige Aussehen auf (Abb. 121).

Die Benummerung (Titrierung) der Kunstseide geschieht wie bei Naturseide nach deniers. Heute spinnt man die feinste Kunstseide bis 60 den. Die gröbste ist über 300 den.

Die Festigkeit der Kunstseide hängt vom Titer ab und ist bis 30% größer, so daß eine Kunstseide von 100 den. bei 130 g Belastung reißt. Sie ist also nur etwa ⅓ so stark wie Naturseide, und dies Verhältnis verschlechtert sich noch im nassen Zustande.

Die „relativen" Naßfestigkeiten der einzelnen Gespinstfasern sind nach Obermiller, Z. angew. Ch. **1926**, 46 für

Baumwolle	110—120%	Kupferseide (Waschseide)	50—60%
Wolle	80— 90 „	Viscoseseide	45—55 „
Seide	75— 85 „	Nitratseide	30—40 „
Acetatseide	65— 70 „		

Die Werte können aber z. B. bei schlechter Nitratseide noch niedriger sein, wo ich nur 20% und darunter beobachtet habe.

Die Dehnbarkeit beträgt 7—15% und etwa ebensoviel im nassen Zustande.

4. Chemisches Verhalten.

Die Kunstseiden enthalten durchschnittlich 11% Feuchtigkeit. Ebensoviel beträgt der Zuschlag zu dem bei 110° ermittelten Trockengewicht, um das Handelsgewicht zu berechnen.

Acetatseide enthält nur 4—5% Feuchtigkeit, da bei ihr die Hydroxylgruppen verestert sind.

Im Gegensatz zur Acetatseide quellen die übrigen Kunstseiden in Wasser stark; sie werden 30—60% dicker (Naturseide nur 10—15%). Die starke Quellung ist die Ursache der geringen Feuchtfestigkeit der Kunstseiden.

Gegen Alkalien ist die Kunstseide nicht so unempfindlich. Sie quillt und löst sich schließlich auf.

Säuren gegenüber ist sie ebenso empfindlich wie Baumwolle.

Besondere Vorsicht ist bei der Verwendung von Nitratseide geboten, wenn die daraus gefertigten Waren hitze- oder lagerbeständig sein sollen.

Die Nitratseide enthält nicht nur immer noch Spuren von Salpetersäureestern, an denen sie vermöge der Diphenylaminreaktion leicht erkannt werden kann, sondern auch oft Schwefelsäureester, die sich beim Lagern, und besonders in der Hitze, zersetzen.

Azetatseide unterscheidet sich von den übrigen Kunstseiden durch ihre Löslichkeit in Aceton.

Viscose läßt sich von Kupferseide durch ihren geringen Schwefelgehalt unterscheiden. Man kocht den Prüfling mit Zinnsalzsalzsäure und leitet die Dämpfe gegen Bleipapier; dieses wird bei Gegenwart von Viskose durch den entweichenden Schwefelwasserstoff gebräunt.

Ausgezeichnet läßt sich Viskose von Kupferseide im Licht der Quarzlampe der Quarzlampengesellschaft A.-G. Hanau unterscheiden. Kupferseide leuchtet mit bläulich-weißer Fluoreszenz auf, während Viskose fast unverändert bleibt. Acetatseide verhält sich ähnlich wie Kupferseide, Nitratseide ähnlich wie Viskose, nur zeigen beide einen etwas geringeren Grad von Fluoreszenz so, daß man diesen bei Nitratseide gleich 0 setzen kann (S. 182).

5. Verwendung der Kunstseide.

Die Verwendung der Kunstseide weist ihr ein ganz anderes Gebiet zu als Naturseide. Ihr Glanz macht sie geeignet zu Effektfäden, zu Besatzlitzen, Borsten, Spitzen, Fransen u. dgl. Sehr viel Kunstseide wird zum Sticken gebraucht und zur Herstellung der sogenannten „Luftspitzen". Ihre geringe Festigkeit verschlägt nichts beim Verflechten und Verwirken zu Trikotstoff, Schals, Krawatten, Kragenschonern, ebenso als Einschlag für Samt und Plüsch. Glühstrümpfe aus Kunstseide sind dauerhafter und leuchtkräftiger als solche aus Baumwolle oder Ramie, weil die Kunstseide sich besser mit der Salzlösung durchtränken läßt, einen gleichmäßigeren, endlosen Faden gibt und daher besser abbrennt. Sogar Strümpfe werden aus Kunstseide gewirkt, wenigstens die Längen, während Rand und Sohle aus Baumwolle hergestellt werden.

Dicke Kunstseidefäden werden als künstliches Roßhaar, z. B. für Damenhutlitzen, verwandt. Flache, bandförmige Kunstseide, die aus Düsen in Form eines breiten Schlitzes ausgepreßt wurde, dienen als „Kunststroh" und „Bastband". Erstere heißen in England „Monofil", letztere „Viska".

Für gewisse Zwecke, z. B. bei der Verwendung als Menschenhaarersatz, stört der Glasglanz der Kunstseide. Er läßt sich durch Niederschlagen von Bariumsulfat oder nach D. R. P. 137 461 durch Aufbringen von Öl und Pulver vermindern.

Die Herabminderung des Glanzes kann man auch erreichen durch Zerteilung des endlosen Fadens in baumwollähnliche Fasern von bestimmter Stapellänge. Solche „Stapelfaser" läßt sich dann zusammen mit Baumwolle oder Wolle verspinnen. Während des Krieges hat sie dazu gedient, die natürlichen Fasern zu ersetzen und ihren Vorrat zu strecken. Sie wird auch heute noch von der Glanzfäden-A.-G. Berlin-Petersdorf im Verein mit den Sprengstoffabriken unter Ausnutzung ihrer sonst brach liegenden Anlagen erzeugt und unter den Namen „Vistrawolle" als Ersatz für Baumwolle und unter der Bezeichnung „Lanofil" als Ersatz für Wolle in den Handel gebracht. Stapelfaser wird hauptsächlich aus Viscose hergestellt.

Kunstgarne oder verzierte Garne.

A. Krimmer- oder Kräuselgarne.

Mehrere Wollgarne werden mit harter Drehung gezwirnt, gekocht, getrocknet und wieder auseinandergedreht. Durch die scharfe Drehung werden die Einzelfäden gekräuselt; durch das Kochen werden sie in diesem Zustand dauernd erhalten.

Abb. 122.

Oder es wird Wollgarn feucht gemacht und in Schraubengangwindungen auf ein geheiztes Rohr aufgewickelt, dann getrocknet und vom Rohr abgeschoben. Auch hier werden die Kräuselungen durch die Einwirkung der Hitze festgelegt.

Nach einem dritten Verfahren wird Wollgarn verstrickt; das erhaltene Maschengebilde wird gekocht und wieder aufgezogen. Die Kräuselung wird hier durch die Maschenbildung erreicht.

B. Flammgarne.

Flammgarne oder geflammte Garne zeigen in bestimmten regelmäßigen Zwischenräumen in der Längsrichtung einen Farbenwechsel. Diesen Farbenwechsel kann man sowohl durch Bedrucken des Fadens als auch durch Färbung herstellen.

Bei bedrucktem Garn sind die Farben an den Wechselstellen scharf abgegrenzt.

Bei der Herstellung von geflammtem Garn durch Färberei sind zwei Verfahren in Gebrauch:

a) man hängt die Garnsträhne soweit in die Farbflotten ein, als sie eine bestimmte Färbung erhalten sollen, und behandelt die verschiedenen Teile der Strähne in so vielen verschiedenen Bädern, als Farbtöne verlangt werden. Hierbei ist Vorsicht anzuwenden, daß die Farben an den Wechselstellen nicht ineinander übergreifen.

b) Der Strahn wird an den Stellen, an denen die Farbflotte eines Bades nicht wirken soll, scharf unterbunden (Abb. 122). Statt die Strähne zu unterbinden, klemmt man sie auch wohl zwischen kupferne Rahmen und bringt sie mit diesen in das Färbebad.

C. Noppengarne.

Noppengarne werden ausschließlich in der Streichgarnspinnerei hergestellt dadurch, daß man dem Faden noppenartige Gebilde einverleibt, die durch Färbung oder auch durch Wulste von dem übrigen Fadenkörper sich abheben. Die Noppen bestehen aus Wolle oder aus Seidenabfällen. Bei der Herstellung solcher Garne kommen zwei Rücksichten in Frage, die sich entgegenstehen. Man will einerseits die Noppen dem Faden möglichst fest einverleiben, und dazu ist es am besten, die Noppen schon unter das Spinngut zu mischen, aus dem das Garn hergestellt werden soll. Andererseits sollen die Noppen tunlichst unaufgelöst und unversehrt bleiben, und dazu ist zweckmäßig, sie dem Krempelprozeß möglichst zu entziehen, also sie tunlichst spät zuzusetzen. So kommt es, daß man beim Mischen der Noppen mit dem Spinngut die drei Krempeln des Assortiments möglichst lose einstellen muß, um die Noppen nicht zu vernichten, dafür aber schlechtes Garn erhält, oder aber, daß man die Noppen erst auf dem Speisetisch der Continue zugibt, oder sie auf den Peigneur oder gar auf den vom Peigneur abgekämmten Flor aufstreut. Dabei muß man in den Kauf nehmen, daß die Noppen dem Faden weniger fest einverleibt werden. Beim Feinspinnen von Noppengarn ist zu beachten, daß die Noppe als Fremdkörper in dem Faden leicht einen Fadenbruch verursacht. Man kann deshalb den Faden nicht so stark ausziehen und ihn auch nicht so fest drehen, wie beim gewöhnlichen Spinnverfahren.

Die zur Herstellung von Noppengarn dienenden Noppen sind entweder die Wollbällchen, die als Auswurf des Klettenwolfes gewonnen werden, oder man stellt sie eigens auf einer Krempel her, indem man bei ihr die Arbeiter weiter vom Tambour abstellt und den Volant langsamer laufen läßt. Als Noppen benutzt man auch Fadenstücke von 1—2 cm Länge.

D. Metallisierte Garne.

Auf Garnen wird auf galvanischem Wege ein Metallniederschlag angebracht. Die Herstellung eines solchen Niederschlages mit Hilfe des elektrischen Stromes bietet keine Schwierigkeit, sobald das Garn oder die Fasern desselben stromleitend gemacht worden sind. Um dies zu erreichen, tränkt man das Garn mit einer wässerigen Lösung von Silbernitrat und setzt es alsdann der Einwirkung entweder von Schwefelwasserstoffgas oder von Phosphorwasserstoffgas aus. Im ersteren Falle bildet sich auf den Fasern des Garnes festes Silbersulfid, im letzteren ein feiner Überzug von metallischem Silber. Beide Körper leiten den elektrischen

Strom. Das so vorbereitete Garn kann somit in den bekannten Bädern galvanisch vergoldet, versilbert usw. werden.

Beim Bayko-Garn wird Metallglanz dadurch erreicht, daß Fäden mit einer Lösung von Zelluloseacetat in Mischung mit Metallbronze oder -Pulver behandelt werden. Zum Schluß werden die getrockneten Fäden poliert, gepreßt, geriffelt usw. Durch Zusatz von Farbstoffen können verschiedene Bronzelösungen erzeugt werden.

Zwirne.

Zwirne oder gezwirnte Garne entstehen dadurch, daß man zwei oder oder mehrere einfache Fäden parallel nebeneinanderlegt und um die gemeinsame Achse dreht. Der Zwirn heißt zweifach, dreifach usw., je nachdem zwei, drei und mehr einfache Fäden zu ihm vereint wurden. Man unterscheidet ein Zwirnen mit Auf- und mit Zudrehung, d. h. entgegengesetzt zu den Drehungen der zum Zwirn vereinigten einfachen Fäden oder nach derselben Richtung. Nun wird bekanntlich ein Faden um so härter, je stärker er gedreht wird. Zwirnen wir deshalb mit Zudrehung, so erhöht sich die Härte der einfachen Fäden, und der Zwirn erhält ein mageres Aussehen. Beim Zwirnen mit Aufdrehung wird die ursprüngliche Fadendrehung vermindert, die einfachen Fäden werden dadurch weich, können sich leicht und vollständig umeinander legen mäßig weichen Zwirn. Es ist deshalb zweckmäßig und meistens üblich, und liefern deshalb einen vollen, gleichmäßig runden und verhältnismäßig weichen Zwirn. Es ist deshalb zweckmäßig und meistens üblich, den Zwirn mit Aufdrehung der einfachen Fäden herzustellen.

Die Zwecke, zu denen Zwirne hergestellt werden, sind verschiedene. Aus den Darlegungen über die verschiedenen Spinnverfahren ist ersichtlich, daß ein Faden allgemein um so gleichmäßiger wird, je feiner er gesponnen, d. h. je stärker er beim Spinnen ausgezogen wird. Wo deshalb dickeres und doch durchaus gleichmäßiges Garn nötig ist, schlägt man den sicheren, wenn auch umständlichen Weg ein, feineres Garn zu spinnen und aus diesem durch Zwirnen das dickere Garn zu gewinnen. In anderen Fällen zwirnt man, um einen an sich schwachen oder sonstwie wenig haltbaren Faden zu kräftigen. So zwirnt man Webgarne aus kurzem Rohstoff, Kunstwolle usw. mit sehr feinen, aber starken Baumwollfäden, um dem Hauptfaden die nötige Widerstandsfähigkeit beim Verarbeiten zu geben. Das Zwirnen bietet ferner ein bequemes Mittel, um Reste verschiedener Garne vereint aufzubrauchen. Endlich zwirnt man zu dem Zwecke, durch Vereinigung von verschiedenfarbigem oder sonstwie verschiedenartigem Garn Verzierungen zu erzielen.

Das Zwirnen ist, da es weiter nichts erfordert, als ein Fadenbündel um die gemeinsame Achse zu drehen, eine sehr einfache Verrichtung und kann mit jeder Vorrichtung vorgenommen werden, die zur Fadendrehung geeignet ist, insbesondere also auf jeder Feinspinnmaschine. Tatsächlich wurde früher auch auf den verschiedenen Feinspinnmaschinen gezwirnt. Die leistungsfähigste Feinspinnmaschine ist nun unzweifelhaft die Ringspinnmaschine (Abb. 20). Aus diesem Grunde sind die neueren Zwirnmaschinen alle nach dem Grundsatz der Ringspinnmaschine gebaut. Die Streckwerke fehlen, da beim Zwirnen ein Ausziehen der Fäden nicht mög-

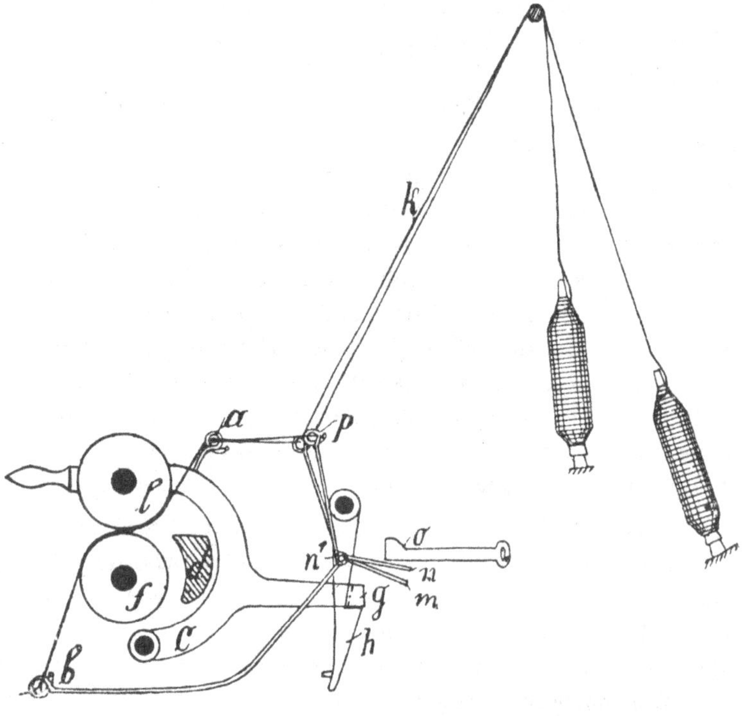

Abb. 123. Fadenwächter für Zwirnmaschinen beim regelmäßigen Betrieb.

lich ist. Dagegen besitzen die Zwirnmaschinen eine Vorrichtung, die bei eintretendem Fadenbruch sofort abstellt. An der Feinspinnmaschine ist sie nicht vorhanden und nicht erforderlich, da hier beim Bruch eines Fadens die Spindel den Faden nicht weiter dreht und die aufsitzende Spule ihn nicht wickelt. Die Zwirnmaschine arbeitet aber weiter, wenn einer der zu zwirnenden Fäden reißt. Es entstehen fehlerhafte Stellen, die unter Umständen große Ausdehnung annehmen und das Erzeugnis vollständig unbrauchbar machen können. Die in Rede stehende Abstellvorrichtung heißt Fadenwächter. Abb. 123 zeigt den Fadenwächter beim regelmäßigen Betrieb, Abb. 124 nach eingetretenem Fadenbruch.

Die von den Spulen kommenden einfachen Fäden k gehen durch Ösen p, a und b. Zwischen a und b befinden sich die Führungswalzen l und f, die das Garn von den Spulen abziehen und weitergeben. Stehen diese Walzen still, oder werden sie voneinander entfernt, so hört die Garnlieferung und damit auch die weitere Zwirnbildung auf. Die Druckwalze l ist nun in dem oberen Teil eines gekrümmten Hebels gelagert, der seinen Drehpunkt in c hat. Der gekrümmte Hebel besitzt das Ansatzstück g, das beim regelmäßigen Arbeiten der Maschine auf dem Ausschnitt der Klinke h ruht. Die Ösen p bilden die Endpunkte der oberen Arme von Winkelhebeln p n^1 m und p n^1 n, deren Drehpunkte n^1 in der Klinke h liegen. Der Riegel o wird durch einen Exzenter nach rechts und links bewegt. Die Fäden k halten die Ösen p und damit die Winkelhebel in einer solchen Stellung, daß der Riegel o bei seiner schwingenden Bewegung über die Hebelarme n^1 n bzw. n^1 m hinweggeht.

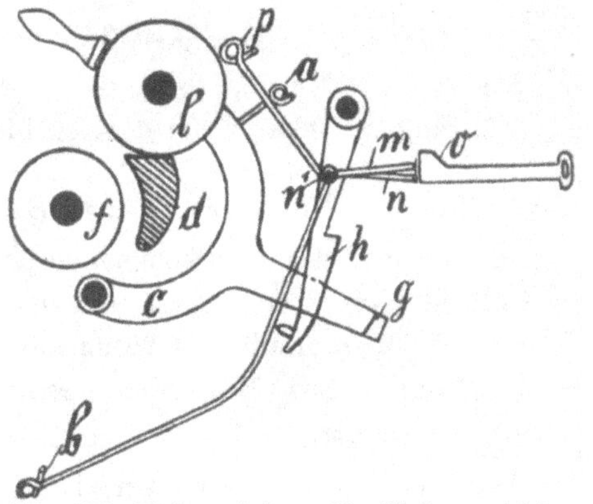

Abb. 124. Fadenwächter für Zwirnmaschinen nach eingetretenem Fadenbruch.

Reißt aber ein Faden k, so bewegt sich der zugehörige Hebelarm p n^1 nach rechts, der andere Arm des betreffenden Winkelhebels geht aufwärts und wird beim nächsten Hub des Riegels o nach links gestoßen. Damit verläßt der Ausschnitt der Klinke h den Ansatz g. Der die Rolle l tragende krumme Hebel dreht sich um c und die Rolle l kommt in die Lage von Abb. 124. Damit hört die Garnlieferung und Zwirnbildung auf. Der an der Rolle l befestigte Handgriff dient dazu, nach Wiederanknüpfung des zerrissenen Fadens die Vorrichtung wieder in die Stellung von Abb. 123 zu bringen. Es gibt verschiedene Ausführungsarten von Fadenwächtern, sie beruhen aber alle auf dem vorhin dargelegten Gedanken.

Kunstzwirne.

Wie schon erwähnt, dient das Zwirnen auch dazu, Verzierungen hervorzubringen. Man unterscheidet hierbei:

A. Kern- oder Seelengarn.

Im Innern liegt ein vollkommen gestreckter Faden; er gibt dem Zwirn den Halt; er bildet seinen Kern oder seine Seele. Der Kernfaden ist von anderen Fäden umhüllt. Metallumsponnene Fäden werden auf diese Weise erzeugt. Zur Herstellung wird dieselbe Vorrichtung wie für Knotengarn benutzt.

B. Knotengarn.

Ein gewöhnlicher Faden, der Grundfaden, wird in bestimmten Zwischenräumen senkrecht zu seiner Achse mit einem zweiten Faden umwickelt; durch diese Umwickelungen bilden sich knotenartige Anhäufungen. Der knotenbildende Faden heißt Effektfaden. Zwischen den einzelnen Knoten wird der Effektfaden mit dem Grundfaden einfach gezwirnt. Die Herstellung ist sehr einfach (Abb. 125):

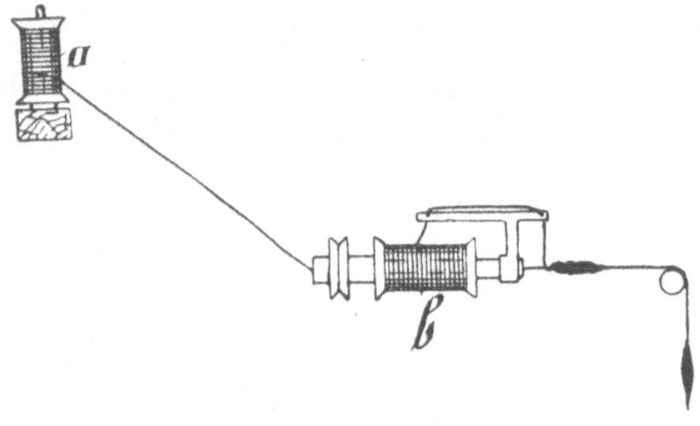

Abb. 125. Vorrichtung zur Herstellung von Knotengarn.

Die Spule a enthält den Grundfaden, Spule b den Knoten- oder Effektfaden. b sitzt lose auf einer Hülse, durch die der Grundfaden hindurchgeführt wird. Die Hülse trägt links einen Wirtel zum Antrieb, rechts einen Flügel. Durch zwei Öffnungen in dem Flügel wird der Effektfaden geführt und bei der Umdrehung der Hülse von der Spule b ab- und auf den Grundfaden aufgewickelt.

Der Grundfaden bewegt sich zwischen den Knoten ruckweise vorwärts. Soll Kerngarn hergestellt werden, so geht der Grundfaden stetig vorwärts, wobei die Geschwindigkeit des Flügels so geregelt ist, daß der Effektfaden den Grundfaden in seiner ganzen Ausdehnung umwickelt oder umspinnt.

C. Schlingen- oder Ringelgarn.

Der Faden trägt in bestimmten Abständen auf seinem Umfange ringförmige Schlingen. Man stellt solches Garn her, indem man beim Zwirnen zweier Fäden den einen — den Effektfaden — rascher laufen läßt, als den anderen — den Grundfaden —; jener liefert alsdann mehr Faden, als zur festen Umschlingung des anderen erforderlich ist, und ist gezwungen, die überschüssige Fadenlänge in Form von schleifenförmigen Ausweitungen unterzubringen. Man wählt zu Effektfaden zweckmäßig gröberen und glänzenden Rohstoff. Die Schlingen werden alsdann schön gerundet und machen sich infolge ihres natürlichen Glanzes besonders bemerkbar.

Von den beiden Spulen (Abb. 126) enthält a den Grundfaden, a_1 den Effektfaden. Das Walzenpaar w_1, das den Effektfaden befördert, läuft schneller, als das Paar w, das den Grundfaden liefert. Unterhalb der beiden Walzenpaare befindet sich die Zwirnvorrichtung.

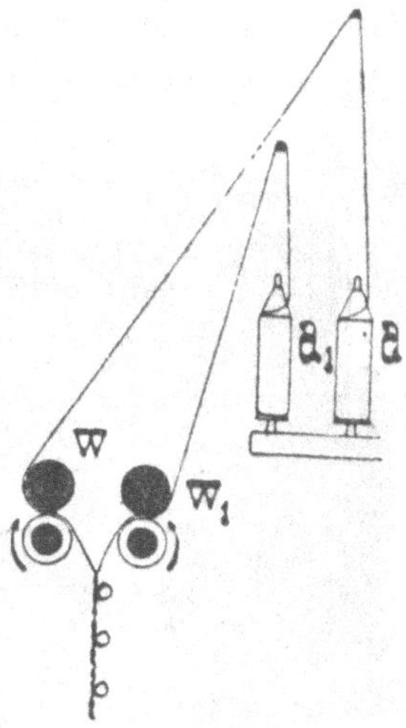

Abb. 126.
Vorrichtung zur Herstellung von Schlingengarn.

Zweckmäßig und gebräuchlich ist, das Schlingengarn noch mit einem dritten feinen Baumwollfaden zur Befestigung der Schlingen zu zwirnen.

D. Phantasiegarne.

Durch Vereinigung verschiedener Ziergarne oder -zwirne stellt man eine große Zahl von Phantasiegarnen her. So zwirnt man Schlingengarne unter sich und erhält dadurch R a u p e n g a r n e, ferner zwirnt man Noppengarn mit Schlingen- und Knotengarn, Flammgarn mit anderen Effektgarnen usw.

Untersuchung der Garne.

a) Bestimmung des Rohstoffs.

Über die Natur des Rohstoffs gibt, soweit sie nicht schon durch die Betrachtung mit dem unbewaffneten, für solche Versuche geübtem Auge festgestellt werden kann, die mikroskopische Prüfung zuverlässigen Aufschluß. Die in den früheren Abschnitten gegebenen mikrophotographischen Bilder helfen dazu.

Abb. 127. Analysen-Quarzlampe der Quarzlampengesellschaft, Hanau.

Zum Erkennen pflanzlicher, tierischer und mineralischer Rohstoffe genügt meistens die Brennprobe. Pflanzliche Rohstoffe verbrennen leicht mit leuchtender Flamme und hinterlassen eine lockere, leicht zerfliegende Asche. Tierische Rohstoffe verbrennen schwer, wobei sich ein merkbarer Geruch nach verbrannten Haaren geltend macht und eine ziemlich feste Asche zurückbleibt. Mineralische Rohstoffe sind unverbrennlich.

Baumwolle und Flachs unterscheidet man durch die Reißprobe. Baumwollgarn reißt kurz, die Reißenden sind kurz, wirr und wollig; Flachs reißt langsam, die Reißenden sind langgestreckt, schlicht, spitzig.

Ein ausgezeichnetes Mittel zur Unterscheidung der einzelnen Gespinstfasern bietet ihre Betrachtung im Licht der Quarzlampe der Quarzlampen-A-G. Hanau (Abb. 127). Die Fasern leuchten mit bläulich-weißer Fluoreszenz verschieden stark auf, am stärksten Wolle und Seide, dann Kupfer- und Acetatseide, dann Baumwolle, Flachs und Viskose; bei Nitratseide ist keine Fluoreszenz mehr zu bemerken (S. 172.)

Besteht ein Garn aus gemischtem Rohstoff, so läßt sich das Mengenverhältnis der Bestandteile mit dem Mikroskop durch Zählen der einzelnen Fasern nur schwer erkennen (vgl. A. Herzog, Textile Forschung **1922**, 52). In einzelnen Fällen, die aber für die Praxis die wichtigsten sind, kann aber die Bestimmung mit aller Sicherheit auf chemischem Wege ausgeführt werden.

Nachweis pflanzlicher Gespinstfasern in Wollen- und Seidengarnen.

Es handelt sich hierbei wesentlich um Wollengarne, die mit Baumwolle oder mit Chinagraskämmlingen versetzt sind, ferner um die Untersuchung halbwollener und halbseidener Stoffe. Die Untersuchung ist einfach und gründet sich darauf, daß tierische Haare und natürliche Seide in kochender 10%iger Natronlauge rasch in Lösung gehen, während pflanzliche Gespinstfasern erhalten bleiben. Eine sorgfältig abgewogene Garn- oder Gewebeprobe wird 5 Minuten in der Lauge gekocht, der Rückstand wird wiederholt mit reinem Wasser abgespült, bis er vollständig rein ist, sodann getrocknet und gewogen. Er ist pflanzlicher Gespinststoff. Während der Untersuchung bleiben Temperatur und Luftfeuchtigkeit im Untersuchungsraum tunlichst unverändert, weil sonst der wechselnde Feuchtigkeitsgehalt einen Fehler herbeiführen kann. Besteht der Rückstand aus Baumwolle, so ist sein Gewicht um 2% zu erhöhen, weil die rohe Baumwolle soviel an Harz bzw. an Baumwollwachs verliert (vgl. S. 10). Das Chinagras verliert in dem Zustande, in welchem es der Fabrikation übergeben wird, durch Kochen in ätzenden Laugen nichts mehr.

Trennung tierischer Haare von Seide.

Sehr starke Salzsäure löst natürliche Seide auch in der Kälte in weniger als 1 Minute vollständig auf, während tierische Haare der Flüssigkeit 10 Minuten lang ohne jeden Gewichtsverlust ausgesetzt werden können. Man wird folglich den Seidengehalt eines Garnes leicht durch Eintauchen einer abgewogenen Probe in rauchende kalte Salzsäure, Auswaschen, Trocknen und Wägen des Rückstandes bestimmen können. Die Salzsäure muß mindestens das spez. Gew. 1,16 haben und darf nicht erwärmt werden. Künstliche Seide verhält sich chemischen Einwirkungen gegenüber genau wie eine pflanzliche Gespinstfaser, kann also leicht von natürlicher Seide und von tierischen Haaren unterschieden und getrennt werden.

Bei der Untersuchung ungewaschener Wollengarne ist zu berücksichtigen, daß diese Garne das vor dem Spinnen zugesetzte Öl noch enthalten. Es ist deshalb üblich, bei Wollengarnen vorerst den Waschverlust zu bestimmen. Man kann dies ausführen, indem man eine abgewogene Garnprobe in lauwarmer Seifenlösung wäscht, in reinem Wasser wiederholt ausspült, trocknet und wägt. Einfacher noch ist es, die Garne mit einem fettlösenden Mittel, etwa mit Petroläther, auszuziehen. Hierbei wird natürlich nur das Fett ausgezogen, jedoch ist in der Regel der Ölgehalt des Garnes gleich dem Verlust, den das Garn beim Waschen in alkalischen Flüssigkeiten erfährt.

Die Beschaffenheit des Rohstoffs kann natürlich weder auf chemischem noch auf mikroskopischem Wege erkannt werden. Hier muß man den Faden aufdrehen, die Fasern dadurch freilegen und sie einzeln auf ihre Länge, Stärke, Färbung usw. prüfen. Insbesondere ist diese Prüfung von Wert bei der Untersuchung eines Wollengarnes auf einen Gehalt an Kunstwolle.

b) Bestimmung des Feuchtigkeitsgehaltes.

Gespinstfasern tierischen und pflanzlichen Ursprunges sind sämtlich hygroskopisch, d. h. sie nehmen aus der Luft Wasserdampf auf. Die Menge des aufgenommenen Wassers ist nicht immer dieselbe, sie hängt vielmehr von dem jeweiligen Stande der Luftfeuchtigkeit ab, sie steigt und fällt mit ihm. Erhitzt man einen Faserstoff einige Zeit über 100° C, so verliert er das hygroskopische Wasser fast vollständig.

Für den Händler sowohl wie für den Fabrikanten ist nicht der Wassergehalt des Faserstoffes an sich, sondern der Umstand, daß er bedeutenden Schwankungen unterworfen ist, natürlich von schwerwiegender Bedeutung. Man ist deshalb übereingekommen, bei den meisten Gespinststoffen der Preisberechnung einen mittleren Feuchtigkeitsgehalt zugrunde zu legen. Er beträgt in Prozenten des Trockengewichtes für

Baumwolle und Baumwollgarne	8,5
Leinen-, Hanf- und Ramiegarne	12
Jute und Jutegarne	13¾
Chinagrasgarne	12
Kammgarne, Kammzug, Mohair	18¼
Wolle, Kämmlinge, Streichgarn, sämtlich gewaschen .	17
Seiden- und Kunstseidengarne	11
Baumwollgemischte Wollengarne	10
Seidengemischte Wollengarne	16
Papiergarn	15

Im einzelnen Falle handelt es sich nun darum, festzustellen, ob und um wieviel der Feuchtigkeitsgehalt eines Rohstoffes oder Gespinstes von diesen Normalzahlen abweicht. Man nennt dies das Konditionieren. Die Bestimmung geschieht in der Weise, daß man Seide und

Kunstseide auf 140° C, sonstige Garne auf 105—110° C andauernd und zwar so lange erhitzt, bis kein Gewichtsverlust — 0,02% bei Seide, 0,03% bei anderen Garnen — mehr stattfindet. Die an und für sich einfache Arbeit wird dadurch etwas schwierig, daß man die Gewichtsbestimmung vornehmen muß, während sich der Rohstoff im Trockenraum befindet.

Abb. 128. Konditioniervorrichtung.

Wollte man ihn außerhalb, also in gewöhnlicher Luft, abwägen, so würde er so schnell Feuchtigkeit wieder aufnehmen, daß die genaue Gewichtsermittelung unmöglich wäre.

Die Krefelder Konditionieranstalt verteilt die zu prüfende Faserstoffmenge auf 3 Lose zu je 250—500 g. Sie soll möglichst gleichmäßig entnommen werden. Zwei der Lose werden getrocknet und müssen einen Unterschied kleiner als 0,33% bei Seide und kleiner als 0.5% bei den anderen Fasern ergeben. Ist der Unterschied größer, so wird noch das dritte Los zur Trocknung herangezogen. Ist der Unterschied zwischen den einzelnen Trocknungen kleiner als 1%, so wird der Durchschnitt aus den 3 Bestimmungen gezogen. Andernfalls müssen neue Proben gezogen werden.

Der deutsche Baumwollkontrakt vom 1. April 1913 regelt die Konditionierung der Baumwollgarne.

Das Bündel von 10 Pfund engl. rohen Baumwollgarnes soll netto (ohne Papier, Deckel und Schnüre) mindestens 4,48 kg wiegen. Einzelne Bündel dürfen bis zu + oder — 3% abweichen.

Die Muster sind innerhalb 3 Tagen nach der Beanstandung zu entnehmen und in luftdicht schließenden Blechbehältern der Prüfanstalt einzuschicken.

Die Probe — 1000 g — wird auf 3 Lose verteilt und diese auf einer Wage gewogen, die bei 750 g Belastung noch 0,01 g anzeigt. Vorher werden Tara- und Nettogewicht genau ermittelt. 2 Lose werden bei 105—110° getrocknet und bei einem um 0,5% größeren Unterschied im Ausfall auch noch das dritte. Nunmehr darf der Unterschied der einzelnen Trockengewichte nicht mehr wie 1% betragen.

Kopse oder Kreuzspulen werden abgewunden und wie Garn behandelt.

Bei mehr wie 11% Feuchtigkeit kann die Lieferung zurückgewiesen werden.

Die gebräuchlichen Konditioniervorrichtungen haben die in Abb. 126 gestellte Form. Der zu untersuchende Rohstoff wird in den kupfernen Behälter A gebracht. Für seine Aufnahme dienen bei losem Faserstoff Drahtkörbe, für Garne auf Spulen oder in Strähnen besondere Gestelle. Die Aufnahmevorrichtung mit dem Rohstoff hängt an dem einen Arm einer empfindlichen Wage. Nachdem die Wage ins Gleichgewicht gebracht, das Gewicht des eingebrachten Rohstoffs also bestimmt ist — das Gewicht des Aufnahmegefäßes ist bekannt —, wird A von unten geheizt. Gleichzeitig wird der eiserne Schutzmantel B um A geschoben, um Abkühlung von außen zu verhüten. An dem aus A herausragenden Thermometer wird die Temperatur abgelesen. Nachdem man 1½—2 Stunden bei der vorgeschriebenen Temperatur erwärmt hat, wird der Gewichtsverlust festgestellt. Tritt nach weiterem halbstündigen Erwärmen kein Gewichtsverlust mehr ein, so ist das Verfahren beendet, andernfalls muß nochmals ½ Stunde erwärmt werden. S. a. S. 97.

c) Bestimmung der Drehung.

Drehungsstärke oder Drall eines Garnes nennt man die Anzahl der Drehungen, die auf eine bestimmte Fadenlänge kommen. Als Länge nimmt man gewöhnlich 10 cm (vgl. S. 26).

Der Drallapparat mit Dehnungsmesser und gleichmäßiger Fadenspannung (Abb. 129) von L. Schopper hat eine von 0—50 verstellbare Einspannlänge. Die rechte Klemme wird mittels Kurbel und Zahnradgetriebe gedreht; die Anzahl der Umdrehungen läßt sich an einem ausrückbaren Zählwerk ablesen. Die linke Einspannklemme läßt sich nicht drehen, dagegen mit Hilfe eines verschiebbaren Schlittens in eine beliebige Entfernung von der rechten bringen und dort feststellen.

Nachdem man das Zählwerk auf 0 gestellt hat, schraubt man das eine Ende in der rechten Klemme ein und legt das andere lose in die linke offene Klemme ein. Das linke Fadenende belastet man mit einem Gewicht (linke Seite der Abb.), das dem Gewicht von 100 m Garn bei 65% rel. Feuchtigkeit entspricht. Dann schraubt man auch die linke Klemme zu. Mit Hilfe einer Lupe und einer umkehrbaren Platte, deren eine Seite für schwarze Fäden weiß und deren andere für weiße Fäden schwarz lackiert ist, läßt sich leicht ermitteln, ob nach einer gewissen Anzahl Umdrehungen die Fäden nahezu parallel laufen. Man sticht dann mit Hilfe einer Nadel unmittelbar an der linken Klemme zwischen die beiden Fäden, fährt mit der Nadel nach rechts und dreht noch so weit auf, bis die Nadel ganz an der rechten Klemme angelangt ist. Nun liest man ab.

Im allgemeinen macht man 10 Versuche und zieht daraus das Mittel.

Will man noch die Einzwirnung, d. h. den Längenrückgang des Zwirnes gegenüber der Länge der Einzelfäden ermitteln, so lockert man nach vollendeter Aufdrehung des Fadens die Schraube, die die linke Klemme fest-

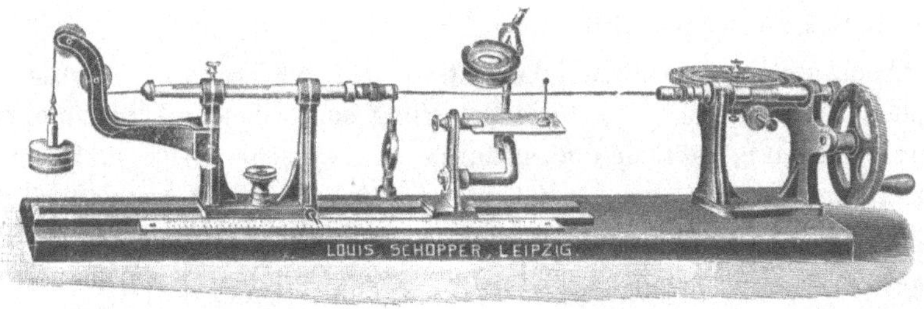

Abb. 129. Drehungszähler von L. Schopper, Leipzig.

stellt, und läßt durch das Belastungsgewicht die Fäden wieder straff spannen. In der Regel muß durch vorsichtiges Klopfen etwas nachgeholfen werden. Am Schaft der linken Klemme kann die Verlängerung in mm abgelesen werden.

d) Bestimmung der Reißfestigkeit.

Festigkeit eines Garnes nennt man den Widerstand des Fadens gegen das Zerreißen. Wie bei jeder absoluten Festigkeit eines Rohstoffs bestimmt man sie, indem man den Faden langsam solange stärker belastet, bis er abreißt. Das Gewicht, das das Abreißen zuwege bringt, dient als Maß für die Festigkeit. Drückt man dieses Gewicht P durch die Länge des Fadens von eben diesem Gewicht aus, so erhält man die Reißlänge $= P \cdot N$.

So sind die Reißlängen in km von:

Blei	2
Schmiedeeisen	5,5
Wolle	8—9
Kunstseide	8—10
Gußstahl	13—15
Kokos	18
Jute	20
Ramie	20
Baumwolle	23

Flachs	24
Hanf	30
Manilahanf	32
Seide	30—35

Dabei sind Feuchtigkeit und Einspannlänge der Prüflinge bei vergleichenden Versuchen gleich zu halten.

Am besten läßt man den Prüfling 24 Stunden in einem Raum mit 65% Feuchtigkeit liegen. Trockenere Prüflinge sind weniger fest.

Nach Willkomm (L. M. f. Textilind. **1909**, 199) bewirkt Zunahme der relativen Luftfeuchtigkeit bei Baumwolle und Flachs Zunahme, bei Wolle und Seide Abnahme der Reißfähigkeit.

Größere Einspannlänge verringert ebenfalls die Reißfestigkeit. Es können mehr schwache Stellen vorkommen.

Auch die Reißgeschwindigkeit ist von Einfluß (H. Alt, Textile Forschung, Dresden **1919**, 26). Die Belastung sollte gleichmäßig zunehmen. Diese Forderung läßt sich aber durch mechanischen Antrieb kaum erfüllen, sondern nur durch gleichmäßigen Zufluß von Wasser in ein angehängtes Gefäß. Daher müssen bei mechanisch angetriebenen Reißapparaten soviel Einzelversuche angestellt werden, bis das Mittel aus den erhaltenen Werten sich nur noch um einen zu vernachlässigenden Betrag ändert.

Der Garnnummer ist die Reißfestigkeit R nicht etwa umgekehrt proportional, sondern sie nimmt weniger stark ab, wie folgende Übersicht für Baumwollgarne zeigt:

Nr. engl.	R in g	Nr. engl.	R in g
4	900—1250	24	170—270
8	500— 800	30	130—215
16	250—400	40	100—160
20	200— 320		

Die unteren Werte beziehen sich auf Schuß, die oberen auf Kettgarn. Bei stärkerer Drehung können noch höhere Werte erhalten werden.

Lose gedrehte Garne können durch das Bleichen bis zu 15% fester werden, indem die Fasern beim Kochen verfilzen.

Umgekehrt wird die Festigkeit durch Fett oder Paraffin verringert, weil die Fasern nicht mehr so gut aneinander halten.

Bei der Prüfung von Garnen ist noch die Ermittlung der wahren Ungleichmäßigkeit wichtig. Sie kann als Maß der Häufigkeit des Fadenbruchs bei der Verarbeitung gelten. Denn je ungleichmäßiger das Garn ist, um so mehr schlechte Stellen von niedriger Reißfestigkeit sind vorhanden.

Die wahre Ungleichmäßigkeit setzt sich aus der oberen und unteren Ungleichmäßigkeit zusammen, indem man jede von beiden mit der Anzahl der zugehörigen Messungen vervielfältigt, die Ergebnisse zusammenzählt und die Summe durch die Gesamtzahl der Messungen teilt.

Die obere Ungleichmäßigkeit erhält man durch Zusammenzählen der über der mittleren Zerreißfestigkeit liegenden Werte und Teilen der Summe durch ihre Anzahl. Von diesem „Obermittel" wird die mittlere Zerreißfestigkeit (das „Gesamtmittel") abgezogen, der Unterschied durch das Gesamtmittel geteilt und mit 100 vervielfältigt.

Die untere Ungleichmäßigkeit erhält man durch Zusammenzählen der unter dem Gesamtmittel liegenden Werte und Teilung durch

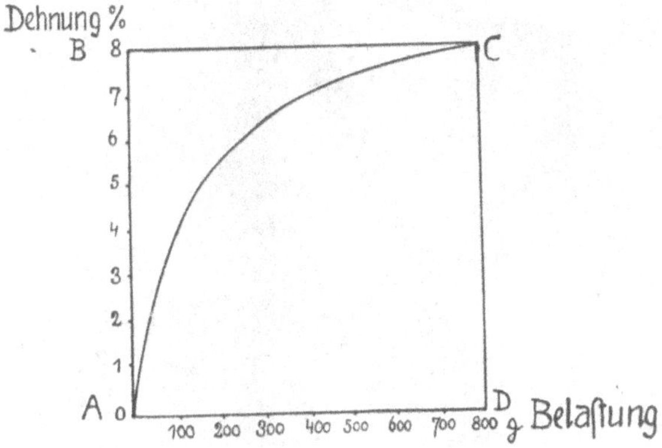

Abb. 130. Dehnungskurve.

ihre Anzahl. Dieses „Untermittel" wird vom Gesamtmittel abgezogen, der Unterschied durch das Gesamtmittel geteilt und mit 100 vervielfältigt.

Diese Berechnung vereinfacht sich, wenn die Anzahl der über und unter dem Gesamtmittel liegenden Werte einander gleich ist. Dann haben obere und untere Ungleichmäßigkeit denselben Wert. Dieser kommt mithin auch der wahren Ungleichmäßigkeit zu (T. **1923**, *268*).

Nach Johannsen ist ein Baumwollgarn mit unter 5% als sehr gleichmäßig, mit 5—8% als gleichmäßig, mit 8—12% als mindergleichmäßig und über 12% als ungleichmäßig zu bezeichnen.

Wichtig ist auch für die Beurteilung eines Garnes oder Gewebes die Ermittlung der sog. „Dehnungskurve" (Abb. 130, vgl. S. 196). Auch sie erlaubt Rückschlüsse auf das Verhalten des Prüflings auch unterhalb der Reißgrenze.

Man steigert die Belastung so langsam, daß man Zeit hat, ihre Zunahme in Beträgen von etwa 10% der Reißbelastung und gleichzeitig die zugehörigen Dehnungswerte abzulesen. Die erhaltenen Werte trägt man in ein Koordinatensystem mit den Belastungen als Abszisse und den Dehnbarkeiten als Ordinaten ein.

Dieses sog. Zerreißdiagramm läßt sich auch mit einer selbsttätigen Schreibvorrichtung erhalten.

Bei den Apparaten der Firma Louis Schopper in Leipzig (L. M. f. Textil-Ind. **1897**, 195) geschieht die Kraftmessung nicht mit Hilfe von Spiralfedern, sondern durch eine Neigungswage (Abb. 131).

Abb. 131. Zerreißapparat nach L. Schopper.

Der Belastungshebel D bewegt sich zwischen zwei Kreissegmenten F und c, von denen das vordere (F) mit einer dem Gewicht entsprechenden Teilung versehen ist, während das hintere (c) auf der Oberseite Zähne hat, welche dazu dienen, die an dem Hebel D angebrachten Sperrklinken d nach dem Reißen des Streifens aufzufangen und so daß Zurückfallen des Belastungshebels zu verhindern. Die Bezifferung der Bogenteilung gibt die Kraftleistung in Kilogrammen an

Statt des zweiten Armes des Krafthebels ist ein Bogensegment i angebracht, über welches eine Kette x läuft, die am unteren Ende die eine Einspannklemme trägt. Durch die Kette x ist erreicht, daß sich die obere Klemme J immer senkrecht über der unteren befindet und eine gewisse zwanglose Beweglichkeit während des Versuches behält.

Der Krafthebel hat nur ein Gewicht G, wodurch die Handhabung des Apparates vereinfacht wird, ohne Beeinträchtigung der erforderlichen Genauigkeit.

Die Messung der Dehnung erfolgt durch die Feststellung der gegenseitigen Verschiebung der beiden Einspannklemmen J und M. Um diese Verschiebung zu bestimmen, wird die Bewegung der unteren Klemme M mittels der Zugstange e auf den Dehnungshebel K übertragen. An diesem Hebel K, welcher sich mittels einer Hülse um den Zapfen des Gewichtshebels D drehen kann, ist ein Zeiger angebracht, welcher sich über zwei am Krafthebel befindliche Bogenteilungen L bewegt. Die eine dieser Teilungen gibt die Verlängerung des Streifens, welche mit der Verschiebung der Klemmen gegeneinander gleichbedeutend ist, in Millimetern, die andere, bei einer Versuchslänge von 200 mm, direkt in Hundertsteln an. Das untere Ende der Zugstange e ist an einer Hülse befestigt, welche sich auf einer mit der Antriebspiedel a parallelen Gleitstange n bewegen kann und während des Versuches von dem an der Antriebspindel befestigten Nasenhebel o mitgenommen wird. Auch der Dehnungshebel hat statt des oberen Armes ein Bogensegment p, auf welches die Bewegung der unteren Klemme mittels der Zahnstange q übertragen wird. Diese Zahnstange, welche sich in einer festen Führung bewegt, wird durch eine Bremsfeder fest gegen das gezahnte Segment p gedrückt, so daß toter Gang ausgeschlossen ist. Die hierdurch entstehende Zahnreibung wird vom Antrieb aufgenommen und ist daher auf die Kraftmessung ohne Einfluß.

Die Reibung der Hülse des Dehnungshebels auf dem Zapfen des Gewichtshebels ist in der Bestimmung der gesamten Reibung des letzteren mit einbegriffen. Da jedoch infolge der schnelleren Bewegung des Dehnungshebels gegenüber dem Krafthebel diese Hülsenreibung in entgegengesetzter Richtung zu der sonstigen Reibung wirkt, so wird sie in Wirklichkeit niemals den bei der Bestimmung gefundenen Zahlenwert erreichen.

An der Antriebsvorrichtung ist eine Sperrvorrichtung angebracht, welche für eine bestimmte Länge das richtige Einstellen der unteren Klemme in die Nulllage sichert.

Der Versuch wird in folgender Weise ausgeführt:

Nachdem man den Belastungshebel mit Hilfe des hierfür bestimmten Stiftes in der Nullage festgelegt hat, wird die untere Klemme M durch Drehen des Handrades B in ihre höchst zulässige Lage gebracht, um den zulässigen Weg gehoben und mit der hierfür bestimmten, unter dem Nasenhebel o befindlichen Schraube s festgestellt. Durch völliges Hochschieben der Zugstangenhülse bringt man den Dehnungshebel in seine Nullstellung.

Nunmehr wird der Streifen eingespannt, was sich bei diesem Apparat infolge seiner vertikalen Stellung bequemer und sicherer ausführen läßt, als bei Maschinen mit wagerechter Anordnung.

Man löst den Gewichtshebel durch Entfernung des Arretierungsstiftes, legt die Sperrklinken d ein und setzt den Apparat durch Drehen des Handrades B in Tätigkeit.

Nachdem das Antriebsrad 2—3 Umdrehungen gemacht hat, löst man, ohne mit dem Drehen aufzuhören, die Schraube s, welche die untere Klemme hochhält, damit diese beim Reißen des Streifens herunterfallen und den Drehungshebel auslösen kann.

Nach dem Reißen des Streifens stehen, auch bei fortgesetztem Drehen des Handrades, die Hebel für Belastung und Dehnung still und gestatten so eine ruhige und sichere Ablesung der Bruchlast und Dehnung. Es ist dies ein Vorzug gegenüber Apparaten, bei welchen man im Augenblick des Streifenreißens mit dem Drehen aufhören und gegenüber denjenigen, bei welchen man die Dehnung fortwährend bis zum Streifenbruch beobachten muß. Vgl. H. Vollprecht, L. M. f. Textilind. **1927,** 63.

Beim Aufstellen des Schopperschen Apparates ist darauf zu achten, daß der Zeiger des Krafthebels auf Null und die Luftblase der am Stativ angebrachten Wasserwage in der Mitte einspielt. Die Reibung des Krafthebels in der Nähe des Nullpunktes ist unbedeutend, das Einspielen auf den Nullpunkt daher sehr befriedigend.

Der Vorteil des Apparates gegenüber den mit Spiralfedern arbeitenden liegt darin, daß eine wiederholte Prüfung auf die Zuverlässigkeit seiner Angaben, wie sie bei Spiralfeder-Apparaten unbedingt von Zeit zu Zeit erforderlich ist, nicht nötig ist.

Um zu prüfen, wie stark man einen Faden bei wirtschaftlichem Arbeitsgang belasten darf oder auf wieviel Meter ein Fadenbruch vorkommt, benutzt man den Apparat von Dietz, D. R. P. 415 812, hergestellt von F. R. Poller, Leipzig (Z. f. d. ges. Textilind. **1927,** 479).

Der Faden läuft zwischen einem Liefer- und einem Abnehmerwalzenpaar über eine Rolle; diese ist an einem Belastungshebel verstellbar gelagert und übt einen bestimmten Druck auf das Garn aus.

Das Produkt aus Reißfestigkeit und Nummer heißt die Qualitäts- oder Gütezahl. Sie ist bei Baumwollgarnen nach Johannsen für

Schußgarn	4000
Mulezettel	5500
Watergarn	6500
Hartwater	8000

Für Flachsgarne ist die Qualitätszahl nach Karmarsch 19 000 bis 21 000.

Für Rohseide soll die Gütezahl das 3—4fache des Titers betragen, für entbastete Seide das 2,5—3,5fache, für Kunstseide das 1—1,3fache.

e) Berechnung der Garne.

Unter der Feinheit eines Garnes versteht man das Verhältnis der Länge zu dem Gewicht des Fadens. Der Zahlenwert dieses Verhältnisses heißt die Feinheitsnummer oder kurzweg die Nummer des Garnes. Man kann entweder die Fadenlänge eines bestimmten Garngewichtes oder das Gewicht einer bestimmten Fadenlänge feststellen. Das letztere Verfahren findet nur Anwendung bei der Benummerung der eigentlichen, d. h. der durch Abhaspeln der Kokons gewonnenen Seide.

Unter der metrischen Nummer eines Garnes versteht man die Zahl der Meter Fadenlänge, welche auf 1 g des Garnes gehen. Garn von

Nr. 18, 45 ist also solches, von dem 18, 45 m auf 1 g gehen. Die Fadenlänge wird dabei stets auf 500 m abgerundet. Beträge über 250 m gelten für 500 m, solche unter 250 m bleiben unberücksichtigt. Die allgemeine Einführung der metrischen Garnnummer für sämtliche Zweige der Textilindustrie wäre sehr wünschenswert; erreicht ist sie aber bis heute nur für wollene Kammgarne, für Florett- und Bouretteseidengarne sowie für Chinagrasgarne. Für die übrigen Gespinste muß man sich deshalb die besonderen Berechnungsarten merken.

Baumwollgarne.

Allgemein angewandt ist die englische Numerierung. Die Garnnummer ist die Anzahl der Zahlen, Schneller, Strähne (hanks), die auf 1 Pfund engl. gehen. Der hank mißt 840 yards, also rund 768 m (1 yard = 91,44 cm); 1 Pfund engl. = rund 453,6 g. Um hiernach die englische Baumwollnummer in die metrische umzurechnen, hat man mit $\frac{768}{453,6} = 1,693$ zu multiplizieren. Umgekehrt verwandelt man die metrische in die englische Nummer, indem man mit $\frac{453,6}{768} = 0,59$ multipliziert.

Leinengarne, Hanfgarne, Jutegarne.

Alle drei Garnsorten werden übereinstimmend und zwar nach englischem Maß berechnet (s. S. 45).

Streichgarne.

Wollene Streichgarne werden in den verschiedenen Industriebezirken verschieden berechnet.

In den preußischen Bezirken gilt als Garnnummer die Anzahl von Stücken, die auf 1 Zollpfund = 0,5 kg gehen. Das Stück mißt aber in den östlichen Gegenden 2200 Berliner Ellen zu 67,69 cm, also 1460,18 m, im Westen, insbesondere in den rheinischen Spinnereien, 200 brabanter Ellen zu 69,5 cm = 1390 m.

In Sachsen nennt man den Strahn, der in Preußen 1 Stück heißt, vielfach 1 Zahl. Die Garnnummer ist demzufolge die Anzahl der „Zahlen", die auf 1 Pfund gehen. Die Zahl mißt 2400 Leipziger Ellen zu 56,64 cm = 1359,36 m.

In Österreich gilt als Garnnummer die Anzahl der „Strähne", die auf 1 Wiener Pfund gehen. 1 Strähn = 1760 Wiener Ellen zu 77,75 cm = 1368,4 m. Das Wiener Pfund = 560,06 g.

In England ist die Streichgarnnummer die Anzahl der hanks, die auf ein Pfund engl. gehen. 1 hank = 560 yards zu 91,44 cm = 512,06 m. 1 Pfund engl. = 453,6 g. Ebenso rechnet auch Nordamerika.

In Frankreich ist vorwiegend die Numerierung von Elbeut im Gebrauch. Als Garnnummer gilt die Zahl der quarts, die auf 0,5 kg gehen. 1 quart = ¼ Strang von 3600 m = 900 m.

Die vorstehenden Angaben enthalten die erforderlichen Zahlen, um die Umrechnung der in den einzelnen Industriebezirken gebräuchlichen Nummern in metrische Nummern vornehmen zu können, und umgekehrt. Es ergibt sich aus ihnen, daß man zur Umrechnung in metrische Nummern zu multiplizieren hat:

ostpreußische	Nummern	mit	$\frac{1467,18}{500}$	=	rund mit	2,934
rheinische	„	„	$\frac{1390}{500}$	=	„ „	2,78
sächsische	„	„	$\frac{1359,36}{500}$	=	„ „	2,719
österreichische	„	„	$\frac{1368,4}{560,06}$	=	„ „	2,443
englisch	„	„	$\frac{512,06}{453,6}$	=	„ „	1,129
französische	„	„	$\frac{900}{500}$	=	„ „	1.8

Umgekehrt multipliziert man die metrische Nummer zur Umrechnung in

ostpreußische	Nummern	mit	$\frac{500}{1467,18}$	=	rund mit	0,341
rheinische	„	„	$\frac{500}{1390}$	=	„ „	0,359
sächsische	„	„	$\frac{500}{1359,36}$	=	„ „	0,368
österreichische	„	„	$\frac{560,06}{1368,4}$	=	„ „	0,409
englische	„	„	$\frac{453,6}{512,06}$	=	„ „	0,885
französische	„	„	$\frac{500}{900}$	=	„ „	0,555

Gehaspelte Seiden- und Kunstseidengarne
(s. S. 141 und 171).

Berechnung der Zwirne.

Die Nummer eines gezwirnten Garnes läßt sich mit voller Sicherheit und Genauigkeit nur wie beim einfachen Garn durch Versuch, also durch Haspeln eines Strahnes von bestimmter Länge und Abwägen feststellen. Meistens aber wird die Zwirnnummer aus den gegebenen Nummern der einfachen Garne berechnet. Die Rechnung liefert nur dann ein richtiges Ergebnis, wenn die einfachen Garne beim Zwirnen ihre Länge nicht verändern, wenn also ohne Eingang und ohne Dehnung gezwirnt wird. Tatsächlich ist das nicht immer der Fall; in der Praxis aber setzt man es bei der Zwirnberechnung voraus, kann dies auch tun, da die Änderung in der Fadenlänge des gezwirnten Garnes stets nur unerheblich ist (vgl. S. 187).

Haben die zu einem Zwirn vereinigten einfachen Garne dieselbe Nummer, so ist klar, daß die Nummer eines zweifädigen Zwirnes die Hälfte, eines dreifädigen ein Drittel der ursprünglichen Garnnummer sein wird usw. Man gibt in diesem Falle die Zwirnnummer in Bruchform an, z. B. Nr. $^{36}/_{2}$, Nr. $^{72}/_{3}$.

Haben die gezwirnten Garne ungleiche Stärke, so geschieht die Feststellung der Zwirnnummer nach folgender Formel: $x = \frac{n_1 n_2}{n_1 + n_2}$, wobei x die Zwirnnummer und n_1 und n_2 die Nummer der einfachen Garne bedeuten. Für einen dreifachen Zwirn würde die Formel lauten: $x = \frac{n_1 n_2 n_3}{n_1 n_2 + n_2 n_3 + n_3 n_1}$.

Der Preis eines Zwirns läßt sich aus den Nummern (n_1 und n_2) und Preisen für das Kilogramm (p_1 und p_2) der einfachen Garne durch folgende Formel berechnen: $x = \frac{p_1 n_2 + p_2 n_1}{n_1 + n_2}$.

Über erlaubte Schwankungen der Baumwollgarnnummer gibt der deutsche Baumwollkontrakt Aufschluß (S. a. Holtzhausen, L. M. f. Textilind. **1917**, 1).

f) Bestimmung der Dehnung und Elastizität.

Dehnung oder Dehnbarkeit nennt man die Eigenschaft eines Körpers, einem auf ihn ausgeübten Zuge bis zu einem gewissen Betrage zu folgen, ehe Zerreißen stattfindet. Der Unterschied zwischen Endlänge beim Zerreißen und Anfängslänge wird bei den Schopperschen Zerreißapparaten von selbst angegeben. Er wird gewöhnlich in % der ursprünglichen Länge ausgedrückt.

Elastizität oder elastische Dehnung nennt man die Eigenschaft eines Körpers, der bis kurz vor dem Zerreißen gedehnt und danach entlastet worden ist, sich bis zu einem gewissen Betrage wieder zusammenzuziehen. Zurück bleibt die bleibende Dehnung so, daß elastische + bleibende = Gesamtdehnung. Die elastische Dehnung ergibt sich also als Unterschied zwischen Gesamt- und bleibender Dehnung.

Beide werden mit dem Schopperschen Zerreißapparat ermittelt: Zunächst die Gesamtdehnung, indem man mit einem bestimmten Gewicht belastet und die Dehnung abliest; danach die bleibende Dehnung, indem man die Sperrklinke aushebt, entlastet und wieder abliest.

g) Bestimmung der Zerreißarbeit und der Zähigkeit.

Zerreißarbeit nennt man die zum Zerreißen eines Körpers erforderliche Arbeit. Sie ist die Summe der Arbeiten, die mit zunehmen-

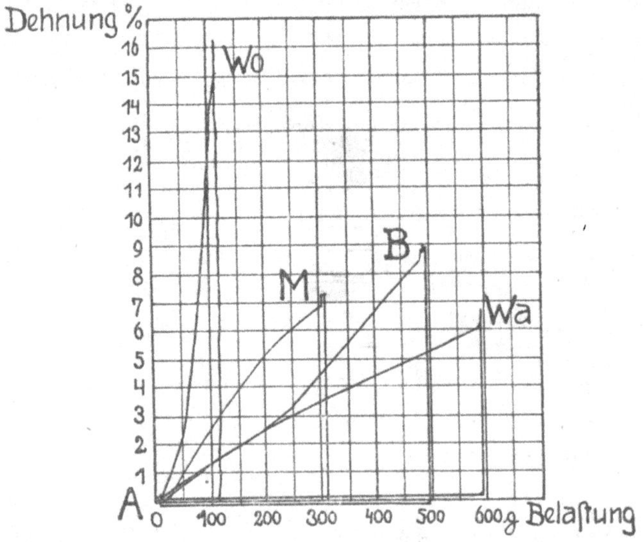

Abb. 132. Dehnungslinien für Watergarn A—Wa, Bourettegarn A—B, Mulegarn A—M und Wollgarn A—Wo.

der Belastung an dem Faden oder Gewebe bis zum Bruch geleistet wurden. Arbeit ist das Produkt aus Kraft und Weg der Kraft, in unserem Falle ist sie Belastungsgewicht × Dehnung. Sie läßt sich durch die Dehnungskurve des Zerreißdiagramms (Abb. 130) veranschaulichen; sie ist gleich der Fläche A B C A.

Die größte Zerreißarbeit würde ein Faden oder Gewebe erfordern, dessen Dehnungskurve von A nach D verliefe, indem er, ohne sich zu dehnen, von Anfang bis zu Ende, d. h. zum Bruch, die volle Belastung 800 g erforderte. Dieser Höchst- oder Idealwert wird nie erreicht. Er ist das Produkt aus Reißbelastung und Dehnung.

Zähigkeit nennt man das Verhältnis zwischen Zerreißarbeit und jenem Höchstwert

$$\text{Zähigkeit} = \frac{\text{Zerreißarbeit}}{\text{Festigkeit} \times \text{Dehnung}} = \text{„Völligkeitsziffer"}$$

nach E. Müller.

Abb. 132 zeigt die von O. Reinhardt (L. M. f. Textilind. **1910**, 66) ermittelten Dehnungslinien für ein Watergarn, ein Bourettegarn, ein Mulegarn und ein Wollgarn. Zieht man in Gedanken die Diagonalen von A nach Wa, B, M und Wo, die das Rechteck aus den Kanten Reißbelastung und Dehnung hälfteln, so erkennt man leicht, daß die Zerreißarbeit bei den 3 ersten Garnen ungefähr dieser Hälfte gleicht, die

Abb. 133. Gleichheitsprüfer von Louis Schopper, Leipzig.

Zähigkeit ist also etwa $1/2$. Bei dem Wollgarn dagegen ist sie deutlich geringer.

h) Prüfung der äußeren Beschaffenheit.

Um ein Garn bequem auf ungleiche, insbesondere unreine, knotige, matte, verschieden gefärbte Stellen zu untersuchen, benutzt man den Gleichheitsprüfer (Abb. 133). Eine Mustertafel wird durch seitlichen Federdruck festgehalten und läßt sich mit Hilfe der Kurbel rechts drehen. Dieselbe Kurbel dreht eine Schraubenspindel und diese verschiebt den Fadenführer mit gleichförmiger Geschwindigkeit von links nach rechts. Das Musterbrett bedeckt man zweckmäßig mit einer Samtunterlage möglichst in der Gegenfarbe des Prüflings. Auf diese Unterlage wickelt sich Faden neben Faden parallel auf und kann mit seinen Nachbarn verglichen werden.

i) Prüfung der Netzbarkeit.

s. S. 7.

Verzeichnis der Namen.

Verzeichnis der Stichwörter.

Kolibri 360 GmbH
Ferdinand-Jühlke-Straße 7
99095 Erfurt, Deutschland
produktsicherheit@kolibri360.de